배낭에서 꺼낸 수학

문명이 시작된 곳에서 수학을 만나다

배낭에서 꺼낸 수학

안소정 지음

이집트, 그리스,
이탈리아, 인도로 떠나는
수학문화 기행

Humanist

| 머리말 |

　피라미드 한번 보고 싶어서 이집트로 훌쩍 떠났다. 상상 속의 피라미드를 직접 눈으로 보았을 때의 감격은 지구촌 여느 마천루를 볼 때의 느낌과는 달랐다. 나의 얄팍한 수학 지식도 확 날려 버리고 말았다. 사실 그 순간, 정사각뿔, 밑변과 높이의 비례, 황금비, 원주율, 피타고라스의 정리 따위는 별로 생각나지도 보이지도 않았다. 그저 '과연 인간이 만든 조형물이란 말인가, 도대체 어떻게 쌓았을까.'라는 감탄만 나왔다. 피라미드를 만들 당시는 철기시대도 아니었고 수레도 발명되지 않았으니 오로지 맨손으로 지은 것이다. 대자연이 만든 놀라운 경관도 그에 비할 바가 못 되었다. 나에게는 항상 천혜의 어떤 자연경관보다 사람이 만든 것이 더 감동적이고 위대해 보였다.
　피라미드를 본 감동은 문명의 발상지, 이집트를 돌아보며 더 구체적으로 다가왔다. 나일 강에서 어떻게 이집트 문명이 생겨나 피라미드 같은 불가사의한 건축물을 지었으며 수학은 어떤 역할을 했는가를 알 수 있었다. 문명과의 만남은 머릿속에서만 있던 수학적 원리와 지식을 세상 밖으로 불러내는 좋은 기회였다. 아는 만큼 보였고, 또 보는 만큼 새로이 알게 되는 여행이었다. 그리고 지식 이상의 감동과 깨달음을 가져다주었다. 수학은 분명 문명의 중요한 요소였으며 문명과 결합하여 인류의 발전에 기여하였다. 이것이 곧 수학의 정신이라는 것도 깨닫게 되었다.

피라미드나 한번 보고 오자던 여행은 판이 커지고 말았다. 이집트 여행은 나의 첫 수학문화 답사 여행이 되었고, 이를 출발로 하여 문명과 문화, 그리고 수학이라는 나 나름의 주제를 잡아 여행을 떠나기 시작했다. 그리스에서는 신화 속에서 꿈틀대는 수학을 만날 수 있었고, 지금 우리가 배우는 수학의 이론들을 처음 만들고 발전시킨 그리스 수학자들의 자취도 느껴 보았다. 이탈리아 여행에서는 암흑기에도 숨 쉬고 있었던 문화와 수학의 흔적들을 찾아볼 수 있었고, 르네상스 이후 다시 부흥과 발전의 길을 걷는 모습을 돌아보았다. 그리고 마지막으로 우리가 지금 쓰고 있는 십진기수법 숫자라는 인류 문명에 획기적인 선물을 안겨 주었던 인도의 문화와 수학도 만나 보았다.

문명과 수학의 발자취를 따라 이집트, 그리스, 이탈리아, 인도를 여행하면서 책 속에서만 만났던 인류의 문화유산과 수학의 역사를 직접 찾아보았다. 이로써 머릿속에 갇혀 있던 지식들이 되살아나 살아 있는 지식이 되었다. 이것은 나에게 흥미롭고 참신한 지적 활동을 부추기고 수학적 사유를 만끽하는 즐거움에 빠지도록 하였다. 그리고 무엇보다도 '수학이란 무엇인가'를 다시 생각해 보게 해 주었다.

문명 초기의 수학은 실생활의 문제들을 해결하면서 발전하였고, 피라미드와 같은 불가사의한 건축물도 지었다. 그러다가 그리스 철학자와 수학자들은 그들이 살고 있는 세상을 탐구하고 세계를 이해하는 데 집중하였으며 그 속에서 법칙을 발견해 냈다. 여기에 추상적인 기호를 사용하고 논리적인 증명 과정을 도입하면서 수학이라는 논증 학문이 탄생할 수 있었다. 이렇게 수학은 우리가 살고 있는 세상과 사물의 현상을 이해하기 위한 것에서 출발하여 궁극적으로는 세상을 좀 더 합리적으로 보는 힘을 키워 준다. 이것이 바로 우리가 수학을 공부하는 이유이다.

2000여 년 전 수학자 유클리드는 "수학을 배워서 도대체 어디에 써먹을 수 있는가?"라는 제자의 질문에 "배움에서 이익이나 얻길 바라니, 돈이나 받아서 썩 나가라."라고 말했다고 한다. 그 제자의 질문은 오늘날 많은 학생들이 묻고 싶은 질문이 아닐까? 입시 지옥으로 내몰리는 학생들에게 유클리드의 답변은 공감을 얻지 못할지도 모른다. 공교육 차원에서 초급 수학을 공부하던 시절은 이미 지나갔고, 이제는 입시를 위해 고등 수학을 공부해야만 한다. 고도로 추상화된 고등 수학은 말만 들어도 머리가 지끈거리고 달아나고픈 기피 과목이 되어 버렸다.

이 책이 그런 독자들에게 분명한 해답은 못 되어도 조금이나마 도움이 되었으면 한다. 여행이라는 체험을 통해 수학을 만나다 보면 수학을 더 잘 이해하고 그것과 친숙해지지 않을까. 어렵고 골치 아프다고 여기던 수학을 좀 더 가깝고 친근하게 이해하는 계기가 되었으면 한다. 여행지를 돌아보며 문화유산에서 수학을 만나면서 수학의 역사와 더불어 수학이 무엇인지 자연스럽게 느껴질 수 있을 것이라 생각한다. 또 비록 직접 여행하지 못하더라도 책을 따라 천천히 행간을 걷듯이 여행지들을 둘러보면 수학의 역사와 내용들을 이해할 수 있을 것이다. 이 책을 읽으면서 수학적 사유를 풍부하게 접하고 그 매력에 빠져 보았으면 한다.

글을 마치며 아쉬운 점은 여행지에서 만난 사람들, 사건과 추억들, 그리고 그곳에 사는 사람들의 모습을 풍부하게 담아내지 못한 점이다. 수학은 인간미가 부족하다는 말을 또 듣게 생겼다. 수학은 사람들에게 풍요롭고 지혜로운 삶을 가져다주며 사람과 뗄 수 없는 학문인데 이를 제대로 표현하지 못한 것이 아쉽다. 독자 여러분의 여행에서는 더 풍부한 경험과 좋은 추억들이 함께하기를 바란다.

 이 책이 수학을 이해하는 좋은 동행자가 되었으면 한다. 아울러 여행에서 돌아온 후 여러분의 배낭에서 수학도 함께 뿌듯하게 꺼낼 수 있기를 바란다. 비단 문명의 발상지가 아니더라도 여러분의 주변에서 수학을 찾을 수 있을 것이다. 우리 주변에서 쉽게 볼 수 있는 수학적 원리를 배낭에서 수학을 꺼내듯 설레어하며 만나 보기를 바란다.

2011년 12월
안소정

| 차례 |

■ 머리말 … 4

1장 피라미드를 스케치하다 ─ 이집트 수학

1 피라미드에서 발견한 '불가사의' 수학 … 13
2 심장의 무게를 잰 인류 최초의 저울 … 26
3 이집트 수학은 나일 강의 선물 … 42
4 호루스의 눈과 이집트 분수 … 57
5 투탕카멘의 황금 가면과 펜타그램 … 71

2장 파르테논에서 사색하다 ─ 그리스 수학

1 에게 해에서 만난 수학의 창시자, 탈레스와 피타고라스 … 87
2 파르테논 신전의 황금비 … 103
3 기하학의 기초를 세운 아테네 학당의 수학자들 … 117
4 신화 속에서 걸어 나온 수학 … 130
5 미궁을 빠져나오는 법, 미로 수학 … 147

3장 콜로세움에서 외치다 — 이탈리아 수학

1 구와 원기둥의 세계, 판테온   165
2 거대한 타원형 싸움터, 콜로세움   181
3 중세 수도원 수학과 그레고리력 이야기   201
4 르네상스 미술 속에 숨어 있는 기하학   219
5 근대수학을 준비한 곳, 피사의 사탑   237

4장 타지마할을 거닐다 — 인도 수학

1 위대한 발명, 인도숫자와 십진법   257
2 갠지스 강변의 모래알 수   272
3 힌두 경전에서 발견한 인도 대수학   284
4 타지마할이 보여 주는 아름다움의 수학   297
5 수학을 노래한 책, 싯단타   310

■ 찾아보기   326

피라미드를 스케치하다 1

이집트 수학

이집트인들은 가장 자연스러운 모습에서 완벽한 기울기와 최고의 높이를 발견했다. 세계 최고의 불가사의 건축물이 가장 자연스러운 모습에서 비롯된 것이라니 참으로 위대한 발상이다.

1

피라미드에서 발견한
'불가사의' 수학

빌딩들 사이에 불뚝불뚝 솟아오른 정사각뿔

비행기가 이집트 룩소르 공항에 착륙하자마자 아라비아인들은 일제히 일어나 통로로 몰려 나갔다. 앉아 달라는 안내 방송이 나왔지만 호탕하게 떠들며 거침없이 짐을 꺼내는 모습이 왠지 모르게 친근했다. 비행기가 완전히 멎을 때까지 기다리지 못하는 우리 정서와 통하는 느낌이었다고 할까. 나도 가방을 주섬주섬 챙겨 들고 일어섰다. 내 경험으로는 여행지에서 어느 나라에 당도했을 때의 첫 느낌은 그 나라를 떠날 때까지 지속되는 경우가 많다.

사실 이집트는 출발하는 순간부터 나를 긴장하게 만드는 무엇이 있었다. 정식 명칭이 '이집트아랍공화국Arab Republic of Egypt'인 이집트는 1990년대에야 한국과 수교를 맺은 사회주의 체제 국가이며, 1981년 사다트 대통령 암살 이후 지금까지 30년 동안 준계엄 상황이었다. 그래서 관광

기자의 황량한 사막에 우뚝 솟아 있는 세 기의 피라미드. 서쪽에서 바라본 모습이며 맨 왼쪽이 쿠푸 왕의 무덤으로 이집트의 피라미드 가운데 가장 큰 대피라미드이다.

지와 박물관, 심지어 거리 곳곳에서도 총을 든 군인들을 볼 수 있다. 또 장거리의 넓은 사막 지역을 지날 때는 장갑차가 관광버스들을 호위하고 검문도 철저하다. 이런 분위기이다 보니 내심 겁이 났다. 하지만 이집트에 첫발을 내디뎠을 때는 이집트 사람들의 호쾌함에서 친근함이 전해졌고 그 느낌이 여행하는 내내 따라다녔다.

내가 이집트에 온 건 순전히 피라미드를 보기 위해서였다. 그동안 여러 차례 피라미드를 들먹이며 고대 이집트 수학에 대해 글을 썼지만, 정

작 피라미드를 직접 본 적은 없었다. 스스로 생각하기에 염치없는 지식이었다. 예부터 우리 선조는 지식인이 마땅히 지녀야 할 덕목으로 염치廉恥를 꼽지 않았던가.

세계 7대 불가사의 중 하나인 피라미드는 이집트의 수도 카이로에서 남서쪽으로 15km 떨어진 사막 지역 기자에 있다. 하지만 기자로 가기 전 카이로 시내에서 피라미드를 먼저 만날 수 있었다. 버스가 카이로 시내를 내달릴 때 차창 밖으로 갑자기 거대한 물체가 높은 빌딩들 사이로 불뚝 솟아나곤 하는 것이었다. 이른 아침의 희뿌연 햇살 속이라 내가 환영을 본 건가 하는 착각에 잠시 빠졌지만, 이내 탄성이 터져 나왔다. '아, 피라미드!' 피라미드를 도심에서 빌딩과 자동차들의 배경으로 보게 될 줄이야. 사진으로 본 피라미드는 항상 사막에 서 있지 않았던가. 피라미드가 아래로 갈수록 넓게 퍼지는 모양이어서 마치 도심의 빌딩들 뒤로 큰 산이 버티고 있는 것처럼 보였다. 카이로 시내 풍경이야 여느 대도시와 다름없었지만, 그 배경에서 피라미드가 펼쳐지니 역시 이곳이 이집트 문명의 발상지임을 실감하게 되었다.

이윽고 나일 강 서안 기자에 도착했다. 사막 가장자리에 약 4500년 전에 세워진 거대한 피라미드 세 기가 우뚝 솟아 있었다. 설렘을 안고 피라미드 단지로 들어서니 어마어마한 규모에 입이 절로 벌어졌다. 햇빛을 받고 선 눈부신 피라미드의 실제 모습은 사진으로 보면서 상상했던 것보다 엄청난 크기였다. 사람의 키가 겨우 피라미드에 사용된 돌 한두 개의 높이밖에 되지 않아 자꾸만 뒷걸음치며 올려다보게 되었다. 카메라를 아무리 들이대도 피라미드 단지 안에서는 세 기의 피라미드는커녕 피라미드 한 기조차 제대로 담을 수가 없었다. 다행히 서쪽 고원지대에 사진 찍기 좋은 파노라마대가 있었지만 거기서는 피라미드의 뒷모습밖에 찍을 수 없었다. 그 모습은 앞쪽에서 볼 때의 눈부심과는 다르게 황량했다.

기자의 피라미드 단지에 있는 세 피라미드는 참으로 이름에 걸맞은 모습이었다. 피라미드^{pyramid}는 원래 각뿔을 뜻하는 수학 용어이다. 각뿔이란 밑면이 다각형이고 옆면이 삼각형인 입체도형을 말하며, 밑면의 모양에 따라 각각 삼각뿔, 사각뿔, 오각뿔이라고 부른다. 기자의 피라미드는 밑면이 정사각형이므로 정사각뿔이다. 그렇다면 피라미드는 그 이름부터가 수학적인 셈이다.

정문에서 볼 때 맨 오른편 북쪽에 이집트에서 가장 크고 가장 오래되었다는 대피라미드가 있다. 대피라미드는 기원전 2550년경에 세워진 이집트 고왕국 제4왕조의 제2대 파라오인 쿠푸 왕의 무덤이고, 가운데에 자리 잡은 피라미드는 그의 아들인 카프레 왕의 것이다. 맨 왼쪽에 있는 가장 작은 피라미드가 쿠푸 왕의 손자인 맨카우레 왕의 것이다. 삼대가 나란히 잠들어 있었다.

불가사의한 피라미드의 완벽한 기울기와 높이

쿠푸 왕의 무덤인 대피라미드의 밑변을 따라 걸으며 까마득하게 높은

피라미드 단지 안의 모습. 피라미드는 원래 각뿔을 뜻하는 수학 용어로 기자의 피라미드는 밑면이 정사각형인 정사각뿔이다. 오른쪽이 가장 큰 쿠푸 왕의 피라미드이고 왼쪽은 카프레 왕의 피라미드인데, 위쪽에 하얀 대리석 외벽이 남아 있다.

꼭대기를 올려다보았다. 대피라미드는 높이가 146.5m이고 밑변은 평균 길이가 약 230m로 정확히 동서남북을 향해 있다. 이 피라미드에는 2~75t 무게의 돌이 250만 개나 사용되어, 고대에 지어진 단일 건축물로는 규모가 가장 크다. 고대부터 전설처럼 전해 오던 세계 7대 불가사의 건축물 중에서도 가장 오래된 것일 뿐만 아니라 유일하게 현존하는 건축물이다. 애초 피라미드 외벽에는 윤이 나는 석회암(대리석)이 덮여 있었으나 풍화와 도굴로 지금은 모두 없어졌고 높이도 9m나 줄었다.

기자의 피라미드 세 기 중 중앙에 위치한 카프레 왕의 피라미드 윗부분에는 아직도 하얗게 석회암 외벽이 남아 있어 처음 만들어졌을 때를 상상해 볼 수 있게 했다. 눈부시게 하얀 대리석으로 덮인 거대한 돌무덤이 강렬한 햇빛을 받아 번쩍이는 모습을 떠올려 보라. 어찌 파라오의 무덤에 경외감이 들지 않겠는가. 과연 불가사의하다.

그런데 '불가사의'라는 말에도 사실은 수학적 의미가 들어 있지 않은가. '불가사의'는 10을 64번 곱한 수를 가리키는 단위이기도 하다. 수의 끝이라고 생각해 왔던 10^{48}인 '극'보다도 10여 갑절이나 큰 수여서 '상상할 수도 없이 큰 수'라는 의미가 그 말에 담긴 것이다. 아르키메데스가 우주를 채우는 모래알의 수를 10^{63}이라고 계산했다고도 하고, 태양계 전체의 양자와 중성자 개수가 그와 비슷하다고 하는 걸 보면 10^{64}인 '불가사의'가 얼마나 큰 수인지는 그저 짐작만 할 뿐이다. 그리고 이 거대한 피라미드는 10^{64}을 세는 것만큼이나 불가사의한 일에 도전한 인간의 능력을 거침없이 보여 주고 있었다.

그리스의 역사가 헤로도토스가 쓴 《역사》에 따르면 대피라미드 공사는 나일 강이 범람해 농사를 지을 수 없는, 이른바 '농한기'에 진행했으며 10만 명이 20년에 걸쳐 완성했다고 한다. 먹을 것이 없는 농한기에 노동을 하면 의식주를 해결할 수 있었을 테니 백성들은 온 마음을 다해 돌을 나르고 쌓았으리라. 피라미드를 보고 흔히들 수많은 사람이 동원된 강제 노역을 떠올리곤 한다. 하지만 이 불가사의한 축성 작업이 과연 권력에 의한 강제 노역만으로 가능했을까? 사람은 죽어도 그 영혼은 영원하다고 믿는 이집트인이었기에, 피라미드 속에서 영생할 파라오가 자신들을 지켜 주리라는 굳은 믿음으로 무거운 돌덩이를 하나하나 나른 게 아니었을까.

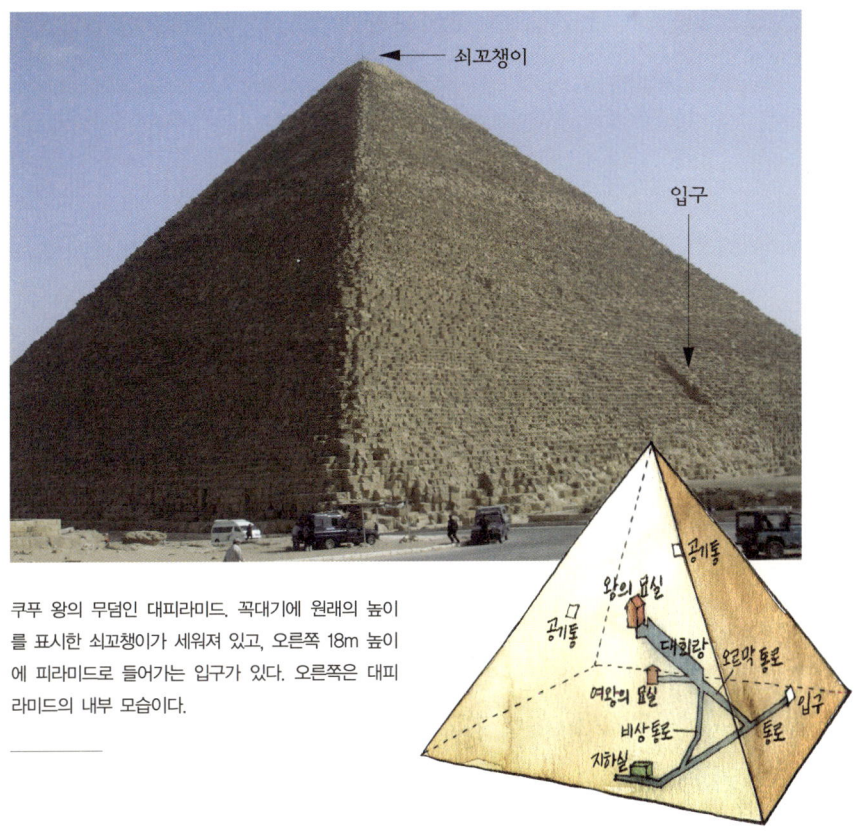

쿠푸 왕의 무덤인 대피라미드. 꼭대기에 원래의 높이를 표시한 쇠꼬챙이가 세워져 있고, 오른쪽 18m 높이에 피라미드로 들어가는 입구가 있다. 오른쪽은 대피라미드의 내부 모습이다.

 거대한 대피라미드를 올려다보니 꼭대기에 원래의 높이를 표시한 쇠꼬챙이가 꽂혀 있다. 또 지면으로부터 18m 위로는 피라미드 안으로 들어가는 입구가 보였다. 대피라미드에는 평균 2.5t 무게의 돌이 250만 개 사용되었다고 하는데, 피라미드의 부피를 계산하면 사용된 돌의 개수를 짐작할 수 있다. 대피라미드의 부피는 약 258만m³로 가로세로 높이가 1m인 정육면체 돌을 약 258만 개 쌓은 것과 같다. 즉,

정사각뿔의 부피(m^3) = 밑넓이 × 높이 × $\frac{1}{3}$이다. 대피라미드는 높이가 146.5m, 밑변은 230m이므로, 부피는 (230m × 230m) × 146.5m × $\frac{1}{3}$ = 2583283.33m^3로 약 258만m^3가 된다.

이집트 사람들이 피라미드를 만들 당시에는 철기, 수레, 도르래 등이 발명되기 이전이었다. 그렇다면 굴림대와 밧줄, 지렛대로 돌을 끌어 옮겼다는 것인데, 몇 톤이나 되는 무거운 돌을 어떻게 높이 쌓을 수 있었을까? 고고학자 등 전문 연구자들 사이에서는 피라미드 건축의 비밀이 경사로에 있다는 이야기가 나온다. 피라미드 자리 옆에 흙을 쌓아 먼저 경사로를 만든 다음 무거운 돌을 옮겼으리라고 추측하는 것이다. 이렇게 하면 피라미드가 높아지는 만큼 경사로도 길고 높아졌을 것이다. 그래서 피라미드가 완성된 후 경사로를 제거하는 데만 무려 5년이 걸렸다는 기록도 있다. 돌을 높이 쌓기 위한 경사로를 만들려면 직각삼각형에 대한 '삼각비'쯤은 알아야 했을 것이다. 다시 말해 피라미드 건축을 위해서는 지면에 대한 경사로 각도, 피라미드 높이, 경사로 길이 간의 관계를 계산하는 것이 중요했다.

$\sin\theta = \dfrac{\text{피라미드 높이}}{\text{경사로 길이}}$

피라미드가 엄청난 무게의 돌들을 높이 쌓아 올려 지은 것이라는 사실도 놀랍지만, 약 4500년 전에 쌓은 건축물이 지금껏 튼튼하게 버티고 있다는 사실은 더욱 감탄스럽다. 수천 년 동안 지진 등의 자연재해는 물론이고 도굴과 훼손에도 끄떡없이 견딘 비결은 무엇일까? 실제로 피라미드 높이는 처음 만들어졌을 때보다 아주 조금 줄어든 정도에 불과하다. 특히 쿠푸 왕의 피라미드는 하늘을 찌를 듯 높이 솟아 있는데도 매우 안정된 모습을 보여 준다. 이 피라미드는 경사 각도가 51.52°이다. 왜 하필 이 각도일까?

피라미드의 경사가 더 급했다면 피라미드는 현재보다 더 높았을 것이다. 하지만 그만큼 무너지기도 쉽다. 그래서 이집트인들은 가장 안전하면서도 최대한 높이 피라미드를 쌓기 위해 이상적인 각도를 생각해 냈다. 이 각도는 우리도 간단한 실험만으로 쉽게 찾아낼 수 있다. 마른 모래를 손으로 한 움큼 집어 조금씩 흘리며 쌓다 보면 원뿔 모양의 모래 산이 생기는데, 이 산이 더는 높이 쌓이지 않고 흘러내리기만 하는 때가 온다. 바로 이때의 기울기가 51~52°로, 모래가 가장 자연스럽게 가장 높이 쌓였을 때다. 이집트인들은 가장 자연스러운 모습에서 완벽한 기울기와 최고의 높이를 발견했던 것이다. 세계 최고의 불가사의 건축물이 가장 자연스러운 모습에서 비롯된 것이라니, 참으로 위대한 발상이다.

황금비 피라미드, 원주율이 숨어 있었네

피라미드의 옆면과 밑면과 높이를 이용해 직각삼각형 모양을 그릴 수 있는데, 이 직각삼각형에 대한 삼각비로 피라미드의 기울기를 구할 수 있다. 정사각뿔인 대피라미드의 높이는 146.5m, 밑변의 길이는 약 230m이므로 옆면을 이루는 삼각형의 높이는 186m가 된다.

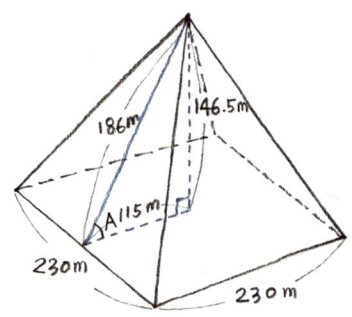

$$\tan A = \frac{\text{피라미드 높이}}{\text{피라미드 밑변} \div 2} = \frac{146.5\text{m}}{115\text{m}} = 1.2739 \cdots$$

$$A \fallingdotseq 51.5°$$

그리고 이 직각삼각형을 이루는 세 변의 길이의 비를 구하면 황금비와 관련된 값이 된다.

115m : 146.5m : 186m ≒ 1 : $\sqrt{1.618}$: 1.618

비의 값(비율)이 1.618이 될 때 가장 아름다운 비라는 의미로 '황금비'라고 말한다. 사물이 황금비를 이룰 때 우리 눈에 가장 아름답고 완벽한 모습으로 보인다는 것이다. 대피라미드는 옆면과 밑면과 높이가 황금비를 이룬다. 과연 세계 최고의 불가사의 건축물답다. 완벽하고 안정된 구조일 뿐만 아니라 아름다움에서도 세계 최고인 것이다.

피라미드를 왜 146.5m의 높이로 세웠을까? 무너지지 않게 쌓다 보니 그렇게 된 걸까? 물론 기울기로 높이를 정할 수 있지만, 피라미드의 높이는 밑변과 더 관계가 깊다. 우선 피라미드 밑변의 둘레(230m×4)를 높이(146.5m)로 나누어 보자.

다음 식과 그림에서 살펴보면 피라미드의 높이는 밑변의 둘레를 2π로 나눈 값이다. 우선 밑변의 둘레를 그림과 같이 원의 둘레로 생각해 보자. 원의 둘레는 지름×원주율(π), 즉 '반지름×2π'가 된다. 여기에서 피라미드의 높이를 원의 반지름과 같은 경우로 생각해 보면, 피라미드의 높이를 반지름으로 하여 원을 그리면 원의 둘레는 밑변의 둘레와 같게 된다.

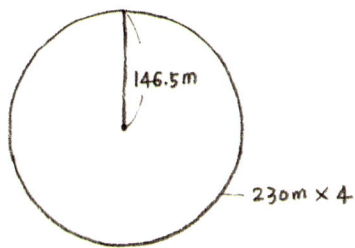

밑변 둘레÷높이=(230m×4)÷146.5m≒6.28=2×3.14=2π

⇒ 밑변 둘레=높이×2π ⇒ 밑변 둘레÷2π=높이

⇒ 원의 둘레=반지름×2π

좀 더 쉽게 생각해 보자. 만약 밑변의 길이가 100m인 피라미드를 만든다면 이 피라미드는 높이가 얼마일까?

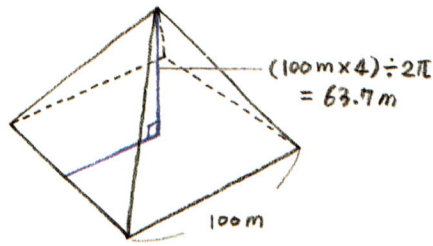

높이 = 밑변 둘레 ÷ 2π = (100m × 4) ÷ 2π = 400m ÷ 6.28 ≒ 63.7m

또한 높이가 10cm인 피라미드 모형을 만든다면 이때 밑변의 둘레는 반지름이 10cm인 원의 둘레와 같다. 이것을 4로 나누면 밑변의 길이가 된다.

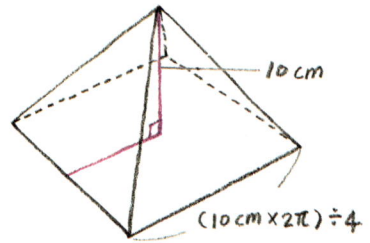

밑변 둘레 = 높이 × 2π = 10cm × 2 × 3.14 = 62.8cm

밑변 길이 = 62.8cm ÷ 4 = 15.7cm

정리하자면, 피라미드 밑변의 둘레는 원의 둘레처럼 생각해 볼 수 있으며 이때 피라미드의 높이는 원의 반지름이 되는 것이다. 만약 반지름이 피라미드의 높이인 146.5m가 되는 원을 얼른 떠올리기가 어렵다면 반지름이 1m인 원(원형의 기구)이 146.5회 구른다고 생각해 보자. 여기서 우리는 한 가지 사실을 발견할 수 있다. 밑변, 높이는 원의 둘레, 반지름과 관계가 있고, 그래서 이집트인들은 길이를 잴 때 바퀴처럼 생긴 원 모양의 기구를 활용했으리라는 점이다. 즉 이 원 모양의 기구를 바퀴처럼 굴려 그것이 몇 번 회전했는지 셈으로써 그 길이를 알아냈으리라고 추측된다. 피라미드 건축을 할 때도 바퀴를 굴린 횟수를 세서 밑변을 재고, 그것을 기준으로 피라미드의 높이를 정했을 거라고 짐작할 수 있다. 그렇다면 피라미드를 지을 당시 이집트인들은 원주율을 이미 알고 있었다는 이야기다. 아르키메데스가 원주율을 최초로 정확히 구한 때는 피라미드를 건축한 시기보다 무려 2200년이나 지나서였다.

원주율은 지름과 원의 둘레에 대한 비율을 말한다. 원의 둘레는 원이 크건 작건 상관없이 항상 지름에 대해 약 3.14배 비례한다. 보통 π라는 기호로 나타내는 원주율은 정확히 알 수 없는 무한소수의 값으로 소수점 아래로 수가 무한히 계속되는 값이다. 4000여 년 전 고대에도 원주율을 사용한 기록들이 있는데 지역마다 조금씩 다르게 계산했다. 바빌로니아에서는 $3\frac{1}{8}$(3.125)로 구했으며, 이집트에서는 지름의 $\frac{8}{9}$을 한 변의 길이로 하는 정사각형의 넓이와 같다고 했는데, 즉 $(\frac{16}{9})^2$으로 계산해 보면 약 3.16이 된다. 또한 중국에서는 3으로 간단히 사용하기도 했다.

원주율을 최초로 정확히 구한 사람은 기원전 3세기의 아르키메데스다. 아르키메데스는 지름이 1인 원의 안과 밖에 정구십육각형을 그려, 안의 정다각형 둘레가 $\frac{223}{71}$($3\frac{10}{71}$, 약 3.1408), 밖의 정다각형 둘레가 $\frac{22}{7}$($3\frac{1}{7}$, 약 3.1428)이라는 것을 계산하고, 원의 둘레는 두 값 사이에 있다고 계산했다. 이렇게 그는 원주율이 3.14라는 것을 밝혀냈다.

2
심장의 무게를 잰 인류 최초의 저울

처음에는 계단식으로 지어진 피라미드

기자의 세 피라미드 주변에는 '마스타바'라고 불리는, 왕족이나 그 신하의 무덤이 분포되어 있다. 피라미드의 기초가 된 무덤 형태인 마스타바는 피라미드와 달리 꼭대기가 평평해서, 밑면이 사각형이고 옆면은 사다리꼴인 납작한 사각뿔대 모양이다. 사각뿔대 마스타바를 계단식으로 여러 층 쌓아 만든 것이 초기의 피라미드 양식이다.

기자 남쪽으로 나일 강을 따라 내려가면 사카라와 다슈르까지 30km에 이르는 지역에 피라미드와 마스타바가 많이 분포되어 있다. 나일 강 삼각주 아래에 자리 잡은 이 지역은 기원전 3000년~기원전 2000년에는 고왕국시대의 수도 멤피스가 위치했던 곳이다. 멤피스 서쪽에 지금의 사카라가 자리했는데, 기원전 3000년경 통일 이집트의 첫 번째 왕이자 전설의 파라오인 메네스가 이곳에, 벽돌로 만든 마스타바에 묻혀 있다.

기자 남쪽 사카라에 있는 조세르 왕의 6층 계단식 피라미드. 가장 오래된 피라미드로 밑변은 가로가 120m, 세로가 108m인 직사각형이며, 높이는 60m이다.

이집트에서 가장 오래된 피라미드가 사카라에 있는데, 고왕국시대 제3왕조(기원전 2600년경) 조세르 왕의 무덤이다. 조세르 왕의 피라미드는 높이가 60m이고 밑변은 가로가 120m, 세로가 108m인 직사각형이며, 위로 갈수록 폭이 좁아지는 6층 계단식 피라미드였다. 이처럼 초기의 피라미드는 마스타바를 기초로 해서 몇 층씩 계단으로 지어 올리는 양식이었다.

이 최초의 피라미드의 설계와 건축을 맡은 사람은 조세르 왕의 대신 임호테프였다. 그가 최초로 피라미드를 지었다는 기록이 당시의 이집트 비문에 남아 있으며, 사카라 박물관에서는 그의 것으로 추측되는 조각상도 볼 수 있다. 기원전 2700년경 건축가와 천문학자로 활약한 임호테

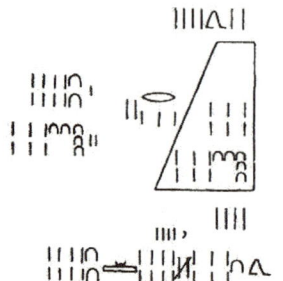 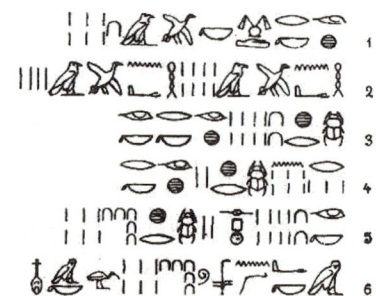

기원전 1850년경 '모스크바 파피루스'. 모두 25개의 수학 문제가 나오는데, 그림은 열네 번째 문제로 사각뿔대의 부피를 구하는 것을 이집트 상형문자로 나타낸 것이다.

프는 당시 이집트와 그리스에서 의술의 신으로 숭배되기도 했다. 더욱이 수학에 아주 뛰어나, 수학사에 등장하는 최초의 인물로도 기록된다. 피라미드를 건축하는 데 삼각법, 원주율, 각뿔 부피 계산 등 여러 가지 수학 지식이 필요하다는 점을 생각하면 그의 수학 실력을 충분히 짐작할 수 있다.

앞서 말했듯이 피라미드의 원형은 사각뿔대 모양의 마스타바였다. 그런데 이 사각뿔대의 부피를 구하는 문제가 기원전 1850년경 이집트 상형문자로 쓴 파피루스에 등장한다. 제시된 계산법은 이렇다. "각뿔의 윗부분을 자른 형태인 사각뿔대의 높이가 6, 밑변이 4, 윗변이 2일 때 밑변인 4를 제곱하면 16이 되고 4와 2를 곱하면 8이 되며 윗변인 2를 제곱하면 4가 된다. 그리고 16, 8, 4를 더하면 28이 되고, 6을 3으로 나눈 값 2를 곱하면 56으로, 그것이 사각뿔대의 부피가 된다."

이 계산법을 식으로 쓰면 오늘날 우리가 아는, 각뿔대의 부피를 구하는 공식과 같다.

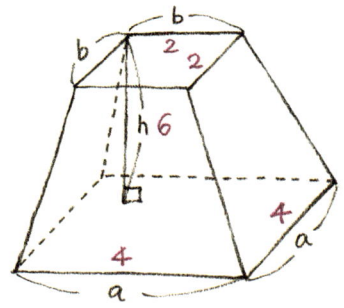

$$V = \frac{1}{3}h(a^2+ab+b^2) = \frac{1}{3} \times 6 \times (4^2 + 4 \times 2 + 2^2) = 2 \times 28 = 56$$

수학에 관한 문헌 중 가장 오래된 이 파피루스에는 25개의 수학 문제가 담겨 있다. 현재 모스크바 국립예술박물관에 소장되어 있어 '모스크바 파피루스'라고 불린다. 기원전 2000년경부터 전해 내려오던 수학 문제들을 수록한 것이라고 하는데, 임호테프 때부터 전해 내려왔을 가능성이 있다고 한다. 임호테프가 최초로 만든 계단식 피라미드가 나중에 정사각뿔 피라미드로 발전했고, 100여 년 후인 쿠푸 왕 때는 세계 최고의 불가사의한 건축물이 기자에 세워지게 되었으니까 말이다.

이집트 사람들은 무엇으로 길이를 쟀을까?

기자의 피라미드 유적 단지로 들어설 때는 북쪽 출입문을 이용했다. 정문으로 들어가지 않은 것은 북쪽에 있는 쿠푸 왕 피라미드의 내부를 관람하기 위해서였다. 남쪽의 정문에서 대피라미드까지 걸어가자면 몹시 멀었고, 게다가 내부 관람자 수를 극히 제한했으므로 서둘러 표를 구해야만 했다. 그런데 가는 날이 장날이라고 고고학자들이 몰려온 바람에 관람권은 이미 매진된 상황이었다. 그나마 중간에 위치한 카프레 왕 피라미드의 관람권은 구할 수 있었지만, 몹시 아쉬웠다. 쿠푸 왕의 피라미드를 허탈하게 올려다보기만 하다가 밑변을 따라 쓸쓸히 걸었다.

대피라미드는 서쪽으로 길고 넓게 그늘 지대를 만들고 있었다. 한쪽으로는 햇빛이 강렬했지만 그늘에서는 오히려 한기가 느껴졌다. 옷깃을 여미며 피라미드의 그림자를 밟고 걷노라니 탈레스가 생각났다. 기원전 6세기 탈레스가 피라미드의 높이를 구한 곳이 여기 어디쯤 아니었을까?

피라미드가 세워진 지 2000년쯤 후 밀레투스 출신의 탈레스가 소문으로만 듣던 이집트의 피라미드를 보려고 지중해를 건너왔다. 당시에는 아무도 피라미드의 높이가 얼마나 되는지 모르고 있었다. 사람들이 피라미드 꼭대기에 올라가 줄을 늘어뜨려 높이를 재려 했지만, 그렇게 해봐야 그것은 피라미드 경사면의 길이일 뿐 높이는 아니었다. 당시의 파라오, 즉 이집트 제26왕조의 아모세 2세도 피라미드의 높이가 궁금하던 참이었다. 그런데 마침내 탈레스가 나서서 지팡이와 그림자를 이용해 피라미드의 높이를 알아냈다. 그 일은 어떻게 가능했을까?

알다시피 탈레스는 지팡이의 그림자 길이와 피라미드의 그림자 길이를 재 보고 비례식을 이용해 피라미드의 높이를 구했다. 지팡이의 그림자 길이가 지팡이 길이에 비례하듯이 피라미드의 그림자 길이도 피라미드 높이에 비례하기 때문이다. 피라미드가 서쪽으로 그림자를 드리우는 아침이 아니라, 해가 중천에 떠 있는 한낮이었다면 그림자 길이도 짧았을 테니 재기에 좋았을 것 같다.

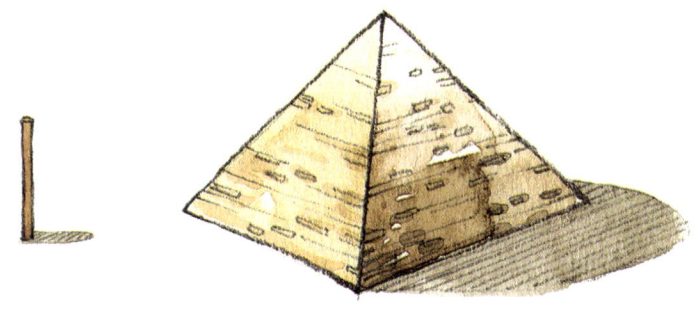

지팡이 길이 : 지팡이 그림자 길이 = 피라미드 높이 : 피라미드 그림자 길이

    탈레스는 지팡이의 그림자 길이로 그 높이를 알아냈다. 이 방법으로 63빌딩 같은 고층건물이나 아주 높은 나무와 탑의 높이도 금세 알아낼 수 있다. 그럼 탈레스처럼 지팡이가 있어야 할까? 굳이 지팡이가 없어도 된다. 우리는 누구나 자신의 키를 정확히 알고 있으니까 말이다. 자신의 그림자 길이와 재고자 하는 것의 그림자 길이를 재서 비례식으로 구하면 된다. 예를 들어 내 키가 160cm이고 그림자 길이가 40cm일 때, 어떤 건물의 그림자 길이가 5m라면 그 건물의 높이는 그림자 길이의 4배인 20m이다.

    현재 우리는 피라미드의 높이를 146.5m라고 표기하지만, 피라미드를 건축할 당시에는 미터 단위가 쓰이지 않았다. 대신 고대 이집트에서는 '큐빗cubit'이라는 길이 단위가 사용되었다. 피라미드를 큐빗 단위로 나타내면 높이는 280큐빗이고 밑변은 440큐빗이다. 약 4500년 전 큐빗 규격자로 건축된 피라미드는 오늘날에 봐도 놀랍도록 정밀하다. 오차가 고작 피라미드 밑변의 평균 길이 440큐빗의 0.05% 내에 그친다. 즉 네

변이 230m에서 11cm 차이가 나는 데 불과하다. 이는 100큐빗에서 0.05큐빗, 즉 2.6cm 차이일 뿐이다. 보통 "한 치의 실수도 없다."라고 할 때의 한 치는 약 3cm다. 단위가 발달하지 못한 고대에 지어진 피라미드이지만 그 오차는 '한 치'보다도 작은 값이었다.

기원전 3000년경부터 쓰인 단위 '큐빗'은 팔꿈치에서 가운뎃손가락 끝까지의 길이를 말한다. 사람에 따라 팔 길이가 다르므로 당연히 규격이 필요했고, 검은 화강암으로 만든 로열큐빗^{royal master cubit}으로 표준화했다. 1로열큐빗을 현재의 미터법으로 환산하면 약 52.4cm이다. 1큐빗은 28개의 디지트^{digit}로 다시 나뉘는데, 1디지트는 손가락 하나의 너비로 정하여 1.87cm가 된다. 이것은 그리스의 '핑거' 단위와도 거의 같은 값이다. 이처럼 고대에는 길이 단위를 손가락으로 정한 경우가 많다. 우리나라에서 쓰인 '치(촌)'와 영국의 '인치^{inch}'도 엄지손가락의 폭을 기준으로 정한 단위다.

길이 단위는 손만이 아니라 팔, 발, 키 등 신체를 기준으로 정한 경우가 많다. 영국의 '피트^{feet}', 프랑스의 '피에^{pied}'는 발뒤꿈치에서 엄지발가락 끝까지의 길이로 정했다. 우리나라에서 옛날에 쓰이던 '보'는 걸음을 기준으로 정한 단위고, 우리가 흔히 말하는 '열 길 물 속, 한 길 사람 속'에서의 '길'은 사람의 키에서 나온 단위다. 서양에서 널리 쓰이는 '야드^{yard}'가 단위로 정해진 이야기는 더욱 흥미로운데, 1100년경 영국왕 헨리 1세가 "내 팔을 앞으로 쭉 뻗었을 때 코끝에서 손끝까지의 길이를 1야드로 정한다."라고 발표한 것이 그 유래다. 헨리 1세의 팔 길이로 정한 1야드는 약 91cm이다.

지금 보편적으로 쓰이는 단위인 미터법은 1791년 프랑스에서 지구

자오선 길이를 기준으로 처음 정해졌다. 당시 프랑스는 대혁명을 치르면서 국민의회를 구성하고 다양한 도량형 단위부터 통일하고자 했다. 동서양을 막론하고 나라를 세우거나 사회가 어지러울 때는 도량형 제도부터 바로잡아 나라를 안정시키는 것이 중요했다. 자나 저울을 믿을 수 없어 제각각으로 쓰인다면 사회가 큰 혼란에 빠지고 말 테니까 말이다. 우리나라에서도 삼국시대부터 길이(도度), 부피(량量), 무게(형衡)에 대한 체계를 세우는 도량형 제도를 갖추고 있었다.

프랑스에서 처음 정한 단위 1m는 파리를 지나는 지구 자오선 길이의 4000만분의 1로 정한 것이다. 즉 1m는 지구 둘레의 4000만분의 1인 셈(지구 둘레는 약 4만km로 4000만m)이다. '미터^m'는 '측정^{meter}'을 뜻하는 말로 그리스어 'metron'에서 따왔다. 미터 길이의 기준이 되는 '미터 원기原器'는 온도에 따른 변화가 가장 적은 금속과 백금의 합금으로 만들어졌다. 그리고 부피와 무게의 단위도 미터법으로 정하였다. 1m의 100분의 1을 1cm로 하고, 1cm를 한 변으로 하는 정육면체에 들어가는 물의 부피와 무게를 1cm³와 1g이라고 했다. 1875년에 세계 각국 대표들이 이렇게 정한 미터법을 따르기로 결정한 미터조약이 체결되고 국제 도량형국도 설립했다. 우리나라는 1959년에 회원국으로 가입했으며 1964년에 미터법 단위를 쓰도록 법률로 정했다.

1960년부터는 금속보다도 변질이 없는 빛의 파장으로 미터를 다시 정했다. 크립톤 동위원소에서 방출되는 주황빛의 파장의 약 1650763.73배를 1미터로 새롭게 정의했고, 다시 1983년에는 빛이 진공상태에서 2억 9979만 2458분의 1초 동안 나아간 길이를 1m로 정했다. 현대에 와서 왜 이처럼 정밀하게 미터 기준을 정하는 걸까? 미터법의 오차가 실생활에는 별 영향을 미치지 않지만 인공위성이나 우주선을 움직일 경우에는 엄청난 차이가 생겨 그것들이 전혀 다른 위치에 도달할 수도 있기 때문이다. 실제로 1998년 화성 탐사선이 갑자기 실종된 일이 있었다. 과학자들 간의 단위 계산이 달라 입력이 잘못되는 바람에 너무 낮은 고도로 비행하다 화성의 대기권에 부딪혀 파괴되고 만 것이다. 물론 아직도 각 나라마다 측정 단위를 다르게 쓰고 있다. 마일^{mil}, 야드^{yd}, 인치^{in}, 피트^{ft} 등의 단위가 미터와 혼재되어 쓰이고 있다.

심장의 무게를 재는 저울과 지렛대 원리

카프레 왕의 피라미드를 향해 걷는데 스핑크스가 보이지 않았다. 스핑크스라면 모름지기 카프레 왕의 피라미드 앞에서 멋진 포즈로 왕의 무덤을 지키고 있어야 하는 것 아닌가. 하지만 스핑크스는 이글거리는 뜨거운 사막 저편, 남쪽 정문 가까이 가서야 만날 수 있었다. 사진으로 보던 것과 달리 카프레 왕의 피라미드에서 1km나 떨어져 있다. 스핑크스를 보려면 차를 타고 이동해야 하는 것이다.

사람의 머리에 사자의 몸을 한 스핑크스를 두고 카프레 왕의 얼굴이라는 둥 쿠푸 왕의 상징이라는 둥 의견이 분분하다. 스핑크스의 몸통은 수천 년 동안 모래 속에 파묻혀 있었고 1866년에야 모래가 제거되어 제 모습이 드러났다. 햇빛 속에서 하얗고 긴 두 발을 쭉 뻗고 있었는데 깊게 패인 두 눈은 나일 강을 응시하는 것 같았다. 사막의 왕이 앉아 있는 듯 늠름한 자태였다. 하지만 스핑크스의 코는 문드러졌고 머리 위에는 새떼가 앉아 있었으며 몸통은 강렬한 햇빛과 거친 바람에 훼손되고 있었다.

거대한 바위 언덕을 깎아 만든 스핑크스는 높이가 20m, 밑변 길이는 약 73m다. 피라미드를 만들 때 같이 쌓은 경사로가 스핑크스에까지 가 닿았을 것이라는 추측도 있는데, 실제로 경사로의 각도가 10°일 때 경사로 길이는 1km 가까이 된다. 스핑크스의 길이는 대피라미드 높이의 절반이다. 이 길이는 대피라미드의 밑변과도 밀접한 관계가 있다. 즉 피라미드의 밑변 길이(230m)에서 스핑크스의 밑변 길이를 나누면 3.14원주율에 가까운 값이 된다. 따라서 대피라미드의 밑변을 바퀴 같은 원형 기구로 재서 피라미드의 높이를 정했듯이 스핑크스의 길이 역시 그런 방식으로 정했을 것이라 짐작된다.

스핑크스 앞에는 야외 공연장이 마련되어 있었고 조명도 설치되어 있었다. 이곳에서 유명 가수의 콘서트나 오페라 공연이 열리고, 가끔은 부호의 결혼식이 성대하게 치러진다. 야간에는 화려한 피라미드 레이저 쇼가 펼쳐지는데, 기하학 조형과 아름다운 조명이 고대와 현대를 아우르는 멋진 모습을 볼 수 있다.

쿠푸 왕의 아들 카프레 왕의 피라미드도 높이 143m, 밑변 길이 216m로 아버지 피라미드의 규모에 결코 뒤지지 않는다. 카프레 왕은 자신의 사원이 나일 강가까지 뻗어 나가도록 지었으며 피라미드를 수호하는 거대한 스핑크스도 만들었다. 피라미드 단지 안에 벽돌로 지은 그 사원의 흔적이 남아 있었는데 커다란 벽돌들 사이에 틈 하나 없이, 이음새조차 전혀 보이지 않을 정도로 정교했다.

카프레 왕의 피라미드 안으로 들어가기 전에 안내자가 심장병, 폐쇄공포증, 요통, 관절염이 있는 사람은 들어가지 말라며 겁을 주었다. 과연 돌덩이로 꽉 막힌 좁은 통로가 이어져 있었다. 허리를 숙인 채 때로

카프레 왕 피라미드 앞, 사람의 얼굴에 사자의 몸을 한 스핑크스의 모습이 보인다. 사진에서는 스핑크스가 피라미드 바로 앞에 있는 것처럼 보이지만 실제로는 1km나 떨어진 거리에 있다.

는 무릎걸음으로 오르락내리락 피라미드 내부 깊숙이, 왕의 관이 있는 방까지 들어가야 했으니 그런 경고를 할 만도 했다.

왕의 묘실은 캄캄함 속에서도 엷은 분홍빛이 감돌며 작고 아늑했다. 벽과 천장은 모두 화강암이었고 천장은 엄청난 돌의 무게를 분산시키기 위해 각뿔 모양으로 경사지게 만들었다. 묘실은 아무런 치장도 없었으며 오래전에 도굴된 탓에 부장품은 그 흔적조차 남아 있지 않았다. 안쪽 깊숙이 빈 석관만 덩그러니 놓여 있었다. 이집트 사람들은 파라오의 미라가 놓였던 곳에 우주의 에너지를 흡수하는 신통한 기운이 서려 있다고 믿는다. 눈을 감은 채 방안에 감돌고 있을 그 기운을 느껴 보았다. 내게도 신통력이 전해지는 걸까. 내내 머물고 싶을 만큼 편안함이 느껴졌다.

왕의 미라가 있었을 어두운 석관 속을 들여다보며 문득 카프레 왕의 심장은 무게가 얼마나 되었을까 궁금해졌다. 미라를 만들 때 죽은 사람의 장기는 모두 제거하되 심장만은 남겨 둔다는데, 이는 죽음의 신 아누비스가 심장의 무게를 달아 보도록 하기 위해서다. 심장의 무게에 따라 사후 세계가 정해지고, 아누비스 신은 그곳으로 죽은 자를 인도한다. 좋은 사람일수록 심장의 무게가 많이 나가며, 아주 나쁜 사람인 경우에는 저울에 놓인 심장을 그 옆에 있던 자칼이 날름 먹어 치우기도 한다. 심장이 없으면 사후 세계로 가지 못한다고 하니, 심장의 무게가 곧 살아온 인생의 무게이며 사후 세계로 가는 교환권인 셈이다. 이런 이야기는 이집트의 장례 의식에서 쓰이는 글 '사자의 서'에서 언급된다. 이집트 사람들은 죽은 사람의 관 속에 '사자의 서'가 적힌 파피루스 두루마리를 넣었는데, 그것이 저승으로 가는 데 필요한 주술문이었기 때문이다.

카이로의 한 갤러리에서 '사자의 서' 그림을 보고는 몹시 끌려 구입했다. 검은 자칼의 머리를 한 아누비스 신이 죽은 사람을 데려다가 그 심장을 저울에 달아 본 뒤 사후 세계로 인도하는 장면이 그려져 있었다. 저울 옆에서는 자칼이 그 심장을 노려보고 있으며, 오른쪽에는 사후 세계를 관장하는 오시리스 신이 기다리고 있다. 과연 그 심장은 어떻게 되

파피루스에 그려진 '사자의 서'. 검은 자칼 머리를 한 아누비스 신과 심장을 재는 저울과 그 곁을 지키는 자칼, 그리고 사후 세계의 제왕 오시리스 신이 등장한다. 대영박물관 소장.

었을까? 만약 우리 시대 사람들이 자기 심장을 자칼의 저울에 달아 본다면 과연 어떤 결과를 얻게 될까?

'사자의 서'에 나오는 저울 또한 인상적이었다. 저울은 기원전 5000년경 고대 이집트에서 처음 발명되었다. 최초의 형태는 저울대 중앙에 지지대가 있고 양 끝에 끈으로 매달린 접시가 있는 것으로, 한쪽 접시에 측정할 물체를 올려놓고 다른 쪽 접시에 추를 놓아 무게를 알아내는 방식이었다. '사자의 서'에 나오는 것과 같은 형태다. 이런 모양의 양팔저울은 요즘도 사용된다.

양팔저울은 양팔의 길이가 반드시 같아야만 평형을 이루어 무게를 정확히 측정할 수 있다. 저울에서 팔의 길이와 추의 무게는 서로 반비례 하기 때문이다. 다시 말해, 팔의 길이가 길어지는 만큼 무게가 줄어야만 저울은 평형을 이룬다. 따라서 저울을 중심으로 거리를 a, b라 하고, 추의 무게를 A, B라 할 때 다음과 같은 원리가 성립한다. 이런 저울의 원리는 시소 탈 때를 생각하면 금세 이해할 수 있다. 좀 더 무거운 사람이 시소 중앙 쪽으로 당겨 앉으면 시소가 평형을 이루는 것과 마찬가지다.

A의 무게×a의 거리=B의 무게×b의 거리

또한 저울의 원리를 이용하여 지렛대 원리를 파악할 수 있다. 저울 중심이 되는 점을 받침점으로 하여 한쪽 점에 힘을 주면 다른 점의 물체에 작용한다. 그 한쪽 점이 지렛대 역할을 함으로써 무거운 물체를 들어 올릴 수 있는 것이다. 이때 두 지점에 가해지는 힘은 받침점에서 두 지점에 이르는 거리의 비와 반비례한다. 이것이 바로 '지렛대 원리'다. 지렛대 원리를 이용하면 무거운 돌덩이를 들어 올리는 등 힘든 일을 해야 할 때도 힘을 덜 들일 수 있다.

그림으로 살펴보자면, 힘점(P)에서 받침점(O)까지의 거리를 멀리하면 작용점(Q)에 더욱 큰 힘을 가할 수 있어, 작은 힘으로도 무거운 물체를 들어 올리게 된다. 받침점에서 각각의 두 지점에 이르는 거리를 p, q라고 할 때 다음과 같은 지렛대 원리가 성립한다.

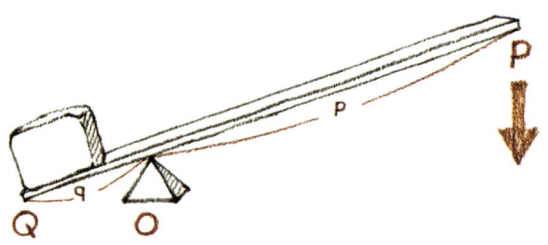

P에 작용하는 힘×p의 거리=Q에 작용하는 힘×q의 거리

이처럼 지렛대는 작용점, 받침점, 힘점으로 구성되는데, 우리 주변에서도 지렛대 원리에 따라 만든 물건을 흔히 볼 수 있다. 가위, 펜치, 빨래집게, 손톱깎이, 굴삭기, 병따개, 핀셋, 집게, 젓가락 등이 그러하다. 사람의 팔다리 근육도 팔꿈치나 무릎이 사실상 지렛대 역할을 함으로써 움직이는 것이다.

다음 그림과 같이 빨래집게와 가위는 힘점에 작은 힘을 가하여 작용점이 큰 힘을 얻을 수 있게 만든 물건이다. 받침점에서 힘점이 멀리 떨어질수록 큰 힘을 가할 수 있으므로 빨래집게는 대개 손잡이 부분이 머리 쪽보다 길다. 또 가위는 두꺼운 종이를 자를 때 힘이 더 많이 들어가므로 종이를 받침점까지 바짝 집어넣어 작용점까지의 길이를 짧게 해야

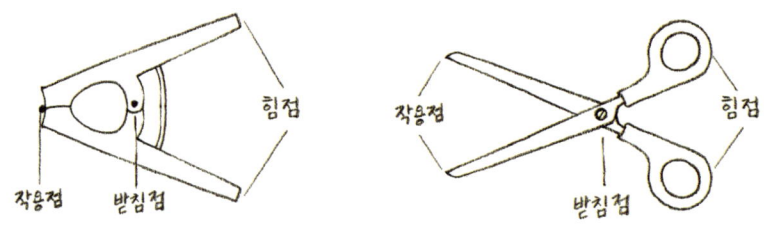

더 쉽게 자를 수 있다.

지렛대 원리를 이론적으로 처음 밝힌 사람 역시 기원전 3세기의 수학자 아르키메데스였다. 그는 지렛대로 큰 배를 들어 움직인 뒤 "나에게 충분히 긴 지렛대와 발을 딛고 설 장소가 있으면 커다란 지구도 들어 올려 보이겠다."라고 큰소리쳤다고 전해진다. 그러나 그보다 훨씬 이전 시기의 이집트에서 지렛대는 이미 중요한 도구였다. 피라미드 건축에서 돌을 운반하고 쌓아 올리는 데 지렛대가 사용되었으니까 말이다. 수레와 바퀴가 발명되기 전 인류 역사에서 가장 먼저 사용된 운반 도구가 바로 지렛대였다.

3
이집트 수학은
나일 강의 선물

태양신의 탑 오벨리스크가 알려준 지구의 둘레

최고의 유전자가 환경에 적응하는 유전자라고 한다면, 사막에서는 낙타가 바로 그 주인공이다. 이집트의 낙타는 다리가 길고 등에 혹이 하나인 단봉낙타다. 피라미드 단지에서 순찰을 도는 경관들도 이 단봉낙타를 타고 다닌다. 낙타는 속눈썹이 두 줄이고 콧구멍을 여닫을 수 있어서 사막의 모래가 눈이나 코로 들어가는 것을 막아 준다. 또 발굽이 넓적해 사막을 걸을 때 모래 속에 발이 푹푹 빠지지 않고, 지방으로 채워진 등의 혹 덕분에 며칠 동안 물을 먹지 않아도 살 수 있다.

사막의 관광지에서 큰 인기를 끄는 낙타 타기에 나도 도전해 보았다. 썩 만만한 일은 아니었다. 주저앉아 등을 내주는 낙타에 아무 생각 없이 올랐다가는 큰코다치기 십상이다. 낙타가 다시 일어설 때 그 위에서 앞으로 쏠렸던 몸이 2m 높이의 낙타 등에서 떨어지기라도 하면 그대로 땅에 코를 박게 되는 것이다. 낙타 등에 올라 혹을 꽉 끌어안고 몸이 요동치는 것을 간신히 버티고 나니, 낙타가 걸을 때마다 내 몸도 앞뒤로 리듬을 타면서 익숙해졌다. 이쯤 되면 슬슬 타는 재미가 붙는다.

낙타 타느라 햇볕을 한껏 받으니 찌뿌드드하던 몸이 풀렸다. 인성人性은 환경의 영향을 받는다는 말이 맞나 보다. 3월의 이집트 기후는 태양의 나라답게 햇볕이 풍부하고 건조하여 몸의 관절이 기분 좋을 정도로 풀렸다. 사물을 보는 눈도 왠지 관대해진다. 이집트인들 특유의 호쾌함은 이런 환경에서 생겨난 것인지도 모른다.

낙타를 탄 채 거친 모래 들판 위로 펼쳐진 피라미드를 바라보다가 불현듯 의문이 생겼다. 도대체 저 많은 돌은 어디서 온 것일까? 피라미드 한 기만 해도 하나에 몇 톤이나 하는 돌이 수백만 개 들어갔으니, 거대한 돌산이 가까이 있지 않고서야 피라미드를 짓기란 불가능했을 것이다. 그런데 기자 주변에서는 그만한 돌산을 보지 못했다.

피라미드를 쌓는 데 사용한 돌은 기자에서 남쪽으로 800km나 떨어진 아스완 지역의 채석장에서 가져온 것이다. 피라미드를 만들 당시에는 최소한의 운송 수단인 수레조차 없었는데, 그 먼 거리에서 어떻게 옮겨 왔을까? 더구나 피라미드는 기자 지역에만 있는 것이 아니라 기자 주변의 사막 가장자리를 따라 30km에 이르는 거대한 무덤군으로 형성되어 있다. 지금까지 발견된 것만 해도 모두 합하면 99개이고, 지금도 계속 발견되고 있다 하니 당시에는 아마 100개가 넘었을 것이다. 피라미드를 쌓는 일만 불가사의한 것이 아니라 돌을 옮겨 오는 일도 불가사의하다.

피라미드 백 기를 짓는 데 필요한 그 엄청난 돌덩이들은 과연 어떻게

기자의 피라미드 단지에서 800km 떨어진 아스완의 채석장에서 캔 돌로 신전을 만들고 오벨리스크 탑을 세웠다.

운반할 수 있었을까? 아스완에 가 보고서야 나는 그 의문을 풀 수 있었다. 아스완까지는 숙박도 해결할 겸 야간열차를 이용했다. 이집트 최남단에 위치한 아스완 주州는 남쪽으로는 수단과 국경을 접하고 있으며, 아스완 시는 공업과 상업이 발달한 휴양도시로 나일 강변에 자리하고 있다. 아스완의 채석장에서는 피라미드와 신전 등 고대 이집트 건축물에 사용된 화강암과 대리석 등을 공급했는데, 채석된 돌은 나일 강을 이용해 운반했다. 나일 강이 없었다면 피라미드를 쌓는 일이 과연 가능했을까?

아스완에는 나일 강을 따라 사암, 화강암, 섬록암 언덕들이 펼쳐져 있다. 아스완의 채석장을 둘러보니 수천 년 전에는 돌을 어떻게 다루었는지도 짐작할 수 있었다. 특히 미완성 오벨리스크를 그 채석장 중 한 곳에서 볼 수 있었는데, 거대한 바위를 통째로 잘라 내고 다듬은 과정이 잘 드러났다. 이 미완성 오벨리스크는 길이가 42m로, 완성되었다면 세계에서 가장 큰 오벨리스크가 되었을 것이다. 아스완의 채석장에서 캔 화강암 덩어리를 깎아 만든 오벨리스크를 어떻게 신전에 세웠는지는 기록에도 남아 있다. 고대 이집트 제국의 수도였던 테베(지금의 룩소르 지역)의 카르나크 신전에 세운 하트셉수트 오벨리스크의 아래쪽에는 채석장에서 일곱 달 동안 깎은 돌을 세웠다고 새겨져 있다. 또 하트셉수트 사원의 벽에는 오벨리스크를 운반하고 신전에 세우는 장면이 묘사되어 있다. 나룻배에 오벨리스크를 실어 나일 강을 통해 운반하였으며 목적지에 도착하면 흙으로 경사로를 만들어 오벨리스크를 들어 올리고 좌우로 움직이며 자리를 잡아 세웠다는 내용이다.

그렇게까지 애쓰면서 이집트인들이 오벨리스크를 세운 까닭은 무엇일까? 햇빛으로 가득한 땅 이집트에서 태양신을 숭배한 것은 자연스러운 일이었다. 이집트에서는 태양신 '라^{Ra}'를 위한 신전을 지었고, 신전 입구에 한 쌍의 오벨리스크 탑을 세워 몸체에 태양신과 왕의 생애를 기리는 내용을 상형문자로 새겨 넣었다. 오벨리스크는 밑면이 정사각형으로, 위로 갈수록 가늘어지는 모양이었다. 지금까지 알려진, 가장 큰 오벨리스크는 투트모세 3세의 것으로 32m 높이에 무게는 230t에 이른다. 이것은 현재 로마의 라테라노 광장에 서 있는데, 4세기 때 콘스탄티누스 2세가 약탈해 갔기 때문이다. 그 옛날에, 그 큰 탑을 거기까지 옮겨 간 로마도 어찌 보면 참 대단하다. 로마 제국이 탐을 낼 정도로 이 오벨

나일 강변 채석장에 누워 있던 '미완성 오벨리스크'(오른쪽)와 룩소르의 카르나크 대신전에 세워진 높이 30m의 오벨리스크(왼쪽). 이 오벨리스크는 몸체에 태양신과 왕의 생애, 오벨리스크를 만든 과정이 상형문자로 새겨져 있다.

리스크는 멋진 탑이었다. 그뿐만 아니라 여기에는 재미있는 수학 원리도 숨어 있다.

기원전 3세기 헬레니즘 시대의 수학자 에라토스테네스는 오벨리스크를 보고 최초로 지구의 둘레를 구했다. 에라토스테네스는 하짓날 정오에 시에네(아스완의 그리스 지명)에서는 그림자가 생기지 않지만, 그 시각 알렉산드리아에서는 오벨리스크의 그림자가 햇빛이 수직에서 7.2° 정도 기울어져 생긴다는 사실을 알아냈다. 그림자 각도는 위도에 따라 차이가 나므로 결국 위도가 7.2° 차이 나는 것이다. 위도 1°간의 평균 거리는 약 111km로 측정되므로, 알렉산드리아에서 시에네까지 위도상의 거리는 약 800km(111km×7.2)가 된다.

당시에 사용한 길이 단위인 '스타디아'(그리스에서 유래한 단위로 180~200m 정도)로 계산한 답이 얼마인지 정확히 모르지만, 에라토스테네스의 계산 결과는 놀랍게도 현재 정밀하게 측정한 지구의 평균 둘레 4만 km와 같다. 즉 그림자가 생기는 각도와 알렉산드리아에서 시에네까지의 거리에 지구의 둘레를 비례식에 넣어 계산해 보면 4만km가 된다. 지구는 완전한 구 모양이 아니므로 둘레가 적도에서는 약 4만 75km, 극에서는 약 3만 9920km이고 그 둘을 평균한 둘레가 약 4만km다.

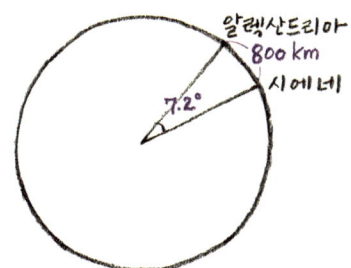

7.2° : 360° = 800km : 지구의 둘레
지구의 둘레 = 360 × 800 ÷ 7.2
= 40000km

"이집트 문명은 나일 강의 선물"

채석장을 나와 나일 강가로 갔다. 나일 강은 아프리카 북동부를 지나 지중해로 흐르는 세계에서 가장 긴 강으로 길이가 6690km에 이른다. 기원전 5세기 그리스 역사가 헤로도토스는 "이집트 문명은 나일 강의 선물"이라고 말했다. 과연 그랬다. 고대 문명의 발상지인 이집트에는 나일 강이 가져다준 선물이 많았다. 이집트인들은 거대한 돌을 운반해 불가사의한 건축물 피라미드와 대신전, 오벨리스크를 만들 수 있었을 뿐만 아니라 나일 강에 배를 띄우기 위해 인류 역사상 최초로 돛을 발명했다. 나일 강의 남북을 오가는 배야말로 고대부터 현재까지 가장 좋은 화물 운송과 대중교통 수단이었고, 그래서 이집트에서는 일찍부터 배 만드는 기술이 발달했다.

이집트 사람들은 나일 강가에서 자라는 갈대풀로 종이도 만들었다. 세계 최초의 종이로 알려진 '파피루스'다. 종이를 뜻하는 영어 페이퍼paper의 어원도 파피루스papyrus다. 파피루스는 중국으로부터 유럽에 종이가 전해지기 전까지 그리스와 로마를 비롯한 유럽에서 널리 쓰였다. 키가 웃자라는 파피루스 풀로 종이를 만들었을 뿐만 아니라 풀줄기를 엮어 각종 생활 공예품과 나룻배까지 만들었다. 오늘날에도 파피루스는 이집트의 자랑이자 특산품이다. 외국인이 처음 당도하는 공항은 물론, 관광지마다 파피루스를 판다. 화가들이 파피루스에 그린 그림을 파는 갤러리도 많다. 그중에는 고대 신전의 벽화 그림을 본떠 그린 그림도 있는데 무턱대고 샀다가는 조악함에 후회를 할 수도 있다.

이집트에는 비가 거의 내리지 않지만 여름이면 나일 강 상류에 내린 비가 하류 지역인 이집트로 범람한다. 어느 해 7월 19일 새벽녘 동쪽 하

아스완 지역을 지나 흐르는 세계에서 가장 긴 강. 이 나일 강 위를 돛단배 펠루카가 떠다닌다. 나일 강가에선 파피루스가 무성하게 자란다.

늘에 가장 밝은 별인 시리우스가 떠오르자 나일 강이 넘치기 시작해 수도 멤피스로 물이 들어왔는데, 이집트의 달력은 바로 이때 만들어졌다고 한다. 즉 시리우스별이 매일 자리를 움직여 365일 만에 다시 제자리에서 빛나는 것을 관찰하고는 1년을 365일로 하게 되었다는 것이다. 1개월을 30일, 1년을 12개월로 하여 360일이 되었고, 여기에 5일을 1년의 마지막에 두어 휴일이나 축제일로 삼았다고 한다.

기원전 3세기 프톨레마이오스 왕 때는 1년이 365일보다 조금 더 길다는 것을 알게 되었다. 그래서 4년마다 하루를 끼워 넣었는데, 이것이 윤년의 시작이다. 실제로 지구의 공전 주기는 약 365.2422일로 오늘날

■ 파피루스 종이 만드는 방법
1 파피루스 줄기를 같은 길이로 잘라 껍질을 얇게 벗겨 물에 담가 적신다. 물에 적시면 끈끈한 접착제 역할을 하는 수액이 쉽게 나온다.
2 물에 적신 파피루스 조각을 가로세로 수직으로 교차해 겹쳐 놓고 그 위에 줄기를 또 얹는다.
3 겹쳐 놓은 줄기를 망치로 두들기면 수액이 나와 풀처럼 서로 엉겨 붙는데 이것을 눌러 편편하게 한다.
4 햇볕에 잘 말리면 파피루스 종이가 된다. 이를 이어 붙여 두루마리 형태로 책을 만든다.

의 달력도 4년마다 윤년을 두고 있다.

이처럼 이집트인들은 나일 강의 홍수를 관찰하다가 세계 최초의 달력을 만들었다. 달력의 역사는 나일 강에서 시작된 것이다. 당시 이집트에서 나일 강의 범람은 새해가 시작된다는 의미였다. 이집트 달력은 나일 강의 수위에 따라 세 계절로 구성되었다. 즉 범람 시기, 물이 빠지는 시기, 건조한 시기로 구분한 것이다. 범람 시기인 7월 19일~11월 중순에 농사를 쉬고, 물이 빠지면 그 후 3월 중순까지 농사를 짓는다. 그리고 건기인 3월 중순~7월 19일에 수확을 하고 나면 가뭄이 찾아온다. 나일 강 하류는 카이로 북쪽에서 크게 두 지류로 갈라지며 델타(Δ) 모양의 방대한 삼각주 지역을 형성한다. 홍수 때 쌓인 검은색 흙 덕분에 이 지역의 토지는 매우 비옥했다. 나일 강의 물이 빠지면 삼각주는 한 변의 길이가 190km 되는 이등변삼각형 모양이 되는데 그 넓이가 2만 1000km²에 이른다. 경기도와 충청도를 합친 것만큼 넓은 땅이다. 이 대평야가 가져다준 풍요로움을 바탕으로 이집트는 거대한 문명의 발상지가 될 수 있었다.

이집트 문명이 나일 강으로부터 받은 선물은 이외에도 많았다. 나일 강은 수송, 교통, 조선술, 치수 시설 등을 개발해 문명을 이루게 했고 나일 강 유역의 풍부한 암석은 토목과 건축술을 발달시켰다. 문명을 이루는 과정에서 수학, 물리, 천문, 지리 등의 학문 발달에도 크게 기여했다.

홍수 덕분에 발달한 이집트의 기하학

헤로도토스가 쓴 《역사》(제2권)에는 나일 강의 홍수와 농토에 대한 흥미로운 이야기가 나온다.

세소스토레스 왕은 모든 이집트 사람들에게 제비뽑기를 하게 해 사각형의 토지를 나눠 주며 농사를 짓게 하고 그 토지로부터 얻은 수확에 대해 세금을 거두었다. 나일 강에 홍수가 나고 땅이 유실되거나 황폐해져 농사를 망치면 백성은 왕에게 호소했고, 왕은 관리를 시켜 다시 토지를 측량하게 하여 세금을 조정했다.

고대 이집트에서 토지 측량을 했음을 보여 주는 글이다. 나일 강의 홍수로 농토의 모양이 변하면 수확량을 계산하고 세금을 거두는 데 차질이 생겼다. 또 땅을 잃어버린 농민에게는 경작지를 다시 나눠 주어야 했기 때문에 토지를 다시 측량해야 했다. 토지 측량을 하려면 당연히 땅의 넓이를 계산할 수 있어야 하는데 홍수가 휩쓸고 가면 농토의 모양이 어떻게 바뀐 것인지 누구도 알 수 없었다. 즉 처음에 토지를 나눠 줄 때처럼 일정하게 구획된 똑같은 모양의 땅이 주어지기가 어려웠다. 삼각형, 사각형, 사다리꼴이 된 땅도 있고 원형의 땅도 있었다. 결국 고대 이집트의 토지 측량은 오늘날 우리가 여러 도형의 넓이를 구하는 것과 동일한 원리를 내포하는 문제였다. 그리고 이것이 기하학의 출발이었다. 그렇다면 나일 강이 이집트에 준 또 하나의 선물은 기하학이라고 말할 수 있지 않을까.

기하학을 영어로 'geometry'라고 하는데, geo(토지)와 metry(측량)를 합친 말이다. 그런데 이 'geometry'가 중국에 전해지면서 '지허'로 발음되었고, 그 발음을 한자로 표기하다 보니 幾何(기하)가 된 것이다. 그 때문에 '몇 기幾'와 '어찌 하何'라는 한자만으로는 기하학의 본래 의미를 제대로 파악할 수 없다. 하지만 '몇인가'라는 뜻으로 읽을 수 있으니, 값을 찾는 문제라는 측면에서 보면 수학적인 표현이기도 하다.

나일 강은 수학사數學史와도 연관이 깊다. 세계에서 가장 오래된 수학책이 나일 강 유역에서 발견되었다. 1858년 영국의 고고학자 헨리 린드

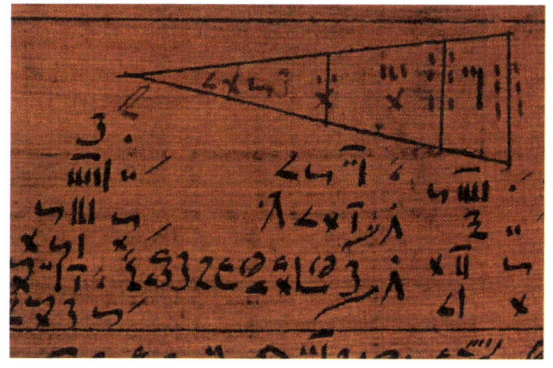 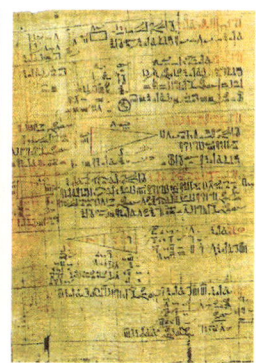

기원전 1650년경 이집트의 서기 아메스가 파피루스에 쓴 수학책으로, 1858년 영국의 고고학자 헨리 린드가 나일 강가에서 발굴했다. 사진은 삼각형으로 된 토지 면적을 구하는 문제를 설명하는 부분이다.

는 나일 강가에서 가로 30cm, 세로 5.5m인 파피루스 두루마리를 발견했다. 거기에는 수학 문제 85개가 상형문자로 적혀 있었다. 현재 '아메스의 파피루스'라고 부르는 이 책은 기원전 1650년경 이집트의 서기 아메스가 썼는데 수의 연산과 면적이나 체적 구하기 등 실용적인 문제를 주로 다루었다. 이 책으로 고대 이집트의 기하학, 산술, 대수에 대해 파악할 수 있다. 현재 영국 대영박물관에 소장되어 있다.

앞서 언급한 '모스크바 파피루스'는 '아메스의 파피루스'('린드 파피루스'라고도 한다)가 발견된 지 30여 년 뒤에 발견되었다. 25개의 수학 문제가 나오는 '모스크바 파피루스'는 '아메스의 파피루스'보다 200여 년 앞선 문헌으로 추측되고 있다. 이 두 파피루스는 세계에서 가장 오래된 문헌으로 인정받고 있다. 이것이 4000년 가까이 훼손되지 않고 보존될 수 있었던 것은 이집트가 건조한 기후라 잘 썩지 않았기 때문이다.

나일 강에서 발견된 두 파피루스는 고대 이집트 수학에 대한 중요한 정보를 제공해 준다. 이들 파피루스를 통해 이집트인들이 어떤 방법으로 수를 표기하고 사칙연산을 했으며 어떻게 연산기호를 표기했는지도 알 수 있다. '아메스의 파피루스'와 '모스크바 파피루스'에 등장하는 110개의 문제는 대부분 실용적이고 수치 계산을 요구하는 것들이다. 이 가운데 26개가 기하학에 관한 문제로 땅의 면적과 곡물 창고의 크기를 계산하는 측량 관련 문제, 도형에 대한 비례 이론이나 삼각법 관련 문제이다.

그중 하나인 '아메스의 파피루스' 79번 문제는 우리에게 수수께끼를 하나 던진다.

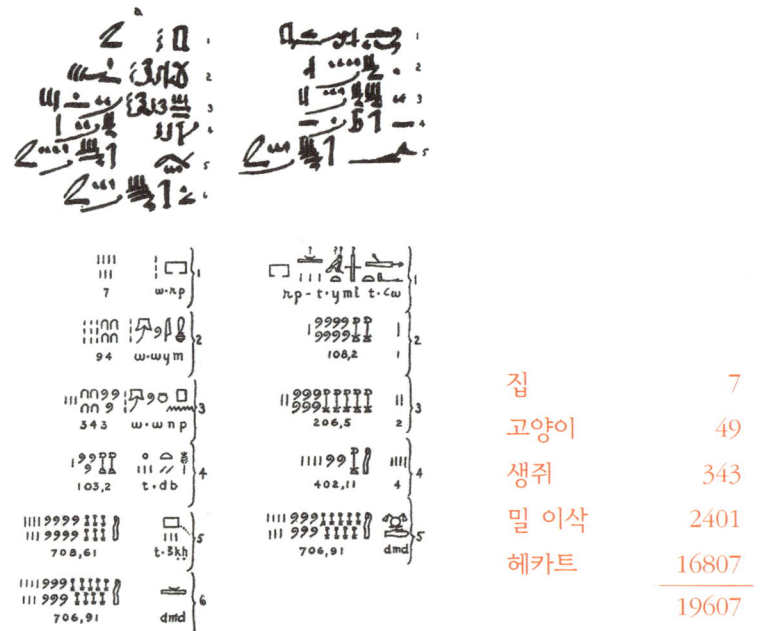

집	7
고양이	49
생쥐	343
밀 이삭	2401
헤카트	16807
	19607

이 문제는 대체 어떤 내용일까? '헤카트^{Hekat}'는 고대 이집트의 부피 단위로 약 4.5l 되는 양을 가리킨다. 문제에 나오는 수들을 살펴보면 7, 7^2, 7^3, 7^4, 7^5으로, 7의 거듭제곱으로 늘어나는 것을 알 수 있다. 마지막 19607은 이 수들의 합이다. 이 문제는, "일곱 채의 집에 각각 고양이가 일곱 마리씩 있고, 각 고양이는 생쥐를 일곱 마리씩 먹고 각 생쥐들은 밀 이삭을 일곱 개씩 먹었는데, 각 이삭은 7헤카트의 밀을 만들 수 있다."라는 내용이라고 해석할 수 있다. 이 문제는 1200년대 유럽에 널리 알려졌던 문제와도 비슷하다. 또 영국에서 오랫동안 전래된 동요에서도 다음과 같이 비슷한 유형을 찾을 수 있다.

> 내가 세인트 이브로 가고 있을 때 일곱 부인이 있는 남자를 만났다네.
> 부인들은 각자 일곱 개의 보따리를 가졌고,
> 각 보따리 안에는 고양이 일곱 마리가 들어 있고,
> 각 고양이들은 새끼가 일곱 마리씩 있었네.
> 부인과 보따리, 어미 고양이와 새끼 고양이들을 합하면
> 세인트 이브로 가고 있는 건 모두 몇일까?

아메스가 쓴 79번 문제가 3000년의 세월이 지나 중세 시대에 비슷한 문제로, 그 후에도 오래도록 영국의 동요로 불렸다는 사실이 매우 흥미롭다.

그런데 나일 강에서는 여전히 큰 홍수가 날까? 오늘날에는 상황이 매우 달라졌다. 1970년 아스완 하이댐이 건설됨으로써 이집트 역사상 처음으로 나일강 홍수를 인위적으로 통제하게 된 것이다. 댐 건설로 생긴

나세르 호는 수단까지 뻗어 있고, 그 길이가 무려 남한 땅의 길이와 같은 480km에 이른다고 한다. 이 호수를 만든 탓에 아부심벨의 람세스 2세 신전이 수몰될 위험에 처하자 세계의 과학자와 고고학자들, 기술자들이 나서서 3000여 년간 그곳에 자리했던 신전을 통째로 호수 위쪽으로 옮겨다 놓았다. 그런 난리 속에서도 댐은 건설되었고 어쨌든 해마다 겪던 홍수는 사라졌다. 하지만 홍수가 실어다 주던 비옥한 검은흙 또한 더는 쌓이지 않게 되었고, 결국 나일 강 유역의 농업 생산성도 떨어졌다. 오늘날 이집트 농부들은 해마다 100만t의 인공비료를 경작지에 뿌리고 있지만 그 비료는 홍수가 공급해 주던 4000만t의 검은색 천연비료를 대체하기에 턱없이 부족하다. 참으로 아이러니한 일이다.

4
호루스의 눈과 이집트 분수

'스카라베'와 '앙크'에 담긴 비밀

고대 이집트 신왕국 시대의 수도였던 테베, 즉 오늘날의 룩소르 지역에는 나일 강 강둑을 따라 카르나크 아몬-라 태양신전이 자리 잡고 있다. 이 카르나크 대신전은 높이 24m인 기둥이 140개나 되었다고 전해 오는데, 지금도 파피루스 모양 기둥머리에 상형문자와 그림을 새긴 기둥들이 숲을 이루고 있다. 이집트 역대 왕들이 계속 증축을 하면서 하나의 신전이라기보다는 탑문이 열 개나 되는 여러 신전의 복합단지 형태를 띠게 되었고, 이집트에서 가장 큰 신전이 되었다. 대신전으로 들어가는 첫 번째 탑문, 람세스 2세가 세운 신전 입구에 거대한 람세스 2세의 동상과 오벨리스크가 서 있었다. 이곳에는 원래 한 쌍의 오벨리스크가 있었지만, 그중 하나는 현재 파리의 콩코르드 광장에 서 있다.

　신전을 둘러보는데 아이들 몇이 벌레 모양의 기념품을 들고 나를 졸

룩소르 카르나크 대신전 앞에 증축한 람세스 2세 신전 입구의 거대한 람세스 2세 동상과 오벨리스크 탑(위). 오벨리스크는 원래 한 쌍이었지만 나머지 하나는 현재 파리의 콩코르드 광장에 서 있다(아래). 높이 24m의 기둥들이 숲을 이루고 있는 카르나크 대신전. 기둥마다 상형문자와 그림들이 새겨져 있고 채색의 흔적도 남아 있다(가운데).

졸 따라다녔다. 풍뎅이처럼 생긴 푸른색 벌레를 끈에 매달아 만든 목걸이와 열쇠고리였다. 이집트를 상징하는 물건 같아 관심을 보였더니, 기다렸다는 듯 얼른 내 목에 걸어 주었다. 아마도 어느 아마추어 공예가가 만든 엉성한 작품이겠지만 그래도 멋져 보였다. 그 후 나는 '스카라베^{scarabée}'라고 불리는 이 벌레 목걸이를 이집트 여행 내내 걸고 다녔다.

고대 이집트에서 신성한 갑충^{甲蟲}으로 여겨지던 '스카라베'는 흔히 똥풍뎅이라고 불리는 투구벌레 모양의 상징물이다. 이집트 사람들은 동그란 똥을 밀고 다니며 그 속에 알을 낳는 똥풍뎅이의 생명 순환 과정이 낮과 밤을 지나며 태양이 매일같이 다시 태어나는 과정과 같다고 생각했고, 그래서 그것을 불멸하는 인간 영혼의 상징으로 여겼다. 이집트인들의 무덤에서 죽은 풍뎅이가 많이 발견된 것은 이 때문인데, 특히 미라 위에 똥풍뎅이의 상징물인 스카라베를 놓아 두었다. 또 스카라베에 소원을 새겨 넣어 부적으로 갖고 다니기도 했고 중요한 관직용 도장으로 사용하기도 했다. 스카라베는 요즘도 이집트인들에게 신성한 벌레로 사랑받고 있다.

기원전 14세기에 아멘호테프 3세는 이집트 제국의 선언 다섯 가지를 공포하고 스카라베 뒷면에 그 내용을 새겼다. 파라오의 권한, 영토의 범위, 제국 동맹 등에 관한 내용이었다. 이때부터 스카라베는 제국이라는 의미의 상형문자로 쓰이기도 했다. 아멘호테프 3세는 탁월한 외교력으로 이집트에 평화를 가져다주며 번영의 시대를 연 파라오였다. 룩소르에서 그가 세운 21m 높이의 멤논 거상 한 쌍을 볼 수 있었다.

세계 어디를 가든지 그 나라의 중요한 상징물이나 문양이 눈에 띈다.

고대 이집트에서 신성한 갑충으로 여겨지던 투구벌레 모양의 상징물, '스카라베'. 뒷면에는 고대 이집트 제국이 공포한 다섯 가지 선언이 적혀 있다(왼쪽). 아멘호테프 3세가 테베에 세운 21m 높이의 멤논 거상 한 쌍의 모습(오른쪽).

공항이나 관광지마다 그런 상품들을 팔고 있으니, 예를 들어 열쇠고리 하나만 봐도 그 나라의 상징이 무엇인지 금세 알 수 있다. 태극 문양 열쇠고리가 한국을 상징하듯이, 이집트에도 그런 상징적인 문양이 몇 가지 있다. 앞서 말한 스카라베가 그렇고, 앙크와 호루스의 눈도 이집트의 신화와 역사를 상징한다.

고대 신전의 벽이나 기둥, 오벨리스크에는 상형문자를 좀 더 간략하게 표현한 신성문자가 새겨져 있다. 신성문자는 그 자체로 중요한 의미를 지니는 문양이다. 그중 '앙크'는 고리 달린 십자가를 말하는데 생명을 의미하는 신성문자다. 그래서인지 '생명'을 잉태하는 여성을 가리키는 성별 기호(우)와도 비슷해 보인다. 또한 샌들 끈 모양에서 유래했다는 이야기가 있고 실제로 신성한 매듭으로도 사용되었으며, 십자형이어

매의 머리를 한 태양신 '라'가 '앙크'를 손에 들고 있다. 앙크는 생명을 상징했다(왼쪽). 이집트 무덤 벽화에서 자주 볼 수 있는 '호루스의 눈'은 하늘의 태양과 달을 상징하며, 또 $\frac{1}{2}$, $\frac{1}{4}$, $\frac{1}{8}$ 같은 분수를 나타내기도 한다(오른쪽).

서 이집트의 콥트 그리스도교의 상징으로도 널리 사용되어 왔다. 특히 신전이나 무덤에서 앙크를 든 벽화나 조각상을 많이 볼 수 있었는데, 모두 생명을 의미하는 것들이었다. 나 역시 앙크 열쇠고리를 사서 그 의미에 걸맞게 자동차 열쇠고리로 사용하고 있다.

또한 고대 신전과 무덤에서는 예사롭지 않은 매의 눈을 그린 그림도 많이 볼 수 있다. 바로 '호루스의 눈'인데, 호루스는 이집트 사람들이 중요하게 섬기던 신으로, 사후 세계의 신 오시리스의 아들이기도 했다. 호루스의 눈은 태양신 '라'의 상징으로도 여겨졌는데, 이집트인들은 하늘을 태양과 달의 눈을 가진 한 마리의 매로 생각했기 때문에 그렇게 형상화한 것이다. 매우 강렬하고 아름다운 이미지를 내뿜는 호루스의 눈은 현대의 예술 작품에도 종종 등장한다. 현대 뮤지컬 〈아이다〉의 포스

터와 무대장치에서도 등장하고, 경매 사상 최고가를 기록한 구스타프 클림트의 〈아델레 블로흐-바우어의 초상〉에 그려진 눈 문양 또한 호루스의 눈에서 영감을 받은 것이라고 한다.

호루스의 눈에서 '분수分數' 찾기

어느 지역 어느 나라든 수호신이라는 것이 있게 마련인데, 이집트에도 그리스와 로마에 뒤지지 않을 만큼 많은 신이 있었으며 재미있는 신화도 전해진다. 사실 이집트 사람들이 믿었던 신은 과하다 싶을 정도로 많다. 태양신 '라'와 창조의 신 '아툼'부터 이슬의 신, 별의 신, 땅의 신 등등 별별 신이 다 있었고, 각 지방을 대표하는 신들도 또 존재했다. 이집트인들은 사후 세계를 철저히 믿었으므로 사후 세계와 장례 의식을 관장하는 신들을 아주 중요한 신으로 섬겼다. 이집트를 다스리고 사후 세계를 관장하는 신은 오시리스이고 그의 부인은 생명의 신이기도 한 이시스였으며, 이들의 아들이 바로 호루스다.

매의 머리를 한 호루스 신은 이집트의 왕을 상징한다. 호루스의 눈은 오른쪽이 태양, 왼쪽이 달을 의미한다. 호루스의 눈에 관한 이집트 신화는 아버지 오시리스 신의 시대로 거슬러 올라간다. 이집트를 다스리던 오시리스가 동생 세트에게 죽음을 당해 그 시신이 열네 조각으로 절단되어 각지로 흩어졌다. 아내 이시스는 남편의 시신을 찾아내 다시 붙이고 입김을 불어넣어 부활시켰고, 부활한 오시리스는 사후 세계의 신이 되었다. 그리고 아들 호루스는 세트와 싸워 이겨 아버지의 원수를 갚고 이집트의 왕이 되었다.

하지만 호루스는 세트와 싸우던 중 달을 상징하는 왼쪽 눈을 다치고 만다. 세트가 호루스의 눈을 뽑아 $\frac{1}{2}$, $\frac{1}{4}$, $\frac{1}{8}$, $\frac{1}{16}$, $\frac{1}{32}$, $\frac{1}{64}$로 산산조각 낸 것이다. 지혜의 신 토트가 흩어진 호루스의 눈을 모아 다시 만들어 주었다는데, 조각난 호루스의 눈을 모두 더해도 조금 모자란다. 계산해 보면 $\frac{1}{64}$이 부족한데, 그 부분은 토트 신이 알아서 보충해 주었을까?

$$\frac{1}{2}+\frac{1}{4}+\frac{1}{8}+\frac{1}{16}+\frac{1}{32}+\frac{1}{64} = \frac{32+16+8+4+2+1}{64} = \frac{63}{64} < 1$$

회복된 호루스의 눈 모양은 이집트에서 신성한 부적으로 사용되었다. 이집트의 왕들은 스스로를 태양신의 아들이며 호루스의 화신이라 여겼다. 그래서 왕의 이름 앞에 여러 개의 별칭을 붙였는데, 그 맨 앞에는 '호루스'라는 말을 넣었다.

호루스의 눈은 여섯 부분으로 구성되는데, 이는 사람의 여섯 가지 감각인 후각, 시각, 지각, 청각, 미각, 촉각을 의미한다고 한다. 또한 이 여섯 부분은 분수를 나타내는 상형문자로도 해석되는데, 각각 $\frac{1}{2}$, $\frac{1}{4}$, $\frac{1}{8}$, $\frac{1}{16}$, $\frac{1}{32}$, $\frac{1}{64}$을 나타낸다. $\frac{1}{2}$부터 $\frac{1}{64}$까지 반으로 줄어들면서 시계 반대 방향으로 그리면 된다.

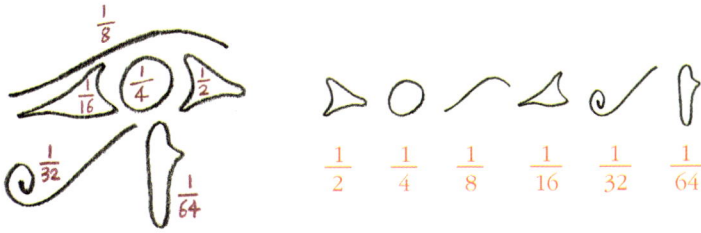

그런데 이 분수들은 모두 분자가 1인 단위분수다. 이집트 사람들은 분수를 표기할 때 단위분수로만 나타냈는데, 한 예로 '아메스의 파피루스'에 등장하는 나눗셈을 보자.

$$2 \div 5 = \frac{1}{3} + \frac{1}{15}$$

$2 \div 5$는 $\frac{2}{5}$와 같은데, 아래와 같이 도식화하면 이집트인들의 계산법을 좀 더 쉽게 이해할 수 있다.

$\frac{1}{3}$	$\frac{1}{3}$	$\frac{1}{3}$
$\frac{1}{3}$	$\frac{1}{3}$	$\frac{1}{15}$ $\frac{1}{15}$ $\frac{1}{15}$ $\frac{1}{15}$ $\frac{1}{15}$

2는 5개의 $\frac{1}{3}$과 $\frac{1}{3}$을 5로 나눈 $\frac{1}{15}$이 5개 모인 것이고, $2 \div 5$란 위 도식의 붉은색 숫자처럼 1개의 $\frac{1}{3}$과 1개의 $\frac{1}{15}$을 가리킨다. 따라서 $\frac{2}{5}$는 $\frac{1}{3} + \frac{1}{15}$이다. 이를 수식으로 써 보자.

$$2 \div 5 \left(\frac{2}{5}\right) = \left(\frac{1}{3} \times 6\right) \div 5 = \left\{\frac{1}{3} \times (5+1)\right\} \div 5$$

$$= \left\{\left(\frac{1}{3} \times 5\right) \div 5\right\} + \left\{\left(\frac{1}{3} \times 1\right) \div 5\right\}$$

$$= \left(\frac{1}{3} \times 5 \times \frac{1}{5}\right) + \left(\frac{1}{3} \times 1 \times \frac{1}{5}\right) = \frac{1}{3} + \frac{1}{15}$$

수식으로 쓰면 위와 같이 좀 장황하지만, 파피루스에 나온 나눗셈을 분수식으로 좀 더 써 보면 의외로 간단히 원리를 파악할 수 있다.

$$2 \div 7 = \frac{1}{4} + \frac{1}{28}$$

$$2 \div 9 = \frac{1}{5} + \frac{1}{45}$$

먼저 $2 \div 7(\frac{2}{7})$은 나누는 수 7에 1을 더한 8에서 2로 나눈 값 4, 또 분모 7에 4를 곱한 값 28을 분모로 했다. 즉 $\frac{2}{7}$는 4와 28을 분모로 한 단위분수의 합, 즉 $\frac{1}{4} + \frac{1}{28}$이 된다. $2 \div 9(\frac{2}{9})$ 또한 마찬가지 방법으로 나누는 수 9에 1을 더한 10에서 2로 나눈 값 5, 5에 9를 곱한 값 45를 분모로 하는 단위분수의 합, 즉 $\frac{1}{5} + \frac{1}{45}$로 나타낼 수 있다. 그렇다면 $\frac{2}{97}$, $\frac{2}{101}$와 같은 분수도 쉽게 단위분수의 합으로 나타낼 수 있을 것이다.

$$\frac{2}{97} = \frac{1}{49} + \frac{1}{4753}$$

$$\frac{2}{101} = \frac{1}{51} + \frac{1}{5151}$$

이처럼 이집트인들은 분자가 1인 단위분수만을 사용했다. 분수가 나눗셈을 나타내는 데 쓰였을 뿐 연산을 위한 용도는 아니었기 때문이다. 분수 개념이 처음 사용된 것은 나눗셈과 비율을 나타내기 위해서였다. 한편 유럽에서 단위분수 이외의 분수를 사용하기 시작한 것은 16세기에 이르러서였다. 중국과 우리나라에서는 그보다 훨씬 이른 시기인 3세기부터 분수를 사용했으며 다양한 분수 계산은 물론이고 통분과 약분도 했다.

그럼 이집트에서는 분수를 어떻게 표기했을까? 호루스 눈의 형태로 분수를 나타내기도 했지만, 고대 이집트에서는 $\frac{1}{2}$, $\frac{1}{3}$, $\frac{1}{4}$과 같은 분수를 다음과 같은 상형문자 형태로 표기했다.

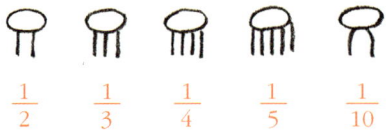

아라비아에서는 아라비아숫자를 쓰지 않는다

고대 이집트에서는 숫자를 어떻게 표기했을까? 이집트 숫자는 물건을 본떠 그린 상형숫자였으며 십진법에 따라 자릿수를 만들었다. '1'은 막대기, '10'은 뒤꿈치, '100'은 새끼줄, '1000'은 연꽃, '1만'은 집게손가락, '10만'은 올챙이, '100만'은 놀라는 사람, '1000만'은 태양을 본뜬 모양이었다. 아마도 그 당시 이집트에는 연꽃이나 올챙이가 흔했나 보다. 수를 표기할 때는 자릿수에 맞는 모양을 찾아 수의 개수만큼 오른쪽부터 쓴다. 예컨대 3205를 쓴다면 연꽃 세 개, 새끼줄 두 개, 막대기 다섯 개를 그리면 된다.

그렇다면 오늘날 이집트에서는 어떤 숫자를 쓸까? 아라비아 국가이므로 당연히 아라비아숫자를 쓰겠지 싶지만, 신기하게도 아라비아에서

이집트 벽화에 새겨진 상형숫자. 연꽃은 1000, 새끼줄은 100, 말발굽이나 뒤꿈치는 10, 막대기는 1을 나타낸다.

는 아라비아숫자를 쓰지 않는다. 물론 우리가 흔히 아라비아숫자라고 말하는 '인도-아라비아숫자'가 이미 세계적으로 표준화되었기 때문에 그것을 병용하고는 있지만, 기본적으로는 아랍숫자를 쓴다. 실제로 이집트에서 본 자동차 번호판에는 세계적인 표준 숫자인 아라비아숫자가 아닌, 아랍숫자가 박혀 있었는데 현대 아라비아숫자로 0이 이집트에서는 5를 나타냈고 0은 점으로 표기되었다.

현대의 인도-아라비아숫자가 아닌, 아랍숫자로 적힌 이집트의 자동차 번호판. 이것은 26을 나타낸다.

사실 아라비아숫자는 원래 인도에서 만들어진 숫자로 아라비아 상

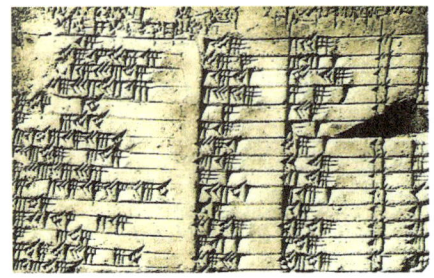

쐐기숫자는 쐐기 모양을 세로로 찍으면 1, 옆으로 찍으면 10을 나타냈다. 이런 방식으로 1부터 59까지를 표시했고 60이 되면 다시 1과 같은 모양이 되었다. 바빌로니아 점토판 '플림프턴 322'에서 쐐기숫자를 발견할 수 있다.

인들에 의해 유럽에 전해지면서 '아라비아숫자'라고 불리게 된 것이다. 따라서 정확히 말하면 '인도숫자'인데, 아라비아에서 변형된 것이 유럽에 전해졌으므로 '인도-아라비아숫자'가 맞는 표현일 것이다. 유럽에 전해진 아라비아숫자는 모양이 조금씩 바뀌면서 현재 우리가 사용하는 표준 형태로 정해졌고, 이슬람권에서는 또 그 나름의 변천을 겪으면서 지금의 아랍숫자 모양이 되었다. 둘 다 인도의 십진기수법에서 유래되었다는 점은 같지만, 오랜 세월을 지나면서 각기 다른 모양으로 변형된 것이다.

오늘날 널리 사용하는 인도-아라비아숫자를 쓰기 이전에는 세계 각지에서 저마다 고유한 숫자를 사용했다. 숫자는 고대 문명 발상 시기부

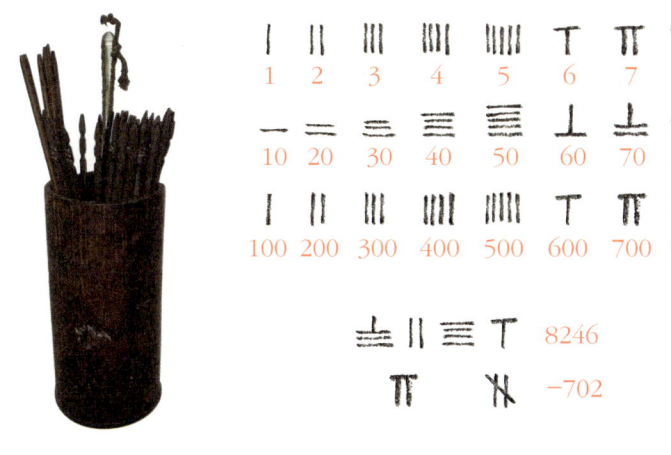

수를 표기하고 계산을 했던 15cm 길이의 산목과 산통. 자릿수에 따라 산가지를 가로세로 번갈아 써서 숫자를 표시했다.

터 이미 사용된 것으로 알려졌는데, 메소포타미아 지역의 바빌로니아 문명에서는 점토판에 쐐기 모양을 찍는 식으로 쐐기숫자를 썼다. 십진법이 아닌 육십진법을 사용한 쐐기숫자는 쐐기 모양을 세로로 찍으면 1, 옆으로 찍으면 10을 나타냈다. 이런 방식으로 1부터 59까지를 표시했고 60이 되면 다시 1과 같은 모양이 되었다. 0을 나타내는 모양이 없었으므로 아마도 1과 60이 헷갈렸겠지만, 61의 모양은 1이나 11과는 확실히 구분되었을 것이다. 지금 우리가 사용하는 시간, 각도 등의 표기 방식이 바로 육십진법을 이용한 것이다.

우리 선조들도 삼국시대 때 이미 간단한 숫자를 만들어 썼다. 가는 대나무가지 따위의 막대를 늘어놓아 수를 표기하고 계산했는데, 이를 산算가지 혹은 산목算木이라 불렀다. '산算'이라는 한자에 대나무竹를 의미하는 글자가 들어간 것을 보면 처음에는 대나무로 셈을 하고 계산했으리라 짐작할 수 있다. 산목은 십진법으로 1에서 9까지를 나타냈고, 자릿수에 따라 산가지를 가로세로 방향으로 번갈아 써서 숫자를 표기했다. 0을 나타낼 때는 자리를 비워 두었고, 음수는 마지막 숫자에 빗금을 그어 나타냈다. 옛사람들은 산목을 산통에 넣고 다니며 수를 기록할 때나 연산과 방정식이 필요할 때 어디서나 꺼내 사용했다.

산목은 삼국시대에 쓰이기 시작해 근대까지도 우리나라 사람들의 계산 도구로 활용되었다. 그러나 복잡한 계산을 하다가 산목을 잘못 놓거나 헷갈리는 경우가 잦아지고, 때마침 근대에 들어서면서 나무 구슬을 꿴 주판이 선보이자 산목은 점차 사라졌다. 산목의 크기는 손가락 길이만 한 것에서 20cm가 넘는 것까지 있는데, 국립민속박물관에 가면 15cm 정도 되는 산목과 산목을 넣어 두는 산통을 볼 수 있다.

우리나라에서 아라비아숫자가 처음 쓰인 것은 1842년 김대건 신부의 편지 속에서 찾아볼 수 있다. 공식적으로는 1882년 미국과 체결된 조약 문서가 최초였으며 그 후 국가 업무에 아라비아숫자가 사용되기 시작하면서 널리 쓰였다.

5
투탕카멘의 황금 가면과 펜타그램

골짜기 속에 숨겨진 찬란한 문명, '왕들의 계곡'

고대 이집트 문명의 찬란함은 기원전 1600년~기원전 1000년 18~20왕조의 신왕국 시대에 최고조에 이르렀다. 옛 테베이자 오늘날 룩소르의 서부 다이르알바리 외딴 골짜기에는 왕의 무덤이 60기가량 숨어 있다. 그 유명한 '왕들의 계곡'이다. 투트모세 1세부터 람세스 11세에 이르기까지 18, 19, 20왕조의 거의 모든 파라오가 여기 묻혀 있다. 고대 이집트 왕들의 무덤이 자리 잡은 이 계곡은 서아시아까지 진출했던 이집트 제국의 전성기를 잘 보여 준다.

나일 강 유역을 벗어나 좁고 길게 형성된 '왕들의 계곡' 입구에 도착했다. 울퉁불퉁한 암석 절벽으로 둘러싸인 협곡일 뿐 별다른 건축물이 없어서 여기에 무슨 파라오의 무덤이 있을까 싶었다. 아침이었지만 계곡은 그림자에 뒤덮여 어둡고 을씨년스러웠다. 무덤 골짜기로 들어서면

바위산 골짜기 '왕들의 계곡'에는 왕들의 무덤이 60여 기 숨어 있다. 입구마다 무덤 주인을 설명한 간판이 있고 무덤 안은 황량한 무덤 밖과는 달리 화려한 채색을 한 벽화들로 치장되어 있다.

작은 계곡으로 길은 다시 갈라지고 그 길목마다 '람세스 5세의 무덤', '투트모세 3세의 무덤' 같은 이정표가 서 있다. 이정표를 따라 계곡을 오르다 보면 한두 명이 겨우 드나들 만한 무덤 입구가 나오고, 무덤 주인에 관한 설명을 단 작은 간판이 서 있다. 어떤 무덤은 가파른 계곡을 높이 타고 올라가면 그 절벽 위에 입구가 있기도 했다.

무덤 안으로 들어가면 황량한 무덤 밖과는 전혀 다른 세상이다. 입구에서 몇 계단 내려가니 눈앞에 그림들이 펼쳐졌다. 화려한 채색을 한 아름다운 벽화와 기둥들에 눈이 휘둥그레졌다. 끊어질 듯 이어진 긴 복도를 따라가면 파라오 묘실이 나온다. 무덤 천장에는 고구려 고분이 그렇듯 별 문양이 많이 그려져 있는데, 밤의 여신인 누트를 상징하는 별이었다.

왕들의 계곡에서 가장 큰 무덤과 신전은 하트셉수트 여왕의 장제전葬祭殿이다. 장제전은 고대 이집트에서 죽은 왕에게 제사를 올리고 왕에게 바칠 물건과 음식을 저장하던 곳으로 신왕국 시대에는 무덤 근처에 장제전을 따로 짓는 일이 많았다. 장제전에서는 사제가 매일 장례 의식을 거행하고 죽은 왕에게 제물을 바쳤다. 하트셉수트 여왕은 턱수염을 만들어 붙이고 스스로를 호루스라 칭하며 파라오가 되어 이집트 역사상 가장 강력한 통치를 했던 여왕이다. 깎아지른 절벽을 등지고 3층으로 지은 장제전에는 턱수염을 단 여자 파라오의 모습인 여왕상이 아주 많이 서 있었다. 여왕의 무덤은 입구에서 210m 이상 떨어져 있었는데, 묘실은 암석 밑으로도 100m나 더 내려가 있었다.

어느덧 아침 그림자가 절벽 뒤로 자취를 감추어 계곡이 뜨거워졌다. 긴 스카프를 꺼내 머리와 얼굴을 히잡처럼 둘러쌌다. 한낮의 강렬한 햇빛과 모래바람을 막기에는 역시 모자보다 히잡이 좋았다. 보기에도 아름답고 멋스럽지 않은가. 카이로의 칸 알칼릴리 시장에서 온갖 색상의 히잡을 구경하다 보면, 히잡이 여인의 머리와 얼굴을 가리는 구실을 한다기보다는 화려한 치장을 위한 것이라는 생각마저 든다. 카이로의 대표 유적으로 꼽히는 600년 역사의 칸 알칼릴리 시장에는 수많은 골목과 상점이 늘어서 있어 길을 잃기 십상이다. 그런데 나도 그만 이곳에서 길을 잃어 몹시 헤매야 했다.

1 피라미드를 스케치하다_이집트 수학

강력한 통치자였던 하트셉수트 여왕의 장제전. 절벽 너머로 왕들의 계곡이 펼쳐진다(위). 하트셉수트 여왕상(왼쪽). 오른손에 생명을 상징하는 앙크를 들고 있다.

투탕카멘의 황금 가면에 황금비가 숨어 있네

왕들의 계곡에 있는 무덤들은 거의 전부가 이미 오래전에 도굴되었다. 고대 그리스 시대에도 40기 정도의 무덤이 개방되어 있었고 지금처럼 여행자들이 탐방할 수 있었다고 한다. 도굴을 면한 무덤은 계곡 바닥에 있던 투탕카멘의 무덤뿐이었다. 후대의 무덤에서 굴러떨어진 돌들에 뒤덮여 보호되었기 때문에 1922년 영국의 고고학자에 의해 발굴되기 전까지는 놀라운 보물들이 있는 그 무덤이 세간에는 전혀 알려지지 않았던 것이다. 그런데 18세 나이에 죽은 투탕카멘의 무덤은 다른 왕들의 무덤에 비해 몹시 작고 부장된 보물 또한 비교적 소박했다고 전해진다. 그의 황금관과 황금 가면이 소박하다니! 그렇다면 제국의 전성기를 누린 다른 파라오들의 무덤은 얼마나 대단했을까. 짐작조차 할 수 없다. 발굴된 투탕카멘의 보물들은 현재 카이로의 이집트 박물관에 보관되어 있다.

  이집트 박물관은 고대 유물만 소장, 전시하고 있어 다른 박물관들과는 차별성이 있으며, 고고학 박물관으로는 세계 최고를 자랑한다. 정문에서 가방과 카메라를 맡기고 들어가면, 이집트를 상징하는 파피루스와 연꽃으로 꾸민 연못이 나온다. 건물 안으로 들어서면 1층 로비에서 맨 먼저 눈을 사로잡는 것이 있다. 검은 현무암으로 된 로제타석이다. 물론 진품은 대영박물관에 전시되어 있고 정작 카이로에는 복제품만 있다. 1799년 알렉산드리아 북동쪽 로제타 마을에서 발견된, 길이 114cm의 이 비석에는 이집트의 상형문자와 민용문자(상형문자를 간단하게 만들어 필기용으로 널리 사용한 문자), 그리스어 세 가지 문자가 삼단으로 새겨져 있었다. 로제타석은 후대 사람들이 이집트 상형문자를 해독하는 데 열쇠가 되어 주었고, 상형문자의 비밀이 밝혀지면서 베일에 싸였던 이집

카이로의 이집트 박물관은 고고학 박물관으로는 세계 최고를 자랑한다. 입구에 이집트를 상징하는 스핑크스와 파피루스, 연꽃으로 꾸며 놓았다.

트 문명이 비로소 알려지기 시작했으니, 고고학적으로도 언어학적으로도 매우 중요한 비석이다.

사람들이 가장 몰리는 곳은 2층의 투탕카멘 전시관이었다. 왕의 내장을 담았던 카노푸스 단지가 보관되어 있고, 사방 벽의 진열장에는 뛰어난 세공술이 돋보이는 온갖 보석 장신구와 유물이 전시되어 있다. 진열장 맨 안쪽으로는 보석을 박은 황금관이 번쩍거리며 놓여 있었다. 황금관은 처음 발견되었을 때는 삼중으로 되어 있었는데, 두 개의 나무관에 겹겹이 둘러싸여 있었다고 한다. 이 관들은 또 석관 속에 들어 있었으니, 관 속에서 관이 나오고, 그 관을 열면 또 관이 나왔던 것이다. 기념품점에서 황금관 모양의 기념품이나 필통을 많이 팔았는데, 필통 속에

필통이 있고 그 속에 또 필통이 들어 있었다. 흥미로운 모양이었다.

전시관 한가운데, 즉 가장 눈에 띄는 곳의 유리장 안에 황금으로 만든 가면이 있었다. 투탕카멘 미라의 얼굴과 어깨를 덮었던 그 황금 가면이었다. 붉은색과 푸른색 보석을 박아 만든 이 가면은 찬란한 황금빛을 자랑하며 세계에서 가장 화려하고 값진 공예품으로 인정받는다. 황금빛을 띤 젊은 왕의 수려한 형상이 참으로 아름답다. 수학적으로도 완벽한 대칭과 비례를 이루는 얼굴이었다. 그리고 우리 눈에 가장 아름답게 보이는, '황금 비례'를 지닌 얼굴이기도 했다.

황금 가면의 가운데 코를 중심으로 세로선을 그으면 양쪽이 서로 정확히 대칭을 이룬다. 또 아래 그림처럼 얼굴형이 기본적으로 정오각형이다. 정오각형의 각 꼭짓점들을 이어서 다섯 개의 대각선을 그리면 별모양이 되고 별 안에는 또 다른 정오각형이 생긴다. 여기서 정오각형의 한 변과 대각선 길이의 비는 1:1.618이다. 또 각 대각선은 다른 대각선에 의해 역시 1:1.618로 나뉜다. 우리 눈에 가장 아름답게 보인다는 황금비가 되는 것이다. 투탕카멘의 황금 가면이 완벽하게 아름다운 것은 바로 이러한 비례 때문이리라.

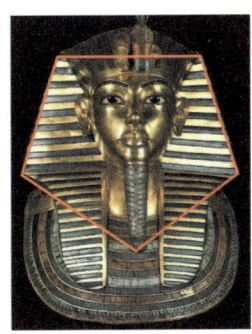
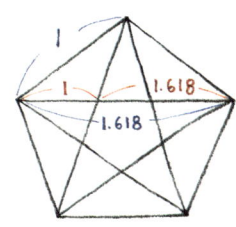

투탕카멘의 황금 가면은 완벽한 대칭과 비례를 지닌 정오각형이다. 이 정오각형의 한 변과 대각선 길이의 비는 1:1.618, 즉 황금비다.

정오각형에 내접한 별표를 펜타그램이라고 하는데, 오각형을 '펜타곤'이라고 부른 데서 나온 말이다. 미국 국방성을 펜타곤이라고 부르는 것도 건물 모양이 정오각형이어서다. 오늘날에도 별은 군사력의 상징으로 여겨지고 계급을 나타내기도 한다. 펜타그램에서 황금비를 발견한 것은 피타고라스학파였다. 그들은 이 정오각형 별표를 가장 완벽한 도형이라 보고 자신들의 상징으로 만들어 머리에 쓰는 관이나 가슴에 붙이고 다녔다고 한다.

정오각형은 대각선을 다섯 개 그을 수 있기 때문에 펜타그램 같은 별을 만들어 낼 수 있다. 변의 수와 대각선의 수가 일치하는 별표인 것이다. 다각형의 대각선 개수는 꼭짓점 수에 한 꼭짓점에서 그을 수 있는 대각선의 개수를 곱해 2로 나누면 구할 수 있다. 한 꼭짓점에서 대각선을 그릴 때는 그 꼭짓점과 양 옆의 점 두 개는 대각선을 그을 수 없으므로 한 꼭짓점에서 그을 수 있는 대각선의 개수는 꼭짓점 수에서 3을 뺀 값이다. 따라서 육각형의 경우 한 꼭짓점에서 그을 수 있는 대각선 개수는 (6−3)이고, 여기에 6을 곱해 2로 나누면 된다. 즉 6×(6−3)÷2이므로 아홉 개이다. 이런 방식으로 계산해 팔각형의 대각선 개수가 20개임을 알 수 있다.

대각선의 수=(꼭짓점 수)×(꼭짓점 수−3)÷2

이집트에서 본 무덤들은 천장에 별이 흔하게 그려져 있었는데, 다섯 개의 선으로 단순하게 그린 것이었다. 이 오선별은 이집

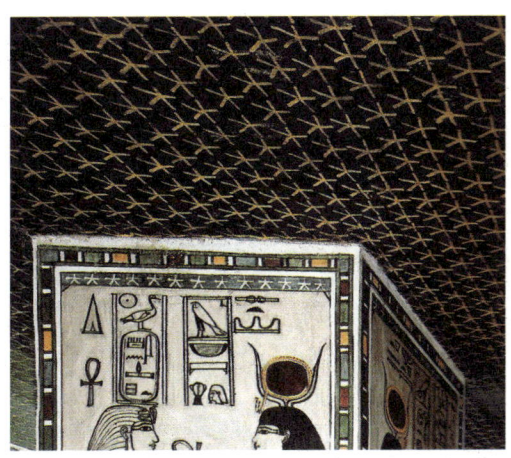

'왕들의 계곡'에 있는 아멘호테프 2세의 무덤 천장에 그려진 오선별. 왕의 미라가 발견된 이 무덤은 내부가 화려하고 보존 상태도 좋다.

트 상형문자로 별을 뜻한다. 오각형 별을 본떠 간단히 문자로 만든 것이다.

카이로의 이집트 박물관에서 문 닫기 직전까지 1층과 2층을 누비며 여기저기를 둘러보았다. 호루스, 아누비스 등 이집트 신들의 조각상과 이집트 최고의 미인 네페르티티 왕비 조각상도 보았다. 파피루스를 가득 모아 놓은 방에도 들어가 보았고, 특별 요금을 내야 관람할 수 있는 미라실에도 들어가 쭈글쭈글한 파라오 미라들을 직접 알현했다. 키가 훤칠한 람세스 2세의 코는 듣던 대로 매부리코였다. 아부심벨에 있는 그의 신전에도 다녀온 터라 아는 사람을 만난 양 반가웠다.

사카라 무덤에서 출토된 기원전 2500년의 서기상書記像은 무척 인상적이었다. 파피루스를 무릎 위에 펼쳐 놓고 글을 쓰는 자세를 취한 모습이 아주 생생했다. 이집트에서 발굴된 서기상 중 가장 유명하다는 프랑스 루브르 박물관의 것보다 훨씬 젊은 앳된 얼굴이었다. 고대 이집

기원전 2500년 사카라 무덤에서 출토된 서기상. 파피루스 두루마리를 다리 위에 펼쳐 놓고 앉아 있다(왼쪽, 이집트 박물관 소장). 루브르 박물관에 있는 잘 알려진 이집트 서기상 역시 사카라에서 출토되었다(오른쪽).

트에서 서기는 '수를 다루는 마술사'라고 일컬어질 만큼 수리에 능통했다. 천문 지식도 겸비한 그들은 하늘의 섭리를 다루는 제사장이었고, 병을 고치는 의사이자 피라미드를 설계하는 건축가이기도 했다. 서기상을 보니 사카라의 계단식 피라미드를 최초로 설계한 임호테프가 저런 모습이 아니었을까 싶었다. 어쩌면 아메스 서기야말로 바로 저런 자세로 앉아 파피루스에 세계 최초의 수학책을 쓰고 있지 않았을까?

알렉산드리아의 헬레니즘 수학자들

박물관을 나와 나일 강가에서 배를 탔다. 나일 강을 따라 흐르는 배 위에서 카이로의 야경을 감상했다. 고대와 현대의 문명이 어우러져 아름다운 빛을 연출하는 카이로의 밤. 반짝이는 네온사인 사이로 멀리 피라미드가 보였는데 레이저 조명을 받아서인지 현대 조형물처럼 보였다. 배 위의 무대에서 벨리댄스를 추는 여자가 마치 이집트 무덤 벽화에서 방금 걸어 나온 것처럼 느껴졌다. 배가 좀 더 속도를 내고 피라미드가 점점 멀어지자, 나도 비로소 오래된 문명 속에서 조심스럽게 걸어 나왔다.

　카이로에서 나일 강을 따라 북쪽으로 180km쯤 가면 삼각주가 끝나고 지중해에 닿게 된다. 지중해 연안 지역인 이집트 북부에는 알렉산드리아 시가 있다. 이곳에 한때 세계 최초의 등대이자, 세계 7대 불가사의 건축물 중 하나로 여겨지는 전설의 등대가 서 있었다. 기원전 3세기에 세워진, 높이가 135m 이상이었다고 전해지는 이 '파로스 등대'는 맨 아래층은 사각형, 중간층은 팔각형, 꼭대기층은 원통형의 삼단식으로, 옥탑에 등대 불을 밝히면 지중해 건너편 내륙에서도 보일 정도로 거대했다고 한다. 지중해를 오가던 배를 지켜 주던 이 등대는 12세기에 지진으로 무너지고 그 잔해로 아라비아인들이 요새를 지었다.

　'알렉산드리아'라는 도시 이름은 기원전 322년경 마케도니아의 알렉산드로스 왕이 이집트를 정복하고 자신의 이름을 딴 도시를 건설한 데서 유래했다. 알렉산드로스가 죽은 후 그리스 프톨레마이오스 왕조의 수도가 된 이곳에는 학술 연구의 전당인 '무세이온'과 박물관, 세계 최초의 대학이 세워졌다. 기원전 288년경 설립된 알렉산드리아 도서관은 70만 권의 양피지와 파피루스 두루마리 책을 소장했던 당대 최고의 도서관이었다. 지중해와 아라비아, 인도 등지의 수많은 문헌과 번역물이 있었는데, 프톨레마이오스 왕조가 지중해를 지나가는 선박을 멈춰 세워 그들이 지닌 자료를 모두 베끼고는 그 사본을 그들에게 주고 원본은 이

카이로 시내에서 만난 어린이들. 아라비아의 기질을 가진 이 아이들은 잘 웃고 잘 떠들며 카메라 앞에서 포즈 취하기를 좋아한다.

도서관에 보관한 덕분이라고 한다. 그러나 알렉산드리아 도서관은 4세기 말에 불타 없어졌고, 그로부터 1700년 만인 2002년에 새로 지어 개관했다.

고대 알렉산드리아는 헬레니즘 학문과 수학의 중심지였다. 알렉산드로스의 동방 정복으로 그리스 문화에 오리엔트 문화가 융합되어 헬레니즘 문화를 이루었다. 헬레니즘이란 '그리스인처럼 말하고 행동하다'라는 뜻으로, 알렉산드로스 시대부터 이후 로마 제국에 점령된 시기까지 약 300년에 걸쳐 가장 절정을 이루었다. 헬레니즘 문화는 지중해 세계를 지배했으며 그 영향력이 유럽은 물론 동쪽 인도에까지 미쳤다. 알렉산드리아가 가장 번영했던 당시에는 인구가 100만 명이나 되었고, 기후가 따뜻한 지역이어서 눈雪이 없었을 뿐 그것 말고는 없는 것이 없다는 말까지 회자될 정도로 풍요로웠다.

　로마 제국에 점령된 이후에도 알렉산드리아에서 헬레니즘 학문과 수학은 지속되었다. 특히 알렉산드리아 도서관은 600여 년 동안 지중해 지역의 저명한 학자들에게 학문의 전당이 되어 주었다. 지구 둘레를 최초로 계산한 수학자 에라토스테네스, 지동설을 최초로 주장한 아리스타르코스, 태양의 운동 법칙을 밝혀낸 천문학의 아버지 히파르코스, 도서관학의 아버지로 불리는 칼리마코스 등 당대 유명한 학자들이 여기서 배출되었다. 기하학의 교과서 《원본》을 쓴 유클리드와 고대 최고의 수학자 아르키메데스도 이곳에서 업적을 쌓았으며, 아폴로니우스와 헤론, 디오판토스와 히파티아 같은 뛰어난 수학자들도 여기서 활동했다. 이 시기의 수학을 헬레니즘 수학이라고 하는데, 그리스 시대의 이론 수학을 이어받아 알렉산드리아를 중심으로 더욱 발전시킨 것을 말한다.

　배가 선착장에 도착했다. 이집트에서의 마지막 밤이라고 생각하니 아쉬움이 몰려왔다. 이집트의 어지러운 정세를 생각하면 한편으로는 마음도 무거웠다. 언제 또다시 방문할 수 있을지 알 수 없다. 아부심벨의 람세스 2세 신전을 보러 가려고 새벽 세 시에 나일 강을 건너고 장갑차와 군인들의 호위를 받으며 사막을 지나던 기억이 떠올랐다. 이집트의 평화를 간절히 빈다. 이집트 사람들의 호쾌한 웃음소리를 다시 들을 날이 곧 오기를 바란다.

파르테논에서 사색하다 2

그리스 수학

그리스인들은 세상이 어떻게 생겨났으며 무엇으로 이뤄졌는지에 관심을 가졌고, 세계의 본질과 주변에서 일어나는 자연현상들에 대해 질문하고 탐구했다. 바로 여기서 그리스 철학이 태동했고 논증 방식을 거쳐 그리스 수학이 탄생할 수 있었다.

1

에게 해에서 만난 수학의 창시자, 탈레스와 피타고라스

에게 해를 건너 탈레스와 피타고라스의 고향으로

인류 문명의 발상지인 이집트에서 수학이 출발했다면 수학이 본격적으로 발전하고 정립된 것은 그리스에서다. 오늘날 우리가 초등학교부터 고등학교까지 공교육 과정에서 배우는 수학의 많은 부분은 고대 그리스 시대(기원전 1100년~기원전 146년)에 이론으로 정립되었다고 할 만하다. 최초의 수학자로 일컬어지는 탈레스가 이 시대를 살았고 그 이름도 유명한 피타고라스, 플라톤, 유클리드 등 뛰어난 수학자들 역시 이 시기에 활약했다. 그 위대한 수학자들의 본거지였던 그리스로 후다닥 짐을 챙겨 떠났다.

그런데 그리스로 가는 직항이 없었다. 한국에서 그리스를 가려면 서남아시아나 유럽을 경유해야 했는데(최근에 직항이 생겼다), 그리스와 가까운 터키를 거쳐서 가는 편이 가장 편할 듯했다. 하지만 에게 문명의

에게 해는 서쪽 그리스 반도와 동쪽 소아시아 사이에 있는 지중해의 한 갈래로 유럽과 아시아를 가르며 흐른다. 이곳에서 에게 문명이 꽃피었고 나중에 그리스 문명으로 이어져 서구 문명의 기원이 되었다.

발상지인 에게 해를 배로 건너는 것도 의미 있겠다 싶었다. 에게 해는 서쪽으로는 그리스 반도를 동쪽으로는 소아시아를 옆에 둔 지중해의 한 갈래로, 맑고 푸른 바다와 아름다운 섬이 많기로 유명하다. 온갖 신화와 전설이 깃든 크고 작은 섬이 유럽과 아시아를 이어주는 징검다리 역할을 했다.

에게 문명은 미노아 문명과 그리스 문명으로 이어져 서구 문명의 기원이 되었다. 서양의 알파벳 문자는 페니키아 문자로 만든 그리스 문자에서 유래했으며 철학, 수학, 과학, 그리고 문학, 예술, 건축 등 서구의 모든 학문과 문화가 그리스 문명에서 비롯되었고 에게 해를 중심으로 이루어졌다고 할 수 있다. 무엇보다도 에게 해안과 주변 섬은 수학자 탈레스와 피타고라스의 고향이다. 이곳에서 최초로 수학 이론이 탄생했다.

터키 체스메에서 배를 타고 국경을 넘어 40분 정도 가면 그리스 키오스 섬에 닿는다. 마치 시골 터미널 같은 항구의 출입국 사무소에서 출국 심사를 받고 작은 연락선을 탔다. 그래도 명색이 국경을 넘는 국제선인데, 배가 이렇게 작을 줄이야. 에게 해에 솟아오른 크고 작은 섬들이 눈앞에 펼쳐졌다. 코발트빛 바다와 하늘은 수평선을 가늠하기 어려울 정도로 똑같이 푸르다. 《오디세이아》를 쓴 호메로스가 살았다고 전해지는 키오스는 터키 서쪽 해안에서 8km 떨어진 섬으로, 그리스 독립전쟁(1821~1832년, 15세기부터 그리스를 지배한 오스만 제국에 대항한 독립 투쟁) 때는 튀르크인들에 의해 수만 명의 주민이 학살당했다. 키오스에서 여객선을 타고 아홉 시간쯤 가면 아테네 피레우스 항구에 닿는다. 밤 아홉 시경에 배를 타서 한잠 자고 나니 아침 여섯 시, 배는 피레우스 항구에 도착해 있었다. 에게 해를 보려고 배를 탔건만 시커먼 밤바다만 실컷 보았다.

현재 터키 서부 연안에서 가까이 보이는 섬들은 모두 그리스 영토다. 부산 앞바다의 오륙도만큼이나 해안으로부터 수백 미터 반경 안에 가까이 있는 섬들이 모두 그리스의 것이니, 400년이나 그리스를 지배한

밀레투스 위쪽의 고대 그리스 도시 에페소스 셀수스에 있는 도서관 유적지. 110년경 로마 점령기에 세워졌으며 1만 2000여 권의 양피지 책들이 있었다.

오스만튀르크의 후예인 터키로서는 억울한 마음도 들 것 같았다. 하지만 그리스 입장에서는 당연한 결과로, 오히려 그들은 터키의 지배를 받은 역사가 치욕으로 남아 그 분함을 풀 수 없을 것이다. 그러다 보니 그리스와 터키는 한국과 일본만큼이나 서로 감정의 골이 깊어 양국 간에 축구 경기라도 열리는 날이면 두 나라 다 광란의 도가니에 빠진다.

그리스는 1832년 독립 직후 영토를 복원하면서 터키 영토인 소아시아 아나톨리아까지 넘보았다. 사실 에게 해의 동쪽, 아나톨리아 지역의 서부 연안은 고대 그리스 시대에 이오니아 문명이 꽃피었던 곳이다. 당시 이오니아로 통칭되던 밀레투스, 에페소스, 키오스, 사모스 등은 그 시절 가장 화려한 문명 도시였으며 학문의 본고장이었다. 또한 건축물의 기둥머리를 이오니아 지방의 양머리 뿔처럼 안으로 구부러진 소용돌이 모양으로 만든 이오니아 건축 양식이 유행했다.

기하학 원리를 증명한 그리스의 첫 번째 현인, 탈레스

기원전 6세기경 이오니아 지방은 당시의 문명 발달 지역인 그리스 본토와 지중해 지역, 이집트와 메소포타미아를 잇는 교통과 상업의 중심지였다. 언어와 문화가 서로 다른 세계가 이곳에서 활기차게 교류했기 때문에 이 지역 사람이라면 모름지기 이방의 낯선 세계를 이해할 줄 알아야 했다. 이런 배경에서 서로 모순적인 것에 의문을 가지고 논리적으로 따져 이론을 이끌어 내는 이오니아의 학문과 철학이 싹텄으며, 이를 통해 체계적 논증을 바탕으로 한 그리스 수학이 탄생할 수 있었다.

그전의 수학이 실생활에서 발생하는 문제를 처리하는 것이었다면, 그리스 수학은 사물과 현상의 본질을 탐구해 논리적으로 증명하려고 했다. "왜 그런가?", "다른 경우에도 그런가?", "모든 경우에 항상 성립하는가?"라는 수학적 질문의 답을 찾으려면 끊임없이 탐구하는 학문 자세와 방법이 필요했다. 그리스 수학은 논리적 증명을 통해 모든 경우에 항상 성립하는 원리만을 이론으로 인정하고 정립했다. 이를 처음 시도한 수학자가 바로 기원전 624년경 밀레투스에서 태어난 탈레스다.

밀레투스는 현재 터키의 서부 해안 도시로 고대 이오니아 지방에서 가장 번성한 곳이었다. 초기 자연철학의 중심지였던 이 도시에서는 탈레스뿐만 아니라 아낙시만드로스, 아낙시메네스, 헤라클레이토스 같은 철학자가 활동했는데, 이들을 밀레투스학파라고 부른다. 이들 자연철학자는 세계의 본질에 대해 끊임없이 탐구하여 만물은 어떻게 생성되고 소멸되는지를 밝히고자 했다. 탈레스는 만물의 근원을 물이라고 했고, 헤라클레이토스는 불, 아낙시메네스는 공기라고 말했다.

젊은 시절 탈레스는 소금과 기름을 파는 상인이었는데 그의 돈벌이 이야기가 오늘날까지도 전설처럼 전해진다. 특히 그는 올리브 농사가 계속 흉년일 때 기후를 지속적으로 관찰해 풍년을 예견하고 올리브유를 짜 내는 기계를 사들여 큰돈을 벌어들인 것으로 유명하다. 또 이솝 우화에 실린 게으른 당나귀 이야기에도 탈레스가 등장한다. 소금을 싣고 강을 건너던 당나귀가 물속에 주저앉아 소금을 녹여 짐이 가벼워지도록 꾀를 부리자 주인이 소금 대신 솜을 당나귀의 등에 실어 혼내 준 이야기에서 당나귀의 똑똑한 주인이 바로 탈레스다. 역시 이오니아 출신인 이솝이 탈레스의 이야기를 쓴 것이라고 한다.

이름난 상인 탈레스는 당시 발전된 지역인 이집트와 바빌로니아를 두루 돌아다니며 세상을 탐구하고 견문을 넓히며 수학과 천문학에 대해 공부했다. 이집트에서 지팡이 하나로 피라미드의 높이를 알아내 명성을 드높였고, 하늘을 관찰해 지구가 둥글다는 것과 1년은 365일이라는 것을 최초로 발견했다. 그는 태양과 달에 대해서도 깊이 연구해 일식 날짜를 예언하기도 했다. 즉 기원전 585년경에 개기일식이 일어날 것이라고 예언하면서 그 일식이 리디아와 메디아의 전쟁을 중지시킬 것이라고 말한 일화 또한 유명하다. 어느 날에는 천문을 관측한다며 하늘만 보고 걷다가 웅덩이에 빠져 한 노파로부터 "자기 발밑도 못 보면서 어찌 하늘에서 일어나는 일을 알겠는가!" 하며 핀잔을 들었다고 한다.

탈레스는 "만물의 근원은 물이다."라고 말한 철학자로서 고대 그리스의 칠현인 중 첫 번째 인물로 꼽히며, 수학사에서도 첫 번째 수학자 자리에 놓인다. 도형 이론을 증명하여 최초의 수학 이론을 세웠기 때문이다. 탈레스가 최초로 증명한 이론은 '맞꼭지각은 서로 같다.'라는 것이다. 아래 그림과 같이 각a와 각b를 더하면 180°이고, 각b와 각c를 더해도 180°이므로, 각a와 각c는 같다고 연역적으로 증명해 냈다. 이처럼 논리적으로 증명된 이론은 일일이 자로 재거나 따져 볼 필요 없이 명백히 참인 명제가 된다.

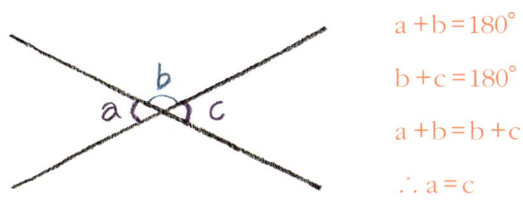

기존의 수학은 수치를 계산하고 넓이나 부피를 구하는 등 실생활에서 발생하는 문제를 처리하는 방편으로, 즉 "어떻게 답을 구할 것인가?"라는 형태로 당면 문제를 해결하기 위해 존재했다. 하지만 탈레스는 "왜?"라는 좀 더 근본적인 질문을 시도했다. "왜 마주보는 각은 같은가?", "왜 이등변삼각형의 두 밑각은 서로 같은가?" 또는 "왜 원의 지름은 원을 이등분하는가?"처럼, 우리가 지금은 너무나 당연하다고 여기는 문제들에 대해 근본적 질문을 던졌다. 그리고 이 질문을 논리적 방법으로 풀었다. 이러한 '논증기하학'이 탈레스로부터 시작되었고 그 이후 수학 이론에서는 항상 증명이 따라다니게 되었다. 탈레스가 증명한 기하학 원리는 다음과 같다.

- 이등변삼각형의 두 밑각은 서로 같다.
- 원은 지름에 의해 이등분된다.
- 반원이 만드는 각은 직각이다.
- 한 변과 그 양끝의 내각이 각각 같은 두 삼각형은 합동이다.
- 두 변과 그 끼인각이 같은 두 삼각형은 서로 합동이다.

탈레스는 위와 같이 자신이 증명한 도형의 성질을 이용해 바닷가에서 바다 위에 떠 있는 배까지의 거리(a)를 도구로 직접 재지 않고도 알아내 사람들의 감탄을 자아냈다. 탈레스는 삼각형의 합동이 되는 성질, 즉 한 변과 그 양끝의 내각이 같은 두 삼각형은 합동이라는 것을 이용했다. 그는 먼저, 배(A)와 수직이 되는 바닷가 지점(B)에서 직선으로 걸어가 막대를 세운 다음(O), 걸어온 거리만큼 계속 걸어갔고(C), 거기서 다시 직각이 되도록 걸어가 배(A)와 막대(O), 자신이 일직선이 되는 지점(D)에 섰다. 그러면 그림과 같이 두 개의 직각삼각형이 만들어진다. 이때 한 변과 양 끝의 각(직각, 맞꼭지각)이 같으므로 두 삼각형은 합동이다. 그러므로 바닷가에서 배까지의 길이인 a는 바닷가에서 서 있는 지점까지의 길이 b와 같다. 이런 방식으로 탈레스는 바닷가에서 배까지의 거리를 구할 수 있었다.

탈레스가 증명한 도형의 기본 성질은 우리가 수학 시간에 이미 배워 익숙한 것이다. 그가 발견한 기하학 이론은 어찌 보면 아주 당연하고 뻔하다. 하지만 탈레스가 아니었다면 우리는 일일이 그림을 그려 보거나 각을 재며 확인해야 했을 것이다. 탈레스의 연역적 증명은 굳이 되짚어 볼 필요도 없이 명백하고 참된 진리를 보여 주었다.

피타고라스의 정리는 피타고라스의 것이 아니다?

터키 해안에서 불과 3km 떨어진 사모스 섬은 기원전 580년경에 태어난 수학자 피타고라스의 고향이다. 사모스는 제우스의 아내 헤라를 모시는 신전인 헤라이온이 맨 처음 세워진 곳으로, 그리스에서 가장 큰 헤라이온도 여기 있었다. 헤라의 성역으로 들어가는 입구는 피타고리온 항구에 있는데, 이 도시의 원래 명칭은 티카니였으나 피타고라스를 기리기 위해 1955년에 피타고리온으로 바꾼 것이다. 사실 피타고라스가 학교를 세우고 학문적 활동을 펼친 곳은 고향 사모스 섬이 아닌 이탈리아 남부의 항구 도시였으므로 정작 이곳에는 피타고라스의 흔적이 없다. 항구에 피타고라스의 동상과 직각삼각형 조형물이 세워졌을 뿐이다.

직각삼각형 조형물은 그 유명한 '피타고라스의 정리'를 상징한다. 피타고라스가 증명한 "직각삼각형에서 빗변의 제곱은 다른 두 변의 제곱

사모스 섬의 피타고라스 동상. 직각삼각형 조형물은 "직각삼각형에서 빗변의 제곱은 다른 두 변의 제곱을 더한 것과 같다."라는 내용의 피타고라스의 정리를 상징한다.

을 더한 것과 같다."라는 이론이다. 피타고라스는 타일을 보고 이 증명법을 발견했는데, 그때 매우 기뻐 황소를 잡아 신에게 제사를 올렸다고 한다. 다음 그림과 같은 모양의 타일이 깔렸을 때 타일의 개수를 세어 보면 알 수 있듯이, 정사각형의 넓이가 곧 직각삼각형의 각 변을 제곱

 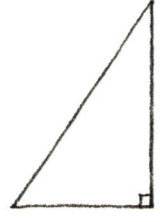

$$빗변^2 = 밑변^2 + 높이^2$$

한 것이므로 '빗변^2=밑변^2+높이^2'라는 피타고라스의 정리가 성립한다.

피타고라스의 정리는 피타고라스 이전부터 중국과 이집트, 바빌로니아 지역에서 널리 이용되던 것이다. 단지 피타고라스가 그 원리를 증명해 보였기 때문에 그의 이름이 붙었을 뿐이다. 중국에서는 피타고라스보다 500년도 전에 진자가 이 원리를 발견했다고 하여 '진자陳子의 정리'라고도 한다. 진자는 3000년 전 중국의 전설적 인물로, 수학책 《주비산경》에 등장한다. 이 책에서는 "진자가 말하기를"이라고 하며 그의 이론을 해설하고 있는데, 직각삼각형에서 밑변을 '구', 높이를 '고', 빗변을 '현'이라고 할 때 구^2+고^2=현^{2}이 된다고 하였다. 그래서 '구고현 정리'라고 부르며 구고현의 기본이 되는 수는 3, 4, 5라고 밝히고 있다. 《주비산경》은 기원전 1세기에 쓰인 동양에서 가장 오래된 수학책으로, 우리나라에서도 삼국시대에 들여와 수학 교재로 썼다.

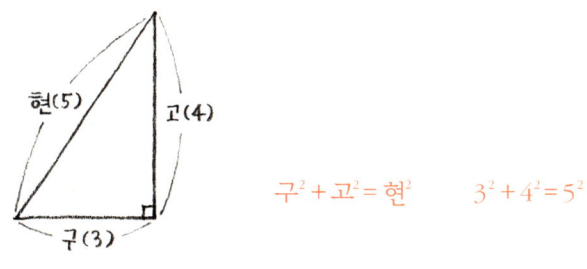

피타고라스의 정리를 증명하는 방법은 280가지 혹은 370가지나 된다고 한다. 수많은 증명법 중 《주비산경》에 나오는 방법이 가장 완벽하고 아름다운 것으로 세계 수학계에서 인정받고 있다. 《주비산경》에서는 수식이나 기하학적 설명을 따로 풀어 놓지 않고 오직 한 장의 그림

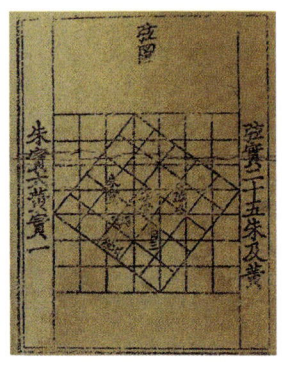

《주비산경》에 나오는 '구고현 정리'

으로만 증명하고 있다. 구고현 정리의 기본이 되는 수인 3, 4, 5를 설명하는 것인데, '구를 3, 고를 4라 할 때, 현은 5'가 됨을 보여 주는 그림이다.

《주비산경》의 '구고현 정리' 그림은 '피타고라스의 정리'에 대한 가장 기본적 증명법을 보여 준다. 다음 그림에서 사각형 ABCD의 넓이는 안에 있는 정사각형과 그 바깥에 있는 직각삼각형 네 개의 넓이를 더한 합과 같다. 이를 식으로 전개해 보면 직각삼각형의 세 변 a, b, c에 대하여 $a^2+b^2=c^2$이 성립하며 이로써 피타고라스의 정리가 증명된다.

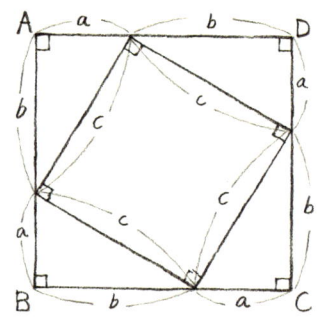

$$(a+b)^2 = c^2 + 4(a \times b \times \frac{1}{2})$$
$$a^2 + 2ab + b^2 = c^2 + 2ab$$
$$\therefore a^2 + b^2 = c^2$$

피타고라스의 정리에 대한 수많은 증명법 중 미국의 제20대 대통령 제임스 가필드가 1876년 사다리꼴의 넓이를 이용해 제시한 매우 간단명료한 증명법이 있다. 수학 이론을 증명한 유일한 대통령인 가필드는 취임한 지 4개월 만에 피격되어 80일간 의식불명 상태에 있었으며, 그로 인해 당시 대통령 직무 대행 문제에 관한 헌법상 논쟁이 불붙기도 했다. 다음 그림은 가필드의 증명을 표현한 것으로, 사다리꼴 넓이는 세 직각삼각형의 넓이를 더한 것과 같음을 나타낸다.

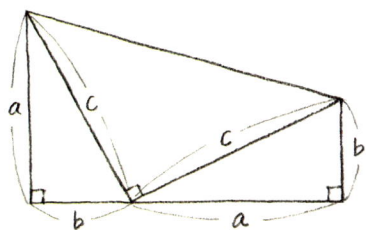

사다리꼴의 넓이 : (아랫변 + 윗변) × 높이 ÷ 2

$$= (a+b) \times (a+b) \div 2 = \frac{(a+b)^2}{2} \quad -①$$

세 삼각형의 넓이 : $(\frac{ab}{2} \times 2) + \frac{1}{2}c^2 = ab + \frac{c^2}{2} \quad -②$

①과 ②는 같으므로, $\frac{(a+b)^2}{2} = ab + \frac{c^2}{2}$

$$\frac{a^2 + 2ab + b^2}{2} = \frac{2ab + c^2}{2}$$

$$a^2 + 2ab + b^2 = 2ab + c^2$$

$$\therefore a^2 + b^2 = c^2$$

피타고라스의 정리를 증명한 피타고라스는 이 정리를 성립하는 수를 정수로만 나타낼 수 없다는 것을 발견하고는 큰 고민에 빠졌다. 정사각형의 대각선이 두 개의 직각삼각형을 만들고 그 대각선의 길이가 빗변이 될 때, 정사각형의 변의 길이가 1이면 대각선의 길이는 유리수가 되지 않기 때문이다. 바로 무리수인 $\sqrt{2}$가 되는데, 이는 세상의 모든 것은 정수로 나타낼 수 있다는 피타고라스의 신념을 부정하는 결과였다. 엄격한 규율을 가진 피타고라스학파는 무리수의 발견을 비밀로 할 것을 맹세했지만, 히파수스라는 제자가 이를 발설하여 피타고라스학파 사람들이 그를 바다에 던져 죽였다고 한다. 나중에야 피타고라스학파에서는 무리수의 존재를 인정하고 연구를 시작했고, 기원전 4세기에 활동한 수학자 에우독소스가 비례론을 연구하면서 무리수를 다루었다.

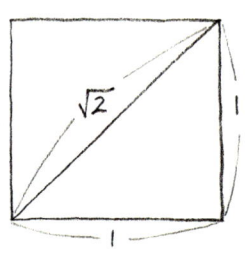

$\sqrt{2}$에 쓰인 기호 $\sqrt{}$는 근^{root}을 나타내는 기호이다. 즉 $\sqrt{2}$는 제곱해서 2가 되는 수를 나타낸다. $\sqrt{4}$와 같이 유리수가 될 수도 있고, $\sqrt{2}$, $\sqrt{3}$과 같이 무한소수가 되어 정수와 분수만으로 나타낼 수 없는 것은 무리수가 된다.

$\sqrt{}$라는 기호는 상용되기 이전에는 인도와 아라비아의 대수학에 처음 등장했는데, 무리수와 근을 뜻하는 말의 첫 음을 따서 표기했다. 유럽에서도 기호 없이 라틴어로 수 앞에 직접 제곱근을 나타내는 단어를 썼는데 통일적으로 사용된 것은 아니었다. 그러다가 16세기 중엽 근을 의미하는 'root'에서 'r'를 따서 표기했다. 'r'를 변형시켜 오늘날처럼 $\sqrt{}$로 처음 쓴 사람은 17세기 대수학에 업적을 남긴 데카르트였다.

"만물의 근원은 수이다."라고 말한 피타고라스를 따르는 피타고라스학파는 피타고라스가 죽은 후에도 수백 년 동안 활동하며 학문을 이어갔다. 피타고라스학파는 짝수와 홀수를 만들었고 삼각수, 제곱수, 완전

수, 친화수, 무리수 등 많은 수를 발견하여 수론 발전에 첫걸음을 내디 뎠다. 그들은 2로 나눌 수 있는 자연수를 짝수, 그렇지 않은 수를 홀수 라고 하고 이들 수를 삼각형, 사각형, 오각형 등 기하학 모양으로 배열 해서 나타냈다. 다음 그림과 같이 삼각형 모양으로 배열된 '삼각수'는 연속하는 수를 모두 더한 합과 같다. 예를 들어 그림에서 세 번째 삼 각수 6은 연속하는 세 수를 더한 합(1+2+3)과 같고, 네 번째 삼각수 는 연속하는 네 수를 더한 합(1+2+3+4)이 된다. 결국 삼각수는 자연 수의 합을 나타내는 것이다. 이때 1부터 n까지 더한 자연수의 합은 $\frac{n(n+1)}{2}$이다. 공식은 좀 어려워 보이지만, n번째 수와 그에 1을 더한 수 를 서로 곱해서 2로 나눈 값이다.

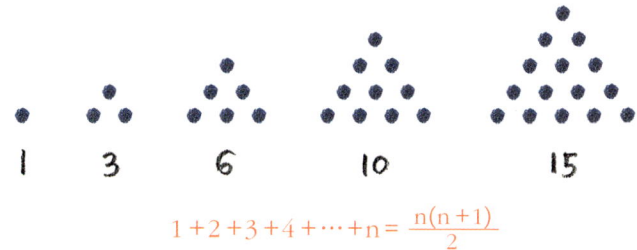

$$1+2+3+4+\cdots+n = \frac{n(n+1)}{2}$$

또 사각형 모양을 한 '사각수'는 연속하는 홀수를 더한 합과 같다. 예 를 들어 세 번째 사각수 9는 연속하는 세 홀수를 더한 합(1+3+5), 네 번째 사각수 16은 연속하는 네 홀수를 더한 합(1+3+5+7)과 같다. 그 리고 이 사각수들은 모두 제곱이 되는 수임을 알 수 있다. 즉 세 번째 사각수 9는 3의 제곱, 네 번째 사각수 16은 4의 제곱인 것이다. 그래서 1부터 n번째까지의 홀수가 (2n−1)이 될 때 그 홀수들을 더한 합은 n^2이 다. 더욱 신기한 것은 삼각수와 사각수의 관계인데, 이웃하는 두 삼각수를 합하면 사각수가 된다. 예를 들어 삼각수 3과 6을 더하면 사각수 9가 되고, 삼각수 10과 15를 더하면 사각수 25가 된다.

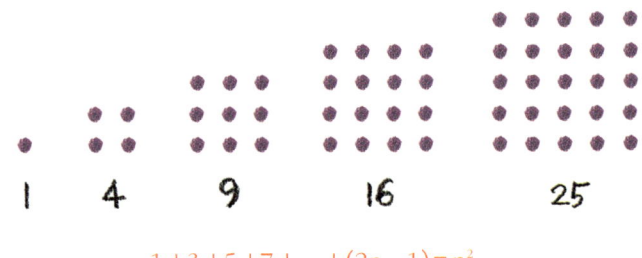

$$1+3+5+7+\cdots+(2n-1)=n^2$$

피타고라스학파는 완전수라는 특별한 의미를 붙인 수를 발견하기도 했다. 완전수란 자신을 제외한 약수들의 합과 같은 수를 말한다. 예를 들어 완전수 6은 그 약수에서 6을 뺀 나머지 수 1, 2, 3을 더하면 그 자신인 6이 된다. 또한 28도 그 약수에서 28을 제외한 1, 2, 4, 7, 14의 합이 28이다. 피타고라스학파는 6을 천지창조와 연관 짓고, 28은 달이 지구를 도는 데 28일이 걸린다는 것과 연결시키며 이들 완전수에 더욱 신비한 의미를 부여했다. 고대 그리스 시대에는 네 개의 완전수가 밝혀졌는데, 세 번째 완전수는 496이고, 네 번째 완전수는 8128이다.

피타고라스는 세상의 모든 것을 수로 설명하고 표현하고자 했다. 그래서 모든 수에 이름을 붙였는데, 특히 1은 이성, 2는 여론, 3은 권력, 4는 정의라고 부르고 이를 만물의 기본이 되는 사원수四元數라면서 피타고라스학파의 맹세문에 넣을 정도로 중요시했다. 그리고 사원수들을 더한 합인 10은 우주를 뜻한다고 했다. 이처럼 수를 신비하게 여긴 사람답게 피타고라스는 "만물은 수로 이루어져 있다."라는 말을 남겼다.

2
파르테논 신전의 황금비

아테나의 언덕, 아크로폴리스에 오르다

드디어 에게 해에 태양이 솟아올랐고 아테네 피레우스 항구에 배가 닿았다. 신화와 신전의 나라 그리스는 확실히 선박의 나라이기도 했다. 항구는 유람선, 화물선, 어선 할 것 없이 온갖 배로 넘쳐났다. 우리나라 사람들이 자동차를 소유하듯이 그리스 사람들은 요트 같은 배를 소유한다고 한다. 3000개가 넘는 섬으로 이뤄진 나라이니 배는 꼭 필요한 교통수단이 아닐 수 없겠다. 이곳저곳을 배로 이동하는 그리스 사람들에게서 여유가 느껴진다. 그리스에서는 하루 여섯 시간 노동이 실현되어 오후 두 시면 사람들 대부분이 일터에서 나오고, 학교 수업도 한 시면 모두 끝난다. 그럼 나머지 시간은 무얼 한단 말인가? 낮잠을 즐기거나 요트 타기로 여가를 보낸다.

피레우스 항구에서는 유람선마다 여행객들을 쏟아 내고 있었다. 그들이 모두 아크로폴리스로 가는 나의 경쟁자들인 셈이다. 수천 명씩 싣고 다니는 크루즈 배가 몇 척 들어오는 날이면 아크로폴리스는 사람들로 미어터진다. 마음이 급해졌다. 아테네 시내에서 아침을 부리나케 먹고는 아크로폴리스 언덕으로 향했다.

아크로폴리스로 가면서 둘러본 아테네 시내는 듣던 것과는 달리 한산했다. 그리스 인구의 3분의 1이 고도古都 아테네에 몰려 있어 인구가 밀집해 있고 교통 또한 몹시 혼잡하다고 들었던 것이다. 궁금증은 곧 풀렸다. 그날이 '오히 데이Oxi Day'라는 국경일로 공휴일이었다. '오히', 이 말은 '아니다No'라는 뜻의 그리스어이다.

오히 데이는 제2차 세계대전에서 유래했다. 1940년 전쟁을 일으킨 이탈리아는 그해 10월 28일 그리스에 이탈리아군의 영토 통과를 요구하며 전쟁에 동참하라고 압박했다. 이에 그리스는 "오히Oxi!"라는 한마디로 거부했고 이탈리아의 침공도 물리쳤다. 안타깝게도 이듬해 독일군에 점령당하며 혹독한 강점기를 맞게 되지만, 그리스인들은 용기 있게 전쟁을 거부한 그날을 국경일로 정해 매년 그 의미를 되새기고 있다. 오히 데이, 이토록 함축적이며 감격적인, 아름다운 국경일이 있다니!

서두른 덕분에 아크로폴리스 언덕에 첫 관람객으로 오를 수 있었다. 아크로폴리스는 '높은 곳에 있는 도시'라는 뜻으로, 옛 그리스인들이 성스러운 장소로 여기며 신전을 짓고 제사를 올리던 곳이다. 주로 언덕 위에 자리 잡아 때로는 도시를 방어하는 군사적 요새가 되어 주었고, 주요 건물들이 모인 곳이라 종교적·정치적 중심이 되기도 했다. 아테네 사람들은 기원전 5세기경 골짜기와 바위 언덕에 성벽을 쌓고 아테네의 수호신 아테나 여신을 위해 파르테논 신전을 지었다. '아크로폴리스' 중

기원전 5세기 아크로폴리스 언덕에 세워진 파르테논 신전은 가로 70m, 세로 30m 길이로 세계에서 아름다운 건축물 중 하나로 꼽힌다. 46개의 거대한 기둥이 남아 있어 원래의 웅장한 모습을 짐작할 수 있다.

에서 가장 유명한 곳이 바로 파르테논 신전이 있는 이 언덕이다.

숲과 성벽으로 둘러싸인 바위 언덕에 있는 아테나의 성역으로 들어가는 입구, 프로필라이아 현문玄門의 계단을 올라갔다. 승리의 여신인 니케 신전과 아테나 여신이 내려 주었다는 성스러운 올리브나무를 지나 정상에 올랐다. 아테네 시내가 한눈에 내려다보이는 것이, 과연 아크로폴리스는 아테네의 지붕이라 할 만했다. 동남쪽으로 제우스 신전이 보였고, 북서쪽으로는 고대에 장터였던 아고라가 있었으며 남쪽으로는 디오니소스 극장이 있었다. 디오니소스 대축제가 열린 이곳에서, 오늘날까지 전하는 모든 그리스 고전 연극이 초연되었다. 디오니소스

파르테논 신전의 남쪽 바로 아래에 자리 잡은 헤로데스 극장에서는 지금도 유명 예술가들의 공연이 열린다.

는 그리스 신화에서 풍작의 신, 술과 축제의 신으로 등장한다. 남쪽 기슭 바로 아래로는 지금도 유명 예술가들의 공연이 열리는 헤로데스 극장이 내려다보였다.

파르테논 신전은 아크로폴리스의 가장 높은 곳에 서 있었다. 하얀 대리석으로 지은 웅장한 건물은 늠름하고 위엄 있으며 우아했다. 균형 잡힌 모습이 황금 비례를 드러냈으며, 그 모습이 완벽하고 아름답다. 나는 아테나 여신이라도 만난 듯 한동안 신전을 바라보았다. '파르테논'이라는 신전의 명칭은 '아테나 파르테노스'라는 말에서 나왔는데 '파르테노스'는 처녀라는 뜻으로, 아테나 여신을 가리키는 것이었다. 파르테논 신전 벽에는 아테나가 제우스의 머리에서 태어났고 아테네 시의 종주권을 놓고 포세이돈과 결투를 벌였다는 이야기가 새겨 있었다고 한다. 지금은 기둥들만 남아 있어 확인할 길이 없다.

파르테논 신전은 중세에는 비잔틴 교회로 개축되었고, 다시 이슬람 사원으로 바뀌기도 했지만 손상 없이 유지되고 있었다. 하지만 아테네를 지배하던 튀르크인들이 이 신전을 군수품 창고로 사용하면서 베네치아에 의해 폭격을 받아 일부가 파괴되고 말았으며, 19세기에는 영국이 신전 내의 조각과 프리즈(소벽, 고전 건축에서 기둥머리가 받치고 있는 세 부분 중 가운데) 등 걸작들을 떼어 가 껍데기만 남게 되었다. 아크로폴리스 서쪽에서 보이는 언덕에 베네치아인이 파르테논 신전을 향해 폭격을 감행했던 건물이 여전히 남아 있는 것이 또렷이 보였다.

옛 그리스인들은 파르테논 신전 안에 황금과 상아로 만든 아테나 파르테노스 여신상을 모셨다는데 높이가 무려 12m나 되었다고 한다. 아테나는 도시의 수호신이자 전쟁의 여신으로서 로마 신화의 미네르바와 동일하다. 그래서 보통 갑옷을 입고 투구를 쓰고 방패와 창을 든 모습으로 표현된다. 파르테논 신전을 지은 것도 아테네가 페르시아와의 전쟁에서 승리하며 델로스 동맹의 중심으로 떠오른 것을 기념해 전쟁의 여신 아테나에게 바치기 위함이었다. 한편 아크로폴리스에서는 4년마다 아테나 제전(판아테나이아 축제)이 화려하게 열렸다. 운동 경기와 서사시 낭송 경연과 음악제가 열렸으며 아테네의 종속국 대표단들이 제물을 바치느라 몰려든 탓에 아크로폴리스를 향한 긴 행렬이 이어졌다고 한다. 파르테논 신전의 천장 아래를 장식한 세로 1m 되는 프리즈에는 뛰어난 조각 솜씨로 판아테나이아 축제의 제사 행렬을 묘사했는데 그

아테나 파르테노스 여신상의 복원도. 파르테논 신전 안에 모신 아테나 여신상은 높이가 12m나 되었다는데, 전쟁의 여신답게 갑옷을 입고 투구를 쓰고 방패와 창을 든 모습이었다고 전해진다.

가로 길이가 160m나 될 정도였다.

파르테논 신전, 황금비를 지닌 직사각형

기원전 447년경 페리클레스 군주의 명에 따라 착공된 파르테논 신전은 동서 너비가 70m이고 남북의 길이가 30m이다. 46개의 거대한 기둥들만으로도 웅장한 옛 모습을 충분히 짐작할 수 있었다. 신전의 기둥은 간결한 도리스 양식으로, 흔히 배흘림이라고 하는 엔타시스^{Entasis} 형태다. 동서양을 막론하고 옛 건축물에 흔히 쓰인 이 엔타시스 기법은 기둥의 가운데 지름을 좀 더 늘리고 그 위로 갈수록 점점 가늘게 함으로써 사람들의 착시 현상을 보완하고 기둥이 두툼하게 보이도록 함으로써 건물

파르테논 신전의 정면 모습. 가로세로의 비가 황금비이며 기둥과 박공의 비율도 1.618:1의 황금비를 이룬다.

의 안정감을 높인 방식이다. 또한 파르테논 신전은 가장자리 기둥을 안쪽보다 더 굵게 하고 수평부도 가운데를 부풀게 만들어 전반적으로 가볍고 유연한 느낌을 준다. 그래서 파란 하늘을 배경으로 언덕 위에 우뚝 선 파르테논 신전의 모습을 보노라면 웅장하면서도 하늘에서 사뿐히 내려앉은 듯 느껴지기도 한다.

파르테논 신전은 세계에서 가장 아름다운 건축물의 하나로 꼽힌다. 특히 신전의 서쪽 정면은 건물 윤곽이 완벽하게 안정적이다. 가로 폭은 약 30m, 세로 높이는 약 18.5m인 직사각형으로, 가로세로 비율이 황금비율 1.618에 가까운 값이다. 또 기둥과 그 위 삼각형 박공 부분도 1.618:1의 비를 이룬다. 파르테논 신전이 그토록 완벽해 보인 것은 역시 황금비를 이루기 때문이었다.

　황금비를 이루는 것은 그게 무엇이든 매우 아름답다. 앞서 이집트의 피라미드와 황금 가면에서도 발견했듯이 아름다움의 비밀 속에는 언제나 황금 비율이 숨어 있다. 고대 건축물만 그런 것이 아니다. 뉴욕에 있는 유엔 본부 건물도 파르테논 신전처럼 직사각형 세 개를 얹어 놓은 모양이다. 파르테논 신전의 황금비를 적용한 것이다. 건축물만이 아니라 어떤 사물이든 황금비에 가까울수록 아름답고 안정된 느낌을 준다. 우리 주변에서 흔히 볼 수 있는 직사각형들을 한번 떠올려 보자. 주민등록증과 신용카드와 각종 명함과 액자와 책……. 어떤 공통점이 있을까? 바로 '황금비를 이루는 직사각형'이라는 것이다. 주민등록증도 신용카드도 가로 8.5cm, 세로 5.3cm로 황금비에 가까운 비율이다. 또 명함이나 액자나 책도 가로세로 비가 황금비가 되도록 만드는 경우가 많은데, 그것이 보는 사람에게 가장 편안하고 좋다는 느낌을 주기 때문이다.

　파르테논 신전처럼 황금비가 되는 직사각형을 직접 만들어 보자. 아래와 같이 우선 'ABCD'라는 정사각형을 그린다. 정사각형 가로의 중점 E와 이은 선분 'ED'를 반지름으로 하는 호를 컴퍼스로 그린 다음, 정사각형의 가로를 연장한 직선과 호가 만나는 점 'F'에서 수직으로 세로를 만들면 직사각형 'ABFG'가 된다. 이 직사각형 'ABFG'는 세로가 1일 때 가로의 길이가 1.618이 된다. 이와 같은 모양을 황금 직사각형이라고 한다[이는 다음 그림과 같이 선분 'ED(EF)'의 길이가 $\frac{\sqrt{5}}{2}$이고, 선분 'BF'가 $\frac{1+\sqrt{5}}{2}$ (1.618)로 계산된 것이다].

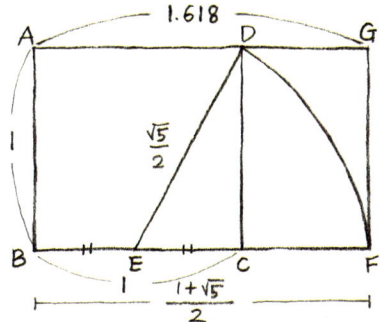

황금비율 1.618의 값을 비례식으로 구해 보자. 아래 선분 AB의 길이를 x라 하고, AP와 PB로 분할하자. AP의 길이가 1일 때 x를 다음과 같은 비례식으로 구한다. 이는 이차방정식이 되는데 근의 공식으로 계산해 보면 1.618의 값이 나온다.

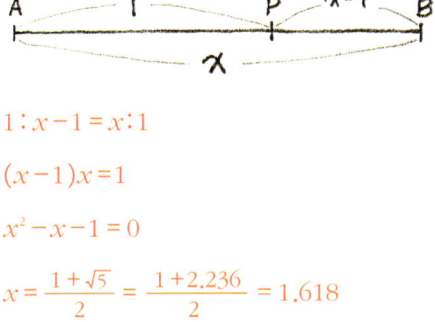

$1 : x-1 = x : 1$

$(x-1)x = 1$

$x^2 - x - 1 = 0$

$x = \dfrac{1+\sqrt{5}}{2} = \dfrac{1+2.236}{2} = 1.618$

황금 직사각형을 분할해 황금 나선형을 만들 수 있다. 황금 직사각형을 분할해 그 안에 황금비가 되는 직사각형을 만들고, 정사각형 안에 사분원(원의 4분의 1)을 ①번부터 차례로 그려서 연결하면 아래 그림처럼 나선이 된다. 이러한 황금비가 되는 나선형은 앵무조개나 달팽이 같은 생물의 껍질에서 실제로 찾아볼 수 있다.

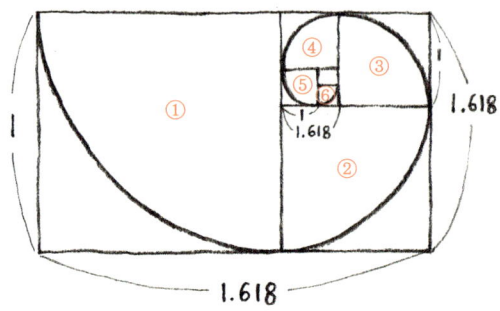

나선 모양의 조개껍질에서도 황금비를 발견할 수 있다.

황금비는 인체에서도 볼 수 있다. 에게 해의 키클라데스 제도 남서쪽에 있는 밀로스 섬에서 나온 아프로디테 여신상은 가장 아름다운 인체의 상징이다. 보통 '밀로의 비너스'라고 불리는 이 조각상은 배꼽을 기준으로 상반신과 하반신의 비가 1:1.618로 황금비이다. 또한 상반신은 어깨

를 기준으로 위와 아래 길이의 비가, 하반신은 무릎을 기준으로 위와 아래의 비가 황금비이다. 얼굴도 코를 중심으로 위와 아래가 황금비를 이룬다.

이처럼 옛사람들은 인간의 몸도 황금비일 때 가장 아름답게 보인다고 생각했다. 우리도 우리 몸의 비율을 계산해 볼 수 있다. 배꼽을 기준으로 상체와 하체의 길이를 재어 '하체÷상체'를 계산해 보면 몸의 비율이 나온다. 1.618이 된다면 비너스와 같은 완벽한 몸매의 소유자이겠지만, 사실 보통 사람들은 이보다 훨씬 작은 값이 나온다.

'밀로의 비너스'라 불리는 이 조각상은 상체와 하체의 비가 황금비를 이룬다. 또한 상반신이 어깨를 기준으로 위와 아래 길이의 비가, 하반신이 무릎을 기준으로 위와 아래의 길이가 황금비이다. 얼굴도 코를 중심으로 위와 아래가 황금비를 이룬다.

부석사 무량수전은 황금비보다 멋진 '금강비'

우리나라에서도 파르테논 신전과 같은 아름다운 비율을 지닌 옛 건축물을 찾아볼 수 있는데, 영주에 있는 부석사의 무량수전이 그렇다. 신라 문무왕 때 처음 지은 부석사는 태백산맥이 두 줄기로 나뉘는 곳인 소백산 자락에 자리하고 있다. 무량수전 앞에 서면 태백산맥의 줄기가 남쪽으로 장대하게 펼쳐진 경관이 시원스레 한눈에 들어오는데, 모르는 눈으로 봐도 풍수지리상 대단한 곳임을 알아챌 수 있다.

가장 오래된 목조 건축물로 알려진 무량수전은 높다란 화강석 기단 위에 추녀가 하늘로 치솟은 팔작지붕이 위풍당당함을 자랑한다. 무량수전의 기둥 역시 파르테논 신전처럼 배흘림 기법을 따르고 있는데, 가운데가 두툼하고 위와 아래로 갈수록 가늘어지며 기둥 사이의 거리가 멀어 건물이 더욱 탄탄하고 당당해 보인다. 기둥의 중간 부분 지름이 49cm로 기둥머리보다 지름이 15cm나 더 되어 기둥은 약간 배를 내민 듯 풍만한 곡선을 그린다.

무량수전 내부 역시 시원스럽고 웅장한 느낌인데, 천장을 막지 않고 높이 트이도록 했기 때문이다. 옛 건물의 크기는 서까래를 받치기 위해 기둥 사이에 얹는 도리의 수로 알 수 있는데, 도리 네 개를 둘러막은 면적을 한 칸으로 하여 건물의 크기를 표현한다. 무량수전은 정면이 다섯 칸, 측면이 세 칸이다. 무량수전을 정면에서 바라보고 그 높이를 1로 했을 때 양쪽 처마까지의 길이는 약 1.618이 된다. 실제로 건축가들은 가장 잘 지은 고전 건축 중 하나로 무량수전을 꼽는다. 굳이 전문가의 평가가 아니더라도 무량수전을 보면 누구나 그런 느낌을 받게 되는데, 그 비밀 역시 황금비에 있지 않을까.

국보 제18호 부석사 무량수전의 기둥 역시 파르테논 신전처럼 배흘림 기법을 따르고 있는데, 가운데가 두툼하고 위와 아래로 갈수록 가늘어지며 기둥 사이의 거리가 멀어 건물이 더욱 탄탄하고 당당해 보인다. 또한 정면에서 볼 때 높이와 양쪽 처마까지의 길이가 1:1.618의 황금비를 이룬다.

그런데 무량수전에서는 또 다른 놀라운 비례도 찾을 수 있다. 무량수전 정면의 높이와 처마를 제외한 폭의 비는 정확히 1:1.414($\sqrt{2}$)가 되고 측면에서 높이와 폭의 비율도 $\sqrt{2}$가 되는데, 이를 금강비라고 한다. 금강비란 금강석(다이아몬드)에서 얻은 비율을 나타내는 것으로, 황금보다 더 좋은 것, 즉 최고를 칭하는 말이다. 금강비의 값인 $\sqrt{2}$는 무리수로, 이는 한 변의 길이가 1인 정사각형의 대각선 길이이다.

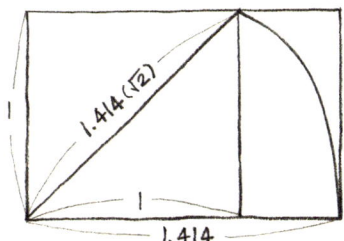

서양에서 1.618의 황금비를 중요하게 다루었다면 우리는 1.414 금

강비의 아름다움을 적극 활용했다. 서양에서는 근대에 와서야 무리수를 인정하고 쓰기 시작했지만, 우리 옛사람들은 그보다 훨씬 전부터 건축에서 무리수를 자연스럽게 사용했던 것이다. 우리의 건축물에서 금강비를 이용한 예로는 무량수전 외에 석굴암도 있다. 석굴 벽의 높이와 불상의 높이가 석굴 바닥의 반지름 길이와 석굴 입구의 길이에 대해 1.414배가 되도록 지은 것이다. 석굴암이나 무량수전 같은 우리 문화유산이 완벽한 모습을 보여 주는 것은 황금비보다도 더 아름답다는 금강비를 이용해서 지었기 때문이 아닐까.

3
기하학의 기초를 세운 아테네 학당의 수학자들

민주주의와 아카데미의 숲을 산책하다

아크로폴리스를 둘러보고 내려올 무렵, 크루즈 관광객들이 작은 깃발을 앞세워 밀물처럼 몰려오고 있었다. 아찔했다. 저 인파 속에서 무엇을 볼 수 있으며 무슨 감흥이 있겠는가. 꾸역꾸역 올라오는 사람들에게 밀리며 아크로폴리스를 내려오는 길에 기어이 일행 중 한 명을 잃고 말았다. 한 시간이나 헤맨 끝에 겨우 다시 만나, 한 바위 언덕에서 그 사건을 두고 재판을 해 보았다. 그 옛날의 그리스 사람들처럼. 누군가의 즉흥 변론과 최후진술이 이어졌고 배심원 일행은 판결을 내렸다. 판결에 따르면 피고인은 저녁 만찬에서 와인을 내야 했다.

우리가 재판 놀이를 했던 곳은 아크로폴리스 왼편에 나지막하게 솟은 아레오파고스 언덕이었다. 고대에 이른바 '아레오파고스 회의'가 열렸던 곳으로, 이 회의에서는 아테네 귀족 회의를 시작으로 탄핵법이나

아크로폴리스 한쪽으로 고대에 재판이 열렸던 아레오파고스 언덕이 펼쳐져 있다. 계단을 올라 바위 위에 서면 아테네의 북서쪽 시가지가 한눈에 내려다보인다.

헌법 위반 행위를 심리했는데 아마도 지금의 헌법재판소와 비슷했을 것이다. 나중에는 살인 사건에 대한 판결을 내리는 역할을 했다. 살인 사건이라면 당연히 온 도시를 들썩이게 했을 터, 재판이 열리는 동안 토론하기 좋아하는 아테네 시민들은 아레오파고스 언덕 아래에 모여 연설을 하고 논쟁을 벌였다고 한다.

민주주의는 그리스에서 태동했다. 국민이 주권을 행사하는 정치 형태인 민주주의democracy는 그리스어 '데모스demos'와 '크라토스kratos'의 합성어로 '민중에 의한 지배'를 뜻한다. 고대 그리스 도시국가에서는 전체 시민이 직접 입법부인 민회를 구성하는 직접민주주의를 행사했으며 모든 시민이 행정과 사법 기구에서 활동할 자격을 부여받았다(단, 여성과 노예의 참정권은 인정되지 않았다). 그리고 시민이 참여한 민회는 행정권, 사법권, 입법권을 가졌고 공직자는 민회의 결정에 따를 책임이 있었다. 이러한 그리스 민주주의가 국민이 입법회의를 구성하고 국가권력에 참여할 수 있는 근현대 민주주의의 근간이 된 것이다. 오늘날에는 대부분의 국가가 대의제 민주주의를 채택하고 있다.

사람들이 한차례 휩쓸고 지나간 후 우리는 느긋하게 산책하며 언덕을 내려왔다. 아크로폴리스를 내려오는 길은 무척 아름다웠다. 지중해 관목과 올리브나무와 뽕나무가 우거지고 바위와 동굴이 있는 숲속의 오솔길 그리고 벤치가 어우러져 산책하기 좋았다. 아크로폴리스 숲은 절로 생각에 잠기게 하는 사색의 숲이었다. 이곳에서 소크라테스와 제자 플라톤이 산책하며 대화를 나누었을까? 올리브나무 아래에서 아리스토텔레스가 아카데미 회원들과 열띤 토론을 벌였을 것이다. 그 모습이 눈에 선하다.

아크로폴리스 숲에는 '소크라테스 감옥'이 있다. 소크라테스는 젊은이들을 타락시키고 신을 무시했다는 '불경죄' 명목으로 독약을 마시는 처벌을 받았고, 친구와 제자들이 도망칠 기회를 주었지만 악법도 지켜야 한다며 독배를 들었다고 알려졌다. 후대에 지어낸 이야기라는 주장도 있기는 하지만, 소크라테스라면 능히 그랬을 것 같다. 올리브 숲에 자리한 소크라테스 감옥은 아늑한 동굴 형태였다. 어두침침한 동굴 안을 들여다보자니 플라톤의 동굴 비유가 떠오른다. 존경하는 스승의 최후가 제자 플라톤에게 영향을 준 것일까. 플라톤은 세상을 동굴로 비유

아크로폴리스 숲에는 지중해 관목과 올리브나무가 우거지고 바위와 동굴이 있으며 오솔길과 벤치가 어우러져 산책과 사색에 좋다(왼쪽). 동굴 형태의 소크라테스 감옥이 아크로폴리스로 오르는 길에 있다(오른쪽).

하며 우리가 보는 것은 동굴 벽에 비친 그림자일 뿐 실체가 아니며 단지 실체인 줄 착각하며 산다고 말했다.

플라톤의 다섯 가지 정다면체

플라톤은 아테네의 아카데모스 올리브 숲에 학교를 세웠다. 플라톤의 학교 '아카데메이아^{Akademeia}'는 아테네의 영웅신이자 이 숲의 이름인 '아카데모스'에서 유래했으며 플라톤 철학의 중심지로서 1000년 가까운 역사를 이어갔다. 아카데메이아 정문에는 "기하학을 모르는 자, 이곳에 들어올 수 없다."라는 글이 씌어 있었다고 한다. 플라톤이 기하학을 학문의 중요한 바탕으로 생각했음을 알 수 있다.

플라톤은 《국가》에서 "기하학은 철학의 정신을 만들고 영혼을 진리로 이끌어 가는 학문"이라고 규정했다. 기하학의 논리적 사고 방법이 철학을 비롯해 모든 학문의 기본이 된다고 생각한 것이다. 이는 수학이 철학의 사유를 돕고 철학의 방법을 위해 가장 필요한 학문이라는 것을 말해 준다. 고대 그리스 시대에는 철학과 수학이 밀접한 관계를 맺었으며 철학자가 곧 수학자였다. 탈레스, 플라톤, 아리스토텔레스 등 고대 그리스의 철학자는 과학자이자 수학자였다.

플라톤의 《대화》에도 소크라테스가 소년과 대화를 나누며 수학을 가르치는 장면이 나온다. 소크라테스는 소년에게 "주어진 정사각형 넓이의 두 배가 되는 정사각형의 한 변의 길이는 원래 것의 몇 배가 되는가?" 하고 묻는다. 여기서 소크라테스는 넓이가 두 배인 정사각형의 한 변의 길이는 원래 정사각형의 대각선 길이와 같다는 것과, 길이가 두 배일 때 넓이는 두 배가 아니라 네 배가 된다는 것을 소년이 깨달을 수 있도록 대화로 가르친다. 철학을 하는 데 수학적 사고가 얼마나 중요한 역할을 하는지 보여 주는 에피소드다. 그리스의 수학은 사유를 통해 논증하는 학문이므로 계산술이 아닌, 기하학을 발전시켰다.

초기의 철학과 수학은 서로 통하는 학문이었으며 실제로 함께 연구되었다. 세상과 자연적 실재의 근본을 탐구하는 철학과 마찬가지로 수학 또한 세상의 이치에 대한 탐구에서 출발한다. 수학은 세상을 탐구하고 법칙을 발견하여 논증을 거쳐 구조를 만드는 학문이다.

가장 기초적인 예를 들어 보자. 더하면 늘고 곱절이면 더욱 많아지며, 빼면 줄고 나눌수록 몫이 더욱 작아지는 것은 단지 수학적 계산일 뿐 아니라 세상사의 이치다. 이 당연한 이치를 덧셈과 뺄셈, 곱셈과 나눗셈이라는 사칙연산 법칙으로 밝혀 추상적 기호로 정리한 것이 수학이다. 또한 인류가 농사를 짓고 살게 되면서 토지와 곡식 수확에 관한 지혜를 터득했고 그 과정에서 도형의 넓이와 부피 그리고 기하학이 발전하게 된 것이다. 이처럼 세상을 탐구하며 생활 속에서 쌓은 지혜를 추상적 기호로 나타낸 것이 수학이다. 결국 수학은 그 탄생부터가 철저히 사색적이고 추상적인 학문인 것이다.

고대 그리스 시대의 철학은 세계와 사물의 본질을 알아내고자 한 데서 비롯했다. 세계는 무엇으로 이루어졌을까? 사물의 근원은 무엇일까? 그리스의 현인들은 하늘과 땅을 보며 자연스럽게 그런 질문을 던졌고 그에 대해 깊이 사색하고 탐구했다. 그리하여 탈레스는 사물의 근원은 물이라고 믿었고 피타고라스는 그것이 수라고 생각했다. 또 그리스 철학 시대의 초기에 사물을 자연현상으로 설명하려던 자연철학자들은 세상을 구성하는 물질을 물, 불, 흙, 공기라는 4원소로 규정했다. 플라톤은 이 네 가지 기본 요소에 또 하나의 요소로 우주를 추가했다. 이는 물질세계의 4원소를 넘어서는 영원불멸의 완전한 세계로 이데아를 설정했던 그의 철학적 세계관과 통한다.

플라톤의 철학적 세계관은 그의 기하학에서도 잘 표현된다. 플라톤은 세상을 구성하는 다섯 가지 요소인 물, 불, 흙, 공기, 우주에 각각 다섯 가지 입체도형을 연결했다. 이를 '플라톤의 입체도형'이라고 부른다. 가장 단순하고 날카로운 정사면체는 불, 안정적인 모양의 정육면체는 흙, 바람개비처럼 생긴 정팔면체는 공기, 가장 둥근 모양의 정이십면체는 유동적인 물을 상징했다. 그리고 열두 별자리와 정십이면체를 연결 지었는데, 이는 곧 우주를 상징하면서 나머지 네 도형을 포괄하는 것이었다.

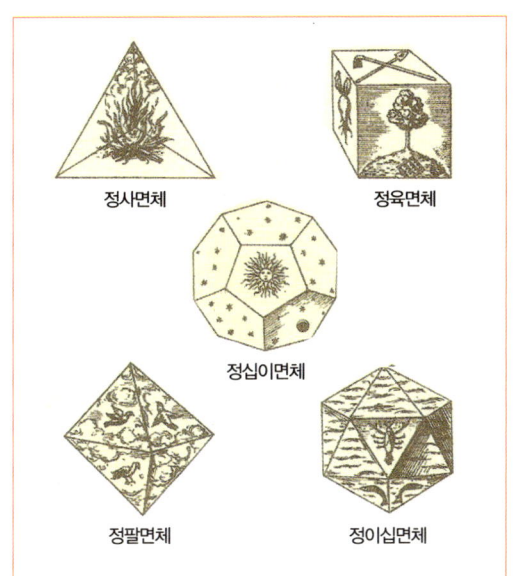

'플라톤의 입체도형'으로 불리는 다섯 가지 정다면체. 플라톤의 철학적 세계관이 잘 나타난다.

플라톤의 다섯 가지 입체도형은 모두 정다면체다. 정다면체란 모든 면이 서로 합동인 정다각형이면서 각 꼭짓점에 모인 면의 수가 같은 볼록다면체를 말한다. 그렇다면 왜 플라톤은 하필 다섯 가지 정다면체만 세상을 구성하는 요소로 채택했을까? 그것은 정다면체가 세상에 딱 다섯 가지만 존재하기 때문이다. 고대 기하학에서는 이들을 특별한 도형으로 신비화했다.

왜 세상에 존재하는 정다면체는 다섯 가지뿐일까? 입체도형이 되려면 한 꼭짓점에 모이는 면의 개수가 셋 이상이어야 하고, 한 꼭짓점에 모인 내각의 합이 360°보다 작아야 한다. 내각의 합이 360°이면 평면이 되고 360°보다 크면 오목한 모양의 다면체가 되기 때문이다. 먼저 면의 수가 가장 작은 정삼각형부터 정다면체로 만들어 보자. 정삼각형을 한 꼭짓점에 세 개 모으면 정사면체가 되고, 네 개 모으면 정팔면체, 다섯 개 모으면 정이십면체를 만들 수 있다. 여섯 개 모으면 360°(60°×6)이므로 입체도형이 될 수 없다.

그리고 정사각형을 정다면체로 만들 수 있다. 한 꼭짓점에 세 개 모아 붙이면 정육면체가 되고, 네 개를 붙이면 역시 360°(90°×4)가 되어 입체도형이 되지 않는다. 다음으로 정오각형은 어떨까? 정오각형을 세 개 붙이면 정십이면체를 만들 수 있고, 네 개를 붙이면 360°(108°×4)가 넘어서 볼록다면체가 되지 않는다. 정육각형은 세 개를 붙이면 360°(120°×3)가 되어 입체도형을 만들 수 없다. 따라서 정다면체는 정삼각형으로 만든 정사면체, 정팔면체, 정이십면체와 정사각형으로 만든 정육면체, 정오각형으로 만든 정십이면체, 이렇게 다섯 가지뿐이다.

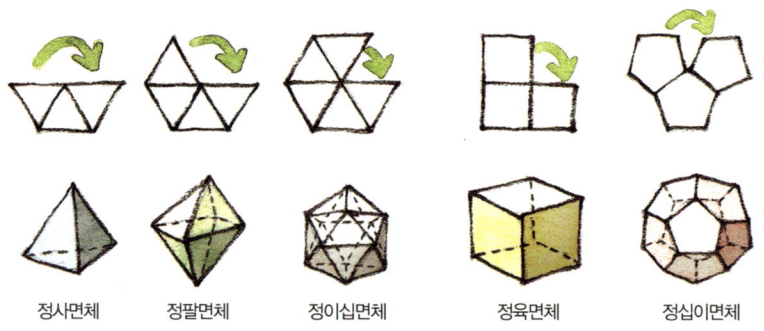

정사면체 　 정팔면체 　 정이십면체 　 정육면체 　 정십이면체

아테네 학당의 수학자들과 기하학 교과서 《원본》

플라톤이 세운 아카데메이아는 흔히 아테네 학당으로 불린다. 1510년 이탈리아 화가 라파엘로는 바티칸 궁의 시스티나 성당에 2000년 전의

1510년 라파엘로가 그린 〈아테네 학당〉에는 플라톤과 아리스토텔레스, 피타고라스, 유클리드 같은 고대 수학자들이 등장한다.

수학자들을 초대했다. 로마 교황이 가톨릭 공식 문서에 서명을 하는 장소인 집무실에 프레스코 벽화 〈아테네 학당〉을 그린 것이다. 이 벽화는 대각선을 따라 한가운데 점에 집중되는 원근법을 따르고 있어 매우 사실적으로 보일 뿐만 아니라 등장인물이 많은데도 전혀 산만하게 느껴지지 않는다. 흡사 아테네 학당을 무대로 고대 그리스의 철학자, 천문학자, 수학자 들이 등장하는 연극의 한 장면을 보는 것 같다.

아테네 학당의 좌우에는 대리석 조각상이 서 있는데, 왼쪽은 현악기를 든 예술과 음악의 신 아폴론이고, 오른쪽은 방패와 창을 든 전쟁과 지혜의 여신 아테나이다. 중앙 뒤쪽의 반원형 아치는 하늘을 연상시키고 정사각형 모양의 바닥은 땅을 상징하는 듯하다. 하늘은 둥글고 땅은 네모남을 뜻하는 동양의 천원지방天圓地方 사상과도 일맥상통하는 부분이다. 한가운데 서서 대화를 나누는 플라톤과 아리스토텔레스의 모습도 이런 생각을 암시하는 것 같다. 즉 플라톤은 이데아 사상을 설명하기라도 하는 듯 하늘을 가리키고 있고 자신의 책 《윤리학》을 든 아리스토텔레스는 땅을 가리키고 있다.

두 거장을 중심으로 많은 학자가 그 양쪽에서 대화를 하거나 토론을 벌이고 있다. 전체적 구도로 보면 철학자들은 상단부에, 자연과학자들은 하단부에 그렸다. 플라톤에서 왼쪽으로 몇 명 건너가면 머리가 벗겨진 소크라테스가 옆모습을 보이고 있으며, 계단에는 디오게네스가 무관심한 표정으로 걸터앉은 모습이 재미있다. 탁자에 턱을 괴고 진지한 표정으로 뭔가를 쓰고 있는 철학자 헤라클레이토스도 시선을 끈다.

수학자들은 주로 계단 아래 앞부분에서 만날 수 있다. 왼쪽에서는 피타고라스가 책을 쓰고 있으며, 탈레스의 제자로 밀레투스학파인 아낙시만드로스는 바로 뒤에서 그것을 베껴 쓰고 있다. 피타고라스와 아낙시만드로스가 비슷한 시기의 학자로서 둘 다 탈레스의 영향을 받았음을 말해 준다. 그 옆에 천재 수학자로 알려진 여성 히파티아의 우아한 모습도 보인다. 오른쪽에서 구를 든 사람은 '톨레미의 정리'로 유명한 톨레미(그리스어로 프톨레마이오스)이고, 그 옆에서는 차라투스트라가 천구

컴퍼스로 도형을 그리고 있는 유클리드(《아테네 학당》의 부분도).

의를 들고 있다. 그 앞쪽에서는 수학자 유클리드가 허리를 구부려 컴퍼스로 도형을 그리고 있다.

　수학자 유클리드는 기원전 325년경에 이전 그리스 수학자들의 연구를 정리해 기하학 체계를 완성한 수학서 《원본Elements》을 썼다. 유클리드는 생애 마지막까지 이집트의 알렉산드리아 대학에서 강의를 했는데, 프톨레마이오스 왕에게 《원본》의 내용을 가르치기도 했다고 한다. 기하학 공부가 어려웠던 왕이 유클리드의 《원본》을 좀 더 빨리 쉽게 배울 수 없겠냐고 질문하자 유클리드가 "기하학에는 왕도가 없습니다."라고 대답했다는 유명한 일화도 전해 내려온다.

　《원본》의 원 제목은 그리스어 '스토이케이아Stoicheia'로 처음에는 파피루스에 썼고 그 후 양피지에 옮겨 쓴 것이 전해진다. 《원본》은 헬레니즘 시대에 중요한 교본으로 자리 잡았고 아라비아에도 필사되어 전해졌으며 후대에도 계속 이어 내려왔다. 총 열세 권으로 구성된 《원본》의 내용은 오늘날 우리도 초·중·고교 수학 교육과정에서 배우고 있으니, 2000년 이상 최고의 수학 교과서로 인정받고 있는 셈이다. 1482년 처음 인

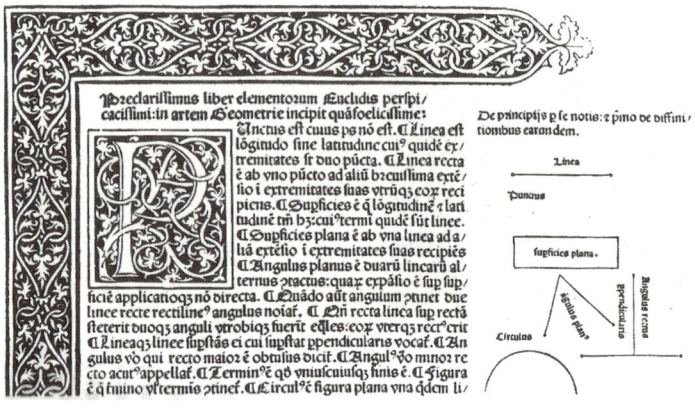
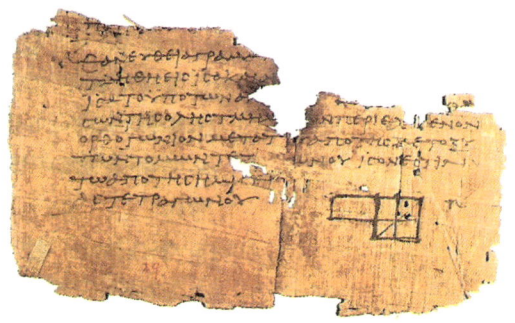

1482년 베네치아에서 출판된 유클리드 《원본》의 최초 인쇄본(위). 기원전 325년경 유클리드가 완성한 기하학 체계를 13권으로 정리한 《원본》은 2000년 이상 최고의 수학 교과서였다. 아래는 인쇄본 이전의 필사본이다.

쇄본이 나온 후 지금까지 수천 판 이상이 인쇄되었으며 성경과 함께 가장 오래된 베스트셀러로 손꼽힌다.

《원본》에는 기하학의 기본으로서 465개의 중요한 명제가 체계적으로 정리되어 있다. 유클리드는 1권부터 기초적으로 필요한 개념들을 순차적으로 정의하고 공리와 공준을 세웠는데, 모두 23개인 '정의' 부분에서는 점, 선, 면에 대한 기본 개념을 규정했다. "점은 부분이 없는 것이다.", "선은 폭이 없는 길이이다.", "직선은 점들이 모여 있는 것이다.",

"면은 폭과 길이를 가지며, 선의 끝으로 되어 있다."와 같이 당연하고도 기본적인 개념에서 출발하고 있다. 그리고 다음과 같은 다섯 개의 공리를 세웠다.

1. 임의의 점에서 다른 임의의 점으로 직선을 긋는다.
2. 한 선분에서 계속 이어 연장한 직선을 그을 수 있다.
3. 임의의 중심과 거리를 가지는 원을 그린다.
4. 모든 직각은 서로 같다.
5. 하나의 직선이 두 직선과 만날 때 같은 안쪽에 만들어지는 두 각의 합이 180도보다 작을 때 이 두 직선을 한없이 연장하면 만난다.

이 가운데 다섯 번째 공리를 '평행선 공리'라고 하는데, 이는 19세기 수학자들 사이에서 유클리드 기하학에 대한 새로운 논의를 불러일으킨 유명한 공리가 된다. 유클리드의 정의와 공리는 기하학의 모든 정리를 추론할 수 있는 바탕이 되었고, 이를 토대로 수학자들은 명제들을 연역적으로 증명하여 정리를 만들었으며 기하학 체계를 완성했다. 이처럼 명백한 논리로 증명해 나가는 논증기하학은, 인간의 사고를 철학적으로 훈련시키며 진리로 이끌어 간다는 플라톤의 기하학 정신에도 잘 들어맞았다.

4
신화 속에서 걸어 나온 수학

아폴론이 내린 수학 문제: "제단의 부피를 두 배가 되게 하라"

아테네 거리에서 빵 파는 청년의 얼굴을 보고 나도 모르게 탄성이 터졌다. 대리석 조각상처럼 잘생겼다. 보통 인물상은 그 나라 사람들의 생김새를 닮는다는데, 그리스에 와서 보니 실제로 사람들이 그리스 조각상처럼 생겼다. 세계 최고의 미인으로 그리스 밀로 섬의 비너스상, 아프로디테를 꼽지 않던가. 최고 미녀 신이 아프로디테라면 최고 미남 신은 누구일까. 수많은 그리스 조각상이 있지만, 벨베데레의 아폴론상이 퍼뜩 떠오른다. 바티칸 박물관에 있는 이 아폴론상은 밀로의 비너스상과 마찬가지로 상체와 하체의 비가 1:1.618의 황금비를 이룬다. 또 상체에서 어깨 위와 아래, 하체에서 무릎 위와 아래의 비율 역시 1.618이다.

　아폴론은 그리스에서 음악과 신탁의 신으로 널리 숭상되었다. 주로 활이나 리라를 든 청년으로 묘사되는데, 라파엘로가 그린 〈아테네 학

그리스인들이 '세계의 중심'이라고 생각했던 델포이에는 아폴론 신전과 신탁소가 있었다. 거대한 신전은 현재 주춧돌과 몇 개의 둥근 기둥만 남아 있다.

당〉의 배경에도 악기를 든 아폴론상이 나온다. 아폴론을 기리는 여러 제전 가운데 특히 음악 경연대회가 유명했다고 한다. 아폴론 신은 그리스 신들 중에서도 영향력이 큰 신이었는데, 신들의 아버지이자 지배자 제우스의 뜻을 전달하고 예언을 내리는 역할을 맡았다. 많은 지역에서 아폴론 신전을 짓고 운동 경기와 음악제, 연극제를 열었다.

고대 그리스 시대에 가장 많은 사람의 발길이 모인 아폴론 신전은 아테네 북서쪽 파르나소스 산 중턱에 있는 델포이 신전이었다. 고대 그리스인들은 코린토스 만이 내려다보이는 이곳을 세계의 중심이라고 생각했다. 제우스가 독수리 두 마리를 세계의 양쪽에서 날아가게 했더니 델포이에서 만났고, 그래서 그 지점을 돌로 표시해 세계의 배꼽이라는 뜻에서 '옴팔로스'라고 불렀다. 아폴론 신전 지하에 있었던 이 대리석은 제우스의 아버지 크로노스가 토해 낸 성스러운 돌이라는 신화도 있다.

델포이는 원래 대지의 여신 가이아의 아들인 거대한 뱀 피톤이 지배했는데, 아폴론이 피톤을 화살로 쏘아 죽이고 자신의 신탁소를 세웠다. 아폴론의 신탁은 영험하다고 널리 알려져 고대 그리스 사람들은 개인의 사사로운 일이건 국가의 중대사이건 무슨 일이 생기면 아폴론 신전으로 찾아와 신탁을 받으려 했다. 그리하여 델포이 신탁소 앞은 보물을 싸들고 와서 신탁을 받으려는 사람들로 북새통을 이루었다고 한다.

아폴론 신전과 관련된 전설 중에는 이런 것도 있다. 에게 해의 작은 섬 델로스에 큰 전염병이 돌자 섬사람들은 아폴론 신전에 찾아가 제사를 올리고 신탁을 받았다.

"신전의 제단 부피를 두 배가 되도록 하라."

이 신탁대로 하면 전염병이 물러간다고 믿은 사람들은 석공을 동원해 제단의 각 변을 두 배씩 늘려 새 제단을 만들었다. 그러나 전염병은 멈추지 않았고, 사람들은 아폴론에게 따져 물었다. 그랬더니 아폴론은 사람들이 세운 새 제단은 부피가 이전의 두 배가 아니라고 했다. 제단의 가로, 세로, 높이를 각각 두 배씩 늘렸으므로 부피는 결국 여덟 배($2 \times 2 \times 2 = 8$)가 되고 말았다는 것이다.

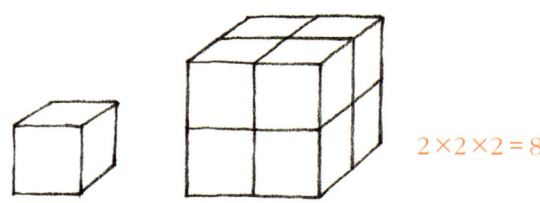

$2 \times 2 \times 2 = 8$

아폴론이 사람들에게 너무 어려운 문제를 낸 것일까? 사실 이 문제는 한 변의 길이를 x로 할 때 $x = \sqrt[3]{2}$를 작도하는 문제이다.

$x^3 = 2, \quad \therefore x = \sqrt[3]{2}$

눈금 없는 자와 컴퍼스만을 사용하여 도형을 그리는 것을 '작도'라고 한다. 자는 두 점을 지나는 직선 또는 선분을 그리는 데 사용하고 컴퍼스는 원을 그리거나 주어진 선분을 다른 직선 위로 옮기는 데 사용한다. 예를 들어 선분 AB의 수직이등분선, 정삼각형을 다음과 같이 작도할 수 있다. 점 A, B에서 각각 컴퍼스로 원을 그리고 두 원이 만나서 이루는 두 개의 점을 이으면 선분 AB의 수직이등분선이 된다. 그리고 두 원의 교점에서 점 A와 B에 선을 그어 연결하면 정삼각형을 그릴 수 있다.

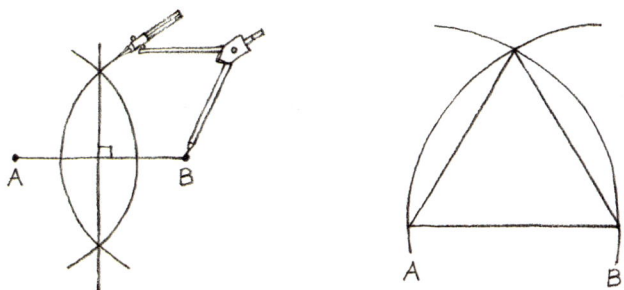

아폴론 신전의 제단 문제를 계기로 그리스 수학자들은 부피를 두 배로 늘리는 작도 문제를 연구하기 시작했다. 그리스 수학자들은 눈금 없는 자와 컴퍼스만을 사용하여 도형을 그리려 했다. 다른 도구를 사용하는 것은 기하학이 아니라고 생각했기 때문이다. 플라톤도 이 문제를 풀어내려

애썼으나 자와 컴퍼스만 사용해서는 불가능하다는 것을 깨달았다. 결국 그는 '플라톤의 도구'라고 지칭되는 기구를 만들어 이 문제를 풀었다.

부피가 두 배인 도형을 작도하는 문제는 기원전 5세기 그리스 수학자들이 연구한 이래로 수많은 수학자가 도전해 오다가 허망하게 마무리되고 말았다. 19세기에 한 프랑스 수학자에 의해 작도 불가능함이 수학적으로 증명된 것이다. 눈금 없는 자와 컴퍼스만으로는 작도가 불가능해, 길이를 직접 측정하거나 기구를 만들어서 해결할 수밖에 없다는, 플라톤이 내린 것과 같은 결론이 내려졌다. 이처럼 2000년 동안 풀리지 않는 문제로 남아 수학자들을 괴롭히던 '작도 불능 문제'는 세 가지가 있었다.

(1) 주어진 각을 삼등분하기

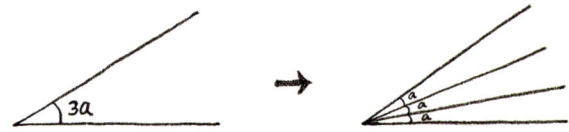

(2) 주어진 원과 같은 넓이를 가지는 정사각형 만들기

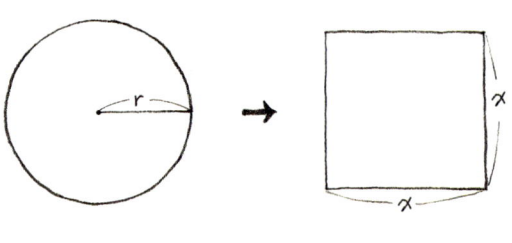

$\pi r^2 = x^2$ ∴ $x = r\sqrt{\pi}$

(3) 주어진 정육면체보다 부피가 두 배 큰 정육면체 만들기

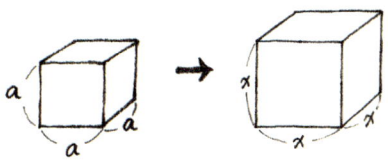

$2a^3 = x^3$ ∴ $x = \sqrt[3]{2}\,a$

그리스 수학자들은 눈금 없는 자와 컴퍼스만으로 작도하면서 기하학을 연구하였다. 도구를 제한한 것은 사유와 논증을 중시한 플라톤의 기하학 정신을 충실히 따르기 위함이었다. 복잡한 도구를 만들어 사용하는 것은 철학적 사유를 하는 것이 아니라 기계를 사용한 측량 기술에 지나지 않는다고 보았기 때문이다. 심지어 플라톤은 도구를 사용하는 것은 사유를 막고 기하학을 방해하는 행위라고까지 보았다. 그래서 도구를 만들어 작도 문제를 풀고자 했던 자신의 시도를 두고 누구보다 자신이 기하학을 망쳤다며 한탄했다고 한다.

헤라클레스 신화와 올림피아 스타디움

아폴론 신전만큼이나 고대 그리스에서 중요시된 신전이 있다. 바로 올림피아의 제우스 신전이다. 펠로폰네소스 반도 서쪽에 자리 잡은 올림피아는 고대 올림픽 경기가 벌어지던 곳으로 제우스의 성역으로 여겨지던 알티스가 있었다. 물론 지금은 기둥만 몇 개 남아 가까스로 그 흔적을 더듬어 볼 뿐이다.

기원전 460년경에 지은 제우스 신전은 수십 개의 기둥이 직사각형으로 배치된 그리스 최대의 도리스식 신전이었다. 내부에는 금과 상아로 만든 거대한 제우스상이 있었다고 하는데, 아테네 최고의 조각가 페이디아스의 작품으로 세계 7대 불가사의 가운데 하나로 꼽힐 만큼 고대의 모든 조각상을 통틀어 가장 유명하다. 지금은 사라진 그 모습을 복원한 모조 제우스상이 만들어졌다.

신전에는 그리스 신화가 조각되어 있었고, 정면에 삼각형 페디먼트(박공) 아래를 장식한 프리즈에 헤라클레스 신화의 내용이 조각된 부조가 있었는데, 열두 가지 노역(奴役)을 하는 헤라클레스의 모습이 앞뒤 정면에 각각 여섯 개씩 조각되었다. 헤라클레스는 그리스 신화에 등장하는 힘센 영웅으로 제우스와 알크메네의 아들로 태어났으나 질투심 많은 헤라의 계략으로 그리스의 왕이 되지 못했고, 오히려 에우리스테오스 왕이 시키는 열두 가지 괴롭고 힘든 일을 감당해야만 했다.

헤라클레스의 열두 가지 노역은 모두 전설이 될 만한 영웅담이기도 했다. 그중 두 번째 노역만 잠깐 소개하자면, 머리가 아홉 개 달린 물뱀 히드라를 죽이는 일이었다. 히드라는 올림피아에서 가까운 아르고스의 아미모네 샘에 살고 있었다. 이 샘은 그 지역에 가뭄이 심할 때 아미모네가 포세이돈의 삼지창으로 바위를 찔러 물이 솟아나온 곳이다. 그런데 샘에 히드라가 도사리고 있어 사람들이 물을 얻지 못해 큰 고통을 받았다.

헤라클레스는 아미모네 샘으로 가서 머리가 아홉 개인 히드라와 대결했다. 히드라의 아홉 머리를 곤봉으로 쳐서 모두 떨어뜨렸지만 한가운데에 있던 불멸의 머리 자리에서는 새로운 머리가 계속 생겨났다. 헤

올림피아 제우스 신전에는 헤라클레스 신화에 나오는 열두 가지 노역이 조각되어 있다. 그중 이것은 헤스페리데스의 황금 사과를 건네는 아틀라스 대신 헤라클레스가 하늘을 떠받치고 있는 장면이다.

라클레스가 머리를 자르면 그때마다 가운데에서 머리가 다시 두 개씩 나온 것이다. 결국 헤라클레스는 그 불멸의 머리를 불로 지져 더는 머리가 생겨나지 못하게 함으로써 히드라를 물리친다.

그런데 만약 불로 지지지 않았다면 히드라의 머리는 몇 개까지 생겨났을까? 헤라클레스가 히드라의 머리를 자를 때마다 두 개씩 생겨났고, 계속해서 머리를 자른다면 순식간에 아주 많은 머리가 생긴다. 한 번 자르면 두 개, 두 번 자르면 또 그 배가 되는 식으로……. 이렇게 2의 거듭제곱으로 계속 늘어날 테니 열 번만 잘라도 머리는 무려 2^{10}인 1024개에 이른다. 횟수가 거듭될 때마다 배로 늘어나는 것을 '기하급수적'이라고 한다. 10회일 때 1024이던 수가 20회가 되면 100만이 넘고, 30회일 경우에는 10억이 넘는 수가 된다. 이처럼 기하급수는 엄청난 수의 위력을 발휘한다. 히드라의 머리 역시 '기하급수적'으로 늘어났을 것이다.

컴퓨터에 사용되는 정보의 기본 구성단위인 바이트도 2의 거듭제곱으로 나타낸다. 2^{10}바이트는 1000에 가까우므로 1킬로바이트라고 하며, 2^{20}바이트는 10^6인 1메가바이트, 2^{30}바이트는 10^9인 1기가바이트이다. 그런데 여기서 '기가'는 그리스 신화에 등장하는 거인에서 따온 표현이다. 제우스가 헤라클레스를 태어나게 한 것은 바로 거인족 '기가스^{Gigas}'가 쳐들어올 때 그들과 대적할 그리스의 영웅이 필요했기 때문이다. 기가와 달리 아주 미세한 단위에 사용하는 '나노'는 10^{-9} (0.000000001)인데, 이 '나노' 역시 그리스 신화에 나오는 나노스^{nanos}, 즉 난쟁이라는 말에서 유래했다.

헤라클레스 신화를 묘사한 그림은 신전 벽뿐 아니라 그리스 도기에도 많이 그려졌다. 그리스 도기는 모양과 용도에 따라 물이나 술, 기름

기원전 5세기에 만든 그리스 도기 히드리아에는 헤라클레스 신화를 묘사한 그림이 그려져 있다. 헤라클레스의 열두 가지 노역 중 하나로 헤라클레스가 황금 사과를 따기 위해 헤스페리데스의 정원에 들어가는 장면이다.

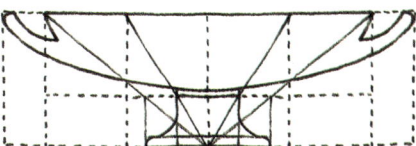

아폴론 신화가 그림으로 묘사된 그리스 도기 크라테르(왼쪽)와 높이 12.3cm, 지름 30.5cm의 그리스 도기 킬릭스 술잔의 비례도(오른쪽).

등을 저장하는 히드리아, 손잡이가 달린 항아리 암포라, 제단이나 식탁에 올리는 술을 담는 그릇 크라테르, 넓은 주발형의 술잔 킬릭스 등이 있는데, 이런 도기에 기하학적 무늬와 함께 그리스 신화가 아름다운 채색화로 그려졌다. 특히 헤라클레스, 아킬레우스, 테세우스 같은 영웅들을 많이 그렸고 아폴론, 제우스, 헤라 같은 그리스 신들도 자주 등장한다. 이와 같은 그리스 도기들에서는 대칭과 비례가 돋보이는데, 그리스에서는 아름다움의 기준을 비례에 두었기 때문이다. 플라톤이나 아리스토텔레스 같은 그리스 철학자들도 미의 본질로 비례와 질서, 조화를 강조했다. 그래서 고대 그리스에서는 술잔부터 항아리, 인체, 신전에 이르기까지 무엇을 만들든지 비례와 조화를 강조했으며 그리하여 그 모두가 뛰어난 걸작이 될 수 있었다.

제우스 신전 앞에는 길쭉한 말편자 모양의 스타디움이 있었다. 기원전 8세기~기원전 4세기에는 이곳에서 제우스를 기리는 올림픽 경기가 4년마다 열렸다. 폭이 32m인 이 스타디움은 한 번에 20명이 뛸 수 있는 규모였는데, 돌로 표시해 놓은 출발선에서 실제 경주 거리를 재 보면 약 192m가 된다. 이는 '1스타데stade(또는 스테이드)'가 되는 길이로, '스타데'는 고대 그리스의 길이 단위였다. 1스타데는 나중에 약 180m로 길이가 약간 조정되었다.

고대 올림픽 경기는 기원전 776년경에 처음 열렸는데, 이때는 '스타데'라는 달리기 경기만 행해졌다. 1스타데 달리기와 2스타데 달리기부터 24스타데 달리기인 장거리 코스까지 있었다. 말하자면 올림피아에서 열린 고대 올림픽 대회의 경주 거리가 점차 길이를 재는 기본 단위로 자리 잡게 된 것이다. '스타디움'이라는 표현도 스타데 올림픽 경기에서 유래했다. 달리기 경기가 길이 단위를 뜻하는 말로 쓰이다가 그 의미가 점차 확대되어 '경주가 벌어지는 장소'까지 가리키게 된 것이다.

달리기 경기만 행해지던 고대 올림픽은 기원전 708년경부터 종합적인 5종 경기가 진행되었다. 이 5종 경기는 멀리뛰기, 창던지기, 원반던지기, 달리기, 레슬링의 다섯 가지 경기로 구성되었다. 그 후에는 권투, 격투기의 일종인 판크라티온, 전차 경주가 도입되었다. 올림픽 경기는 모두 벌거벗은 몸으로 행해졌는데, 그리스 인체 조각상 〈창을 든 남자〉, 〈원반 던지는 사람〉 같은 작품들을 보면 당시의 경기 모습을 짐작할 수 있다. 이 인체상들은 미의 기준이 될 만큼 아름답고 생동감이 있으며 비례가 뛰어나다. 인체를 조각할 때 7등신이나 8등신 비례를 정해 작업했는데, 이상적인 비례의 기준을 올림픽 경기자의 벌거벗은 몸에서 찾았다. 기원전 5세기의 대표 조각가 폴리클레이토스는 당시

올림피아의 제우스 신전 앞에 자리 잡은 스타디움. 당시 달리기 경기장은 경주 거리가 192m로 고대 그리스의 길이 단위로 '1스타데'였다(위). 기원전 450년경 그리스 조각가 미론의 〈원반 던지는 사람〉을 로마 시대에 모각한 작품. 당시 그리스 조각가들은 올림픽 경기의 우승자를 가장 이상적인 남성 인체 비례 모델로 정했다(왼쪽).

올림픽 경기의 우승자를 가장 이상적인 남성 비례 모델로 정했다고 한다. 그는 그와 같은 남성 인체를 '캐논^{cannon}'이라 불렀고 이를 가장 균형적이며 아름다운 인체라고 했다.

아킬레우스는 거북을 이길 수 없다?

근대에 와서 부활된 올림픽 대회는 1896년 아테네에서 처음 다시 열렸다. 아테네의 올림픽 경기장 앞에는 널따란 광장이 있는데, 바로 마라톤 경기가 유래한 그 장소다. 기원전 490년경 아테네가 마라톤 전투에서 페르시아를 물리쳤고, 한 병사가 마라톤에서 아테네 시민들이 모인 이 광장까지 약 40km를 목숨을 걸고 달려와 승전 소식을 전하고 숨졌다는 이야기가 전해지는 그곳이다. 그래서 여기에 근대 올림픽 경기장이 지어졌고, 병사가 달린 거리만큼을 달리는 경기인 마라톤은 올림픽의 대미를 장식하는 중요한 종목이 되었다.

그리스 신화에도 전설적인 달리기 선수가 나온다. 바로 아킬레우스다. 님프인 테티스의 아들로 태어난 아킬레우스는 트로이 전쟁 때 아가멤논의 군대에서 가장 잘생기고 용감한 전사로 꼽혔다. 테티스는 아들을 불사신으로 만들기 위해 신성한 스틱스 강물에 아킬레우스를 담갔는데 그녀가 잡고 있던 발뒤꿈치만은 그 물에 젖지 않았다. 아킬레우스의 발뒤꿈치는 그가 지닌 유일한 약점이었고, 그래서 오늘날 발뒤꿈치의 그 부분을 '아킬레우스건'이라고 부르는 동시에 약점을 상징하는 표현이 되었다. 트로이 전쟁의 영웅 아킬레우스는 최고의 전사로서 싸움을 이끌었지만 결국 자신의 약점인 발뒤꿈치에 화살을 맞아 죽고 만다.

아킬레우스는 그리스의 철학자이자 수학자인 제논의 유명한 역설

근대 올림픽 대회가 열린 아테네 올림픽 경기장. 마라톤 경기가 유래된 장소에 지어졌는데, 한 병사가 마라톤에서 이곳까지 달려와 페르시아와의 전투에서 이긴 소식을 전하고 죽었다(왼쪽). 그리스 도기 암포라에 창을 들고 선 아킬레우스가 그려졌다. 아킬레우스는 그리스 신화에 나오는 트로이 전쟁의 영웅으로 약점인 발뒤꿈치에 화살을 맞고 죽었다(오른쪽).

paradox에도 등장한다. 제논은 "최고의 달리기 선수 아킬레우스가 거북보다 뒤에서 출발한다면 결코 거북을 따라잡을 수 없다."라고 주장했다. 가장 잘 뛰는 아킬레우스가 왜 느림보 거북을 따라잡을 수 없다는 것일까? 아킬레우스가 거북을 따라가면 그동안 거북은 좀 더 앞으로 갈 것이고 아킬레우스가 거북이 있던 위치까지 가면 그사이 거북은 또 좀 더 가게 되므로 아킬레우스는 결코 거북을 추월할 수 없다는 것이었다.

'제논의 역설'은 논리적으로는 그럴듯하지만, 당연히 틀린 이야기다. 제논은 운동의 중요한 변수인 시간은 무시한 채 거리만 분할했기 때문에 잘못된 결과를 냈다. 거북은 1초에 1m를, 아킬레우스는 1초에 10m를 달린다고 가정해 보자. 만약 거북이 100m 앞에서 출발한다면 아킬레우스가 거북이 있던 지점까지 가는 시간은 10초 걸리고 그동안 거북은 10m를 더 가게 된다. 아킬레우스가 또 10m를 따라가면 1초가 지나고 거북은 그사이 1m를 더 가게 되며 또 아킬레우스는 그것을 따라잡는 데 $\frac{1}{10}$초가 걸린다. 그동안 거북은 $\frac{1}{10}$m 더 가게 되고 그건 아킬레우스가 $\frac{1}{100}$초 만에 따라가게 된다. 이런 식으로 아킬레우스는 거북을 따라 100m, 10m, 1m, $\frac{1}{10}$m……를 달리고, 거북을 추월하는 데 걸린 시간은 10초, 1초, $\frac{1}{10}$초, $\frac{1}{100}$초……가 된다. 시간을 더해 보자.

$$10+1+\frac{1}{10}+\frac{1}{100}+\frac{1}{1000}+\cdots+\frac{1}{10^n}+\cdots=\frac{100}{9}$$

이렇게 무한등비급수(일정한 수를 차례로 무한히 곱한 수열의 합)의 식이 되는데, 합을 구해 보면 아킬레스는 $\frac{100}{9}$(11.1111…)초 후에 거북을 따라잡을 수 있다는 결과가 나온다. 제논은 같은 원리로 "날아가는 화살은 과녁을 맞힐 수 없다."라고 말하기도 했다. 이처럼 '제논의 역설'은 논리적 전개를 하는 듯하면서 실상은 말이 안 되는 엉뚱한 결론에 도달하고 만다. 역설이란 모순된 논리를 전개하는 것을 말한다. 고대 그리스에는 제논과 같은 소피스트들이 자신의 논리에 모순이 있으면 어디 한번 반박해 보라는 식으로 온갖 역설을 내놓아 논리와 진실 사이에서 사람들을 헷갈리게 했다. 하지만 터무니없이 극단적인 논리로만 치닫는 이런 궤변들이 역설적으로 수학의 방법을 발전시켰다.

실제로 고대 그리스에서는 '제논의 역설' 같은 역설 시리즈가 크게 유행하였다. 그중 '악어의 역설'이라는 이야기도 재미있다. 아기를 빼앗아 잡아먹으려는 악어가 아기 엄마에게, 자기가 아기를 잡아먹을지 잡아먹지 않을지 알아맞히면 아기를 돌려주겠다고 했다. 아기 엄마는 악어가 아기를 잡아먹을 것이라 말했고, 이 대답은 아기 엄마가 얼마나 탁월한 역설가인지를 보여 주었다. 만약 아기 엄마의 그 답을 두고 악어가 틀렸다고 말하려면 악어는 아기를 잡아먹지 말아야 하고, 또 아기를 잡아먹으면 답을 알아맞힌 게 되므로 악어는 엄마에게 아기를 돌려주어야 한다. 따라서 악어는 모순에 빠지고 만다.

이러한 논리적 모순이 발생하는 유명한 역설로, 크레타 사람 에피메니데스의 역설도 있다. 그는 "모든 크레타 사람은 거짓말쟁이다."라고 말했는데, 만약 이 문장이 참이라면 말한 사람이 거짓말쟁이가 되므로 그의 말은 거짓이 된다. 또 이 문장이 거짓이라면 그는 거짓말쟁이가 아니므로 그의 말은 참이 되어야 한다. 즉 참이라고 하면 거짓이 되고, 거짓이라고 하면 참이 되는 모순이 발생한다.

논리적 모순을 전개하는 이러한 역설은 귀류법이라는 수학적 방법을 만들어 냈다. 귀류법은 어떤 주장을 부정하면 모순이 생긴다는 사실을 지적하여 결국 이 주장이 옳다는 것을 증명하는 방법이다. 예를 들어 "자연수는 무수히 많다."라는 명제를 귀류법으로 증명해 보자. 이를 증명하기 위해서는 먼저 자연수는 무수히 많다는 것을 부정해 자연수의 개수가 유한함을 가정해야 한다. 그렇다면 가장 큰 자연수를 a라고 할 때 a+1도 자연수가 되므로 a는 가장 큰 자연수가 아니다. 결국 가정은 모순이다. 따라서 가정이 거짓이고 자연수는 무수히 많다는 것이 증명된다. "소수는 무한히 존재한다.", "$\sqrt{2}$는 무리수이다."와 같은 명제들도 같은 방법으로 증명할 수 있다. 이 같은 증명 방법을 귀류법이라고 한다. 귀류법은 주어진 명제를 부정해서 논리적 모순을 도출해 증명하는 방법으로 수학에서 매우 중요한 증명법이다.

귀류법이라고 하면 꽤 거창하게 들리겠지만 어떤 사실을 부정하는 가정은 실생활에서도 자주 이용된다. 만약 누군가 "당신이 범인이다."라고 했을 때 "나는 절대로 범인이 아니다."라는 것을 증명하려면 어떻게 해야 할까. 범인이라면 사건 현장에 있어야 하므로 그것을 부정하는 알리바이가 있으면 범인이 아님을 인정받게 된다. 알리바이가 바로 귀류법을 이용한 '현장 부재 증명'의 방법인 것이다. 이처럼 정반대의 일을 가정해서 모순이 되는 것으로 반증하는 방법은 직접적 증명이 어려울 때 유력한 무기가 될 수 있다.

5
미궁을 빠져나오는 법, 미로 수학

포세이돈 신전과 테세우스 자살바위

그리스에서의 마지막 날 아침, 에게 해안의 수니온 곶으로 가 보았다. 아테네에서 동쪽으로 70km 정도 떨어진 수니온의 해안 절벽에는 기원전 5세기에 지은 포세이돈 신전이 서 있다. 수니온으로 가는 길은 해안 도로를 따라 굽이굽이 낭떠러지가 있는 절경이 펼쳐진다. 도로 한편으로 에게 해가 한눈에 내려다보이고 다른 편으로는 절벽 위에 그림 같은 하얀 집들과 그리스 정교회 교회당이 에게 해를 향해 서 있다. 그리스 국기를 상징이라도 하듯 짙푸른 바다를 배경으로 자리 잡은 새하얀 집들이 그들의 민족 투쟁의 역사처럼 의연하고 아름다웠다.

　바로 이런 순간 그리스 피아니스트 야니의 연주곡 〈아침 햇살In the morning light〉이 빠질 수 없다. 피아노 선율을 타고 차가 해안 절벽을 오르자 아침 햇살에 넘실거리는 에게 해는 마치 에메랄드와 사파이어 보석을 뿌린 듯 반짝였다. 수니온의 해안 도로는 최고의 드라이브 길로 손꼽힌다. 또 이곳은 선박 왕 오나시스가 재클린의 마음을 사로잡았던 길로도 유명하다. 해안도로를 달리다 보면 작은 추모비가 서 있는 것을 가끔 볼 수 있는데, 교통사고로 죽은 이를 추모하기 위해 가족들이 세운 것이다. 비석 앞에 놓인 싱싱한 꽃이 가족의 애절한 마음을 말해 주는 것 같았다.

수니온은 영국의 시인 바이런이 머물렀던 곳으로도 알려졌다. 바이런은 그리스 독립 투쟁에 참여했다가 열병으로 요절해 그리스에서 국민적 영웅으로 추앙받는 인물이다. 19세기 초반 온 유럽 여인의 마음을 흔들어 놓던 낭만파 시인 바이런은 수니온의 절경에 취해 이곳에 머물며 〈아테네의 여인〉이라는 시를 지었다. 바이런의 시와 야니의 선율이 흐르는 수니온 가는 길, 〈맘마미아〉의 도나처럼 중년 여인들이 빨래를 널고 있는 풍경이 싱그럽다. 나도 싱그러워졌다.

에게 해를 향해 돌출된 수니온 곶 절벽 위에 포세이돈 신전이 우뚝 서 있었다. 바다의 신 포세이돈이 아테나 여신에게 밀려나 이곳에 외로이 서 있는 것이지만 그에게는 가장 잘 어울리는 곳처럼 보였다. 포세이돈 신전에서 에게 해를 품을 듯 포효하는 기상이 느껴졌다. 우람하고 간결한 도리스식 신전 기둥은 비록 15개밖에 남지 않았지만 바이런을 비롯한 유명인들의 낙서가 그 기둥들에 남아 있다. 아테네 고고학 박물관에 있는 거대한 청년 입상 '쿠로스'도 바로 이곳에서 출토되었다. 해안 절벽에서 바람이 많이 불어왔는데도 신기하게 신전에서는 바람이 잦아들었다. 바다의 신 포세이돈이 정말 신전에 머물고 있는 듯 느껴졌다.

포세이돈 신전이 수니온 곶 절벽 위에서 에게 해를 향해 우뚝 서 있다(위). 기원전 440년경 바다의 신 포세이돈을 위해 지은 도리스식 신전으로 지금은 15개의 기둥으로만 남았다(아래).

포세이돈 신전이 있는 절벽에서 조금 내려오면 짙푸른 에게 해를 향해, 마치 천 길 벼랑 위에 걸친 다이빙 발판처럼 아찔하게 뻗어 있는 바위가 있다. '테세우스 자살바위'로 불리는 곳이다. 바위 끝에서 몇 발짝 떨어져 있는데도 다리가 후들거렸다. 아테네 왕자 테세우스는 헤라클레스와 함께 그리스 신화에서 최고의 영웅으로 꼽힌다. 테세우스는 아테네의 아이게우스 왕의 아들로 태어났지만 장성하여 온갖 위험을 이겨낸 후에야 비로소 아버지를 만날 수 있었다. 하지만 부자는 곧 이별을 할 수밖에 없었는데, 크레타 섬의 미노스 왕국에 사는 괴물 미노타우로스를 없애기 위해 테세우스가 다시 길을 떠나야 했기 때문이다. 아이게우스 왕이 날마다 이 바위에 서서 아들이 무사히 돌아오기를 기원하며 기다렸다는 전설이 전해진다.

아이게우스 왕은 검은 돛을 달고 떠난 테세우스에게 괴물을 없애고 살아 돌아오게 되면 흰 돛으로 바꾸어 달고 오라고 했다. 그러나 미노타우로스를 물리치고 귀향하던 테세우스는 그만 흰 돛으로 바꾸는 것을 깜박 잊어 그대로 검은 돛을 단 채 돌아왔다. 아이게우스 왕은 검은 돛을 단 배가 들어오는 것을 보고는 아들을 잃었다는 절망감에 서 있던 바위에서 바다로 몸을 던졌다. 아이게우스 왕을 에게우스 왕이라고도 발음하는데, 이 바다를 '에게 해'라고 칭한 데는 그런 유래도 있다. 이후 아이게우스 왕이 테세우스를 기다리다 떨어진 바위에서 투신하는 사람이 종종 있었고, 그래서 이곳을 '테세우스 자살바위'라고도 부르는 것이다. 신화 속의 테세우스 역시 아버지처럼 에게 해에 빠져 죽는 최후를 맞게 된다.

크노소스 미궁에서 빠져나오기

테세우스가 미노타우로스를 잡으러 간 곳은 크레타 섬으로, 에게 해 남쪽에 있는 큰 섬이다. 가장 오래된 에게 문명인 크레타 문명을 꽃피웠고 미노아 문명의 중심지였다. 미노아 문명은 기원전 16세기 크레타 북쪽 크노소스를 중심으로 번영의 절정에 달해 메소포타미아, 이집트, 그리스와도 활발히 교류했다. 그 영향력이 그리스 본토까지 뻗어 나가 트로이를 점령한 아가멤논 왕이 살던 도시 미케네에서 황금빛 문명의 시대를 열게 만들었다. 3500여 년 전 그리스는 물론 유럽을 통틀어 가장 크고 번성했던 크노소스는 도시 전체가 포장도로와 정교한 배수로, 수도관으로 이어졌다고 한다.

특히 크레타 섬의 크노소스 궁전은 미노스 왕이 다이달로스에게 특별히 설계를 맡겨 지은 것으로, 수백 개의 방이 미로처럼 얽혀 있어 라비린토스Labyrinthos, 즉 미궁이라고 불렸다. 많은 미로와 방으로 이뤄진 이 궁은 햇빛이 가득 들어오는 데다 화려한 색을 칠한 프레스코 벽화로 덮여 있어 그야말로 빛과 색의 궁전이었다고 한다. 이 라비린토스를 지은 다이달로스는 그리스 신화에 나오는 건축가이자 조각가인데 나중에는 자신이 지은 미로 감옥에 갇히게 된다. 솜씨가 뛰어난 다이달로스는 밀랍과 깃털로 날개를 만들어 아들 이카로스와 함께 바다 위를 날아 시칠리아로 도망쳤다. 그런데 이카로스는 그만 태양에 너무 가까이 다가간 바람에 날개가 녹아 바다로 떨어져 죽었다. 그 시체가 떠내려 온 곳에 '이카리아'라는 섬이 생겨났다는 전설이 있다.

크노소스 궁전은 1900년에 영국인 에번스가 처음 발굴하여 현재 부분적 복원이 이뤄졌다. 그리스의 우수한 유물들은 오랜 식민지 역사로

크레타 섬의 크노소스 궁전 복원 모습. 기원전 1600년~기원전 1400년경 에게 해를 지배한 미노아 문명의 중심지였던 크노소스 궁전은 미로가 많아 미궁(라비린토스)이라고 불린다. 1900년 처음 발굴하여 현재 부분적 복원이 이뤄졌다.

인해 일찍감치 국외로 빠져나갔고 건축물조차 조각품이 뜯긴 채 껍데기만 남은 경우가 많은데, 그런 점을 생각하면 크노소스 미궁이 뒤늦게 발굴된 것은 차라리 다행이다. 알렉산드로스 시대의 그리스는 헬레니즘 문화를 만방에 전파하며 한때 세계를 지배하기도 했지만, 기원전 2세기부터는 다른 민족에게 수난을 당하고 지배를 받는 역사로 점철되었다. 1830년 비로소 2000년 만에 독립을 성취했지만, 크레타는 그보다도 훨씬 뒤인 1913년에야 오스만 제국의 그늘에서 벗어나 그리스에 귀속될 수 있었다.

 그리스 신화에 따르면, 미궁이라 불리던 이 크노소스 궁전에는 괴물

소 미노타우로스가 살았다. 미노스 왕이 포세이돈의 노여움을 사 왕비가 황소의 머리에 사람의 몸을 한 괴물 미노타우로스를 낳게 되었다. 왕은 미노타우로스를 궁전 깊숙한 곳에 가두었다. 이 미궁은 누구든 한번 들어가면 미로가 많아 절대로 빠져나올 수 없었고 결국 괴물의 먹이가 되고 말았다. 미노스 왕에게 정복당한 아테네는 매년 젊은 남녀 일곱 명씩을 미노타우로스의 먹이로 바쳐야 했다. 아테네 왕자 테세우스는 미노타우로스를 없애야만 아테네가 제물을 바치지 않을 수 있다는 생각에서 크레타 섬으로 떠난 것이었다.

그렇다면 테세우스는 어떻게 미노타우로스를 물리치고 미궁을 빠져나올 수 있었을까. 테세우스에게 반한 미노스 왕의 딸 아리아드네 공주가 그에게 실타래를 주었고, 실을 풀며 미궁에 들어가서 단검으로 괴물 소를 찔러 죽이고 다시 실을 따라 나왔던 것이다. 이로부터 '아리아드네의 실타래'라는 비유가 생겨났는데, 복잡하게 얽힌 일이 해결되는 것을 뜻하며 흔히 "아리아드네의 실타래가 풀렸다. 실마리를 찾았다."라고 말한다. 또 어떤 사건이나 문제를 해결할 수 없을 때 "미궁에 빠졌다."라고 하는 것도 그리스 신화의 이 이야기에서 유래한 표현이다.

크노소스 궁전처럼 유럽의 왕궁들은 지하에 비밀통로가 많은 미궁을 만들고는 했다. 외부에 노출되지 않기 위해 무덤이나 감옥에도 미로를 만들었다. 또는 쳐들어오는 적을 미로로 유인해 물리치기 위해 미로정원을 만들기도 했는데, 그중 가장 유명한 것이 17세기 영국의 윌리엄 3세가 만든 햄프턴코트 궁전의 미로정원이다. 미로정원은 지금도 전 세계적으로 많이 만들어지고 있는데 규모가 가장 큰 것은 미로 길이가 3.2km나 된다고 한다.

가장 유명한 미로 궁전인 영국의 햄프턴코트 정원(왼쪽)과 제주도의 김녕 미로공원(오른쪽). 미로를 빠져나오는 방법은 여러 가지가 있겠지만, 수학적 방식을 따른다면 '벽 따르기 법'이나 '조르당 곡선'을 이용할 수 있다.

우리나라에도 미로정원이 있다. 제주도의 김녕 미로공원은 1000여 그루의 나무를 심어 제주도 모양의 복잡한 미로를 만든 것이다. 미로를 지나 출구까지 보통 20분 정도 걸리는데 한없이 헤매는 사람도 적지 않다고 한다. 흥미롭게도, 김녕에도 미노타우로스 전설과 유사한 이야기가 전해 내려온다. 김녕사굴이라는 용암동굴에 큰 구렁이가 살았는데 마을 사람들이 해마다 처녀를 제물로 바쳤다고 한다. 그러던 어느 날 이곳에 부임한 판관이 용감하게 나서서 그 구렁이를 퇴치했다는 이야기다. 제주도의 김녕에도, 또 머나먼 크레타 섬에도 비슷한 전설이 있다는 것이 마냥 신기하다.

미로 찾기와 회로 이론

미로에 빠졌을 때 테세우스처럼 '아리아드네의 실타래'가 있다면 다행이지만 그게 없다면 어떡할까? 물론 벽에 표시를 해 두는 등 여러 방법이 있겠지만, 아주 간단하게 출구를 찾는 방법이 있다. 오른쪽이나 왼쪽 중 한쪽 벽을 택해 그것만 계속 따라 나오는 것이다. 수학자 위너가 증명한 이 방법을 '벽 따르기 법'이라고 한다. 벽 따르기 법은 복잡한 통로에서 길을 잃었을 때 효과적으로 빠져나오는 방법으로, 동굴 탐사를 할 때도 매우 유용하다. 고고학자들이 이집트의 피라미드 내부를 발굴할 때도 이 방법을 이용했다고 한다.

그런데 벽 따르기 법으로 미로를 빠져나오다 보면 갔던 길을 다시 갔다가 돌아 나오게 되므로 복잡하기도 하고, 지루하며 시간도 많이 걸린다. 이때는 미로가 삼면으로 둘러싸인 곳을 머릿속에서 지우고 진행하면 된다. 즉 미로를 도식화해 삼면인 그곳을 지우면 미로가 아주 간단해져 '벽 따르기 법'을 하면서도 좀 더 빨리 쉽게 빠져나올 수 있다. 다음 그림은 햄프턴코트 궁전 미로정원을 도식화한 것이다. 오른쪽 그림처럼 삼면이 둘러싸인 곳을 지우고(녹색으로 표시된 부분) 미로를 간단하게 바꾼 다음에 남은 길을 '벽 따르기'로 빠져나가면 중앙의 광장에 다다르게 된다.

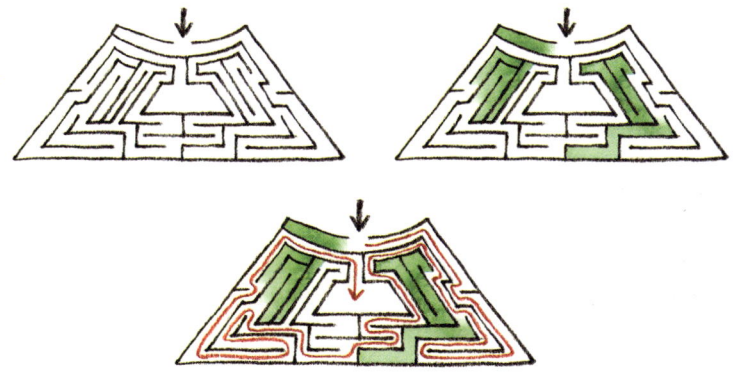

그런데 미로 중에는 도저히 빠져나올 수 없는 미로도 있다. 외부와 연결되지 않은 미로가 그런 경우인데, 다음 그림처럼 ★표가 있는 지점은 외부에서는 결코 도달할 수 없고 거기서 바깥으로 빠져나올 수도 없다. 그 지점은 외부로부터 완전히 닫힌 폐곡선 안에 있기 때문이다. 미로의 모양을 간단히 하여 그림을 그려 보면 원과 연결 상태가 같아지고 안과 밖의 두 평면으로 나뉘어 별표가 폐곡선 안에 있는 것을 알 수 있다.

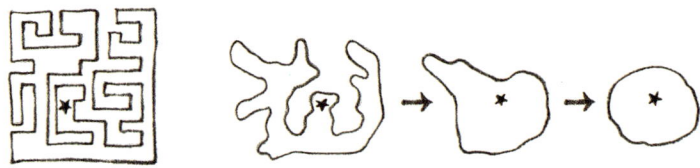

이와 같이 외부와 연결되지 않은 단일 폐곡선의 미로를 '조르당 곡선'이라고 한다. 원과 연결 상태가 같은 조르당 곡선은 외부와 내부가 아예 나뉘므로 벽 따르기 법을 이용해 한 방향으로만 움직여도 결국 출발점으로 되돌아올 뿐 바깥으로는 나갈 수 없다. 하지만 조르당 곡선 형태의 복잡한 미로라 하더라도 어느 지점이 외부와 연결되는지는 금세 알 수 있다. 그 지점에서 외부까지 벽을 몇 번 만나는지 세어 보면 알 수 있는데, 홀수 번 만나면 외부와 연결되지 않는 폐곡선이 되고, 짝수 번 만나면 외부와 연결되어 밖으로 나올 수 있다.

옆의 그림에서 조르당 곡선의 미로 안 ★표 지점에서 외부까지 사방으로 벽을 만나는 횟수를 세어 보면 모두 홀수 번 만나게 된다. 오른쪽, 왼쪽, 위쪽으로는 벽을 다섯 번 만나고, 아래쪽으로는 세 번

만난다. 벽을 홀수 번 만나게 되므로 외부와 연결되지 않는 폐곡선인 것이다.

　미로 문제는 도형이나 사물의 모양에 상관없이 위치와 연결 상태만을 고려해 연구하도록 함으로써 위상수학이라는 새로운 분야를 개척했다. 위상수학은 18세기 스위스 수학자 오일러가 사물을 선과 점으로 나타내 한 번에 그리는 한붓그리기에서 출발했다. 오일러는 쾨니히스베르크 시의 다리 건너기 문제에서 한붓그리기를 발견했는데, 이때 그는 한붓그리기를 이용해 그 도시의 모든 다리를 한 번에 건너는 방법은 없음을 증명했다.

　프레겔 강이 흐르는 쾨니히스베르크 시는 다음 그림과 같이 A, B, C, D 네 지역으로 나뉘고, 모두 일곱 개의 다리가 놓여 있었다. 네 지역을 점으로 표시하고 다리를 선으로 연결해 간단한 도형으로 나타내 보자. 한 점에 연결된 변의 수가 홀수인 경우를 홀수점이라고 하는데, 한붓그리기가 가능하려면 홀수점이 없거나 두 개여야 한다. A, B, C, D 네 점은 모두 홀수점이기 때문에 한붓그리기가 불가능하다. 따라서 모든 다리를 한 번에 건널 수는 없다.

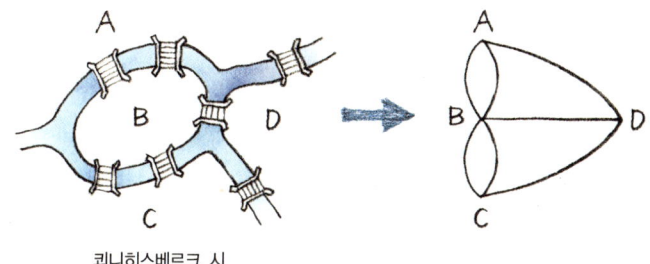

쾨니히스베르크 시

한붓그리기는 모든 변을 지나 그 점으로 돌아오는 '오일러 회로'를 만들어 냈다. 홀수점이 없으면 어느 점에서 한붓그리기를 시작하더라도 시작점으로 돌아오기 때문에 오일러 회로가 가능하다. 오일러 회로의 원리는 실생활에서도 매우 편리하게 응용할 수 있다. 예를 들어 도시의 순찰차나 청소차가 한붓그리기로 운행되면 모든 도로, 즉 모든 변을 한 번씩 지나 출발했던 곳으로 되돌아올 수 있으므로 효율적일 것이다. 또 통근용이나 학원용 차량을 운행할 때, 버스 노선을 만들 때도 활용하면 좋다.

오일러 회로와 비슷한 것으로 19세기의 아일랜드 수학자 해밀턴이 만든 '해밀턴 회로'가 있다. 오일러 회로와 달리 모든 점을 한 번씩 지나는 회로일 뿐 모든 선을 지날 필요는 없다. 해밀턴 회로를 활용할 경우에는 가고자 하는 지점을 빠짐없이 방문할 수 있으므로 일명 '세일즈맨 회로'라고도 부른다. 우유나 신문배달을 할 때 또는 배낭여행을 할 때 해밀턴 회로를 이용하면 편리할 것이다. 실제로 우리는 생활 속에서도 이러한 회로를 이미 경험하고 있다. 버스 노선이나 지하철 노선표가 이런 방식으로 행선지들을 꼭짓점으로 한 간단한 그림으로 표현된다.

다음과 같이 A~G의 각 꼭짓점에 도시가 위치해 있고 도시를 연결하는 도로가 선으로 표시되어 있다고 하자. 버스가 도로를 모두 한 번씩 빠짐없이 다니게 하려면 어떻게 운행해야 할까. 바로 한붓그리기를 이용하면 되는데, 홀수점이 없으므로 한붓그리기가 가능하며 어느 지점에서 시작하더라도 모든 변을 지나 시작점으로 되돌아올 수 있으므로 오일러 회로가 된다. 따라서 버스는 어느 도시에서 출발해 운행하더라도 모든 도로를 한 번씩 빠짐없이 운행하고 출발점으로 돌아오게 된다.

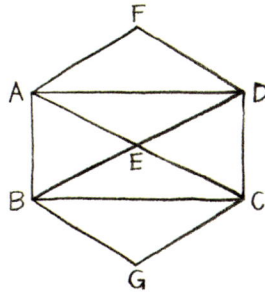 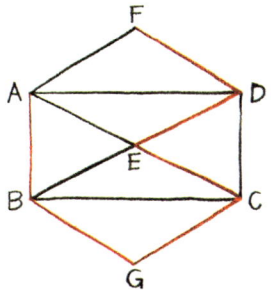

오일러 회로는 모든 '변'을 지나는 것(왼쪽), 해밀턴 회로는 모든 '점'을 지나는 것(오른쪽)이다.

또 모든 도시를 한 번씩 방문하고자 한다면 위의 오른쪽 그림처럼 붉은 선으로 표시한 해밀턴 회로를 이용하면 된다. A, B, G, C, E, D, F의 순서로 도시를 방문하는 것인데, 다른 순서로도 해밀턴 회로는 얼마든지 존재한다. 해밀턴 회로가 존재하는 조건에 대해서는 아직 알려져 있지 않다.

미로 찾기는 단순한 호기심을 자극하는 문제를 훨씬 뛰어넘어 공학에서 이용되는 회로 이론의 기본이 될 정도로 수학적으로 중요한 연구 분야다. 한붓그리기에서 출발하여 점과 변으로 이뤄진 도형을 연구하는 회로 문제들은 그래프 이론에서 중요하게 연구된다. 그래프 연구가 축적되면서 오늘날에는 수학이 교통, 통신, 기상, 여론조사, 주식, 경영학 등 다양한 분야에서 적극 활용되고 있다. 특히 컴퓨터 네트워크 이론 분야에서 활발히 응용된다. 현대의 네트워크 이론은 지구상의 모든 사람을 연결할 수 있고 다양한 사건과 관계의 연결고리를 분석해 낼 정도로 엄청난 위력을 발휘한다.

터키에서 에게 해를 건너오면서 시작된 나의 그리스 여행은 결과적으로는 썩 좋은 해밀턴 회로가 되지 못했다. 신화와 수학을 찾아다니느라 그리스 본토와 펠로폰네소스 반도, 에게 해의 섬들을 징검다리 건너듯 넘나들다가 느닷없이 왔던 길로 되돌아오기도 했으니, 오일러 회로도 그리 잘 그리지는 못했던 것 같다. 어떤 회로를 그리며 가든지 간에 그리스의 모든 지역과 섬에는 어김없이 신화가 존재했고 신전과 유적들이 남아서 신과 영웅들의 이야기를 전해 주고 있었다.

그리스 신화는 세상이 만들어지기 전에 혼돈(카오스) 상태에서 신들의 어머니인 대지의 여신 가이아가 스스로 생명의 씨앗이 되어 탄생하면서 이야기가 시작된다. 그리고 가이아가 하늘의 신 우라노스, 바다의 신 폰토스를 낳아 하늘과 땅이 분리되었고 땅에서 바다가 갈라지게 되었다. 이어서 그리스 땅과 에게 해, 지중해의 섬들마다 고유 신들이 태어나 지배했고 모든 자연현상도 다스리게 된다. 그리스 신화를 보면 고대 그리스인들이 무엇을 생각하고 어떤 삶을 추구했는지 엿볼 수 있다.

그리스인들은 세상이 어떻게 생겨났으며 무엇으로 이뤄졌는지에 관심을 가졌고, 세계의 본질과 주변에서 일어나는 자연현상에 대해 질문하고 탐구했다. 바로 여기서 그리스 철학이 태동했고 논증이라는 방식을 거쳐 그리스 수학이 탄생할 수 있었다. 탈레스 시기에 싹튼 그리스의 논증 수학은 피타고라스, 플라톤, 유클리드 같은 수학자들에 의해 이론적 발전을 이뤘다. 이렇게 2500여 년 전부터 만들어진 그리스 수학의 이론이 현재 우리가 배우는 수학의 기본 내용이 된 것이다.

어느 문명 어느 문화도 영원할 수는 없다. 한때 번영을 누리던 문명도 어느덧 쇠퇴하며 새로운 문명이 출현하게 마련이다. 이집트 문명이 그리스 프톨레마이오스 왕조의 지배를 받았듯이 그리스 문명도 로마 제국의 지배를 받으며 몰락하고 말았다. 하지만 그리스 문화는 또 다른 그리스 문화라고 할 수 있는 헬레니즘 문화로 계승 발전해 1000년 이상 지속될 수 있었다. 헬레니즘 수학은 아르키메데스, 에라토스테네스, 아폴로니우스, 디오판토스, 헤론 등 많은 수학자를 배출하며 화려하게 꽃피었다. 그리하여 실용성과 힘을 앞세운 로마 문명의 지배 아래서도 다양한 수학 이론이 다듬어질 수 있었다. 아테네로 돌아오는 길, 그 유구한 역사를 떠올리며 나는 새로이 로마 여행을 꿈꾸기 시작했다.

콜로세움에서 외치다 3

이탈리아 수학

로마 제국과 중세 교회가 억압한 고대 문화는 마침내 로마와 이탈리아에서 르네상스 문화로 부활해 화려한 꽃을 피웠다. 그리스와 헬레니즘의 수학도 암흑기를 벗어나 복원되었고 새로운 기하학 분야와 수학 이론이 탄생했다. 암흑을 뚫고 나온 빛이었기에 그만큼 더 강렬하고 아름답게 발산될 수 있었던 것이다.

1
구와 원기둥의 세계, 판테온

모든 길은 로마로 통한다

현재의 서구 문화는 그리스 문명과 로마 문명에 그 뿌리를 둔다. 두 문명은 신화와 예술 양식 등 다양한 측면에서 비교가 되기도 하고 통합을 이루기도 하면서 오늘날 우리가 '유럽 문화'라고 부르는 것을 형성했다. 그러한 문화적 전통은 현대사회까지 맥이 이어져 문자, 종교, 정치, 법률, 건축, 예술 등에서 그리스와 로마의 흔적을 뚜렷이 발견할 수 있다. 그중 로마는 1000년 이상 지속된 거대 제국의 수도로서 전 유럽에 결정적 영향을 미쳤다. 한편 그리스 수학은 로마 제국 시대에도 면면히 이어져 헬레니즘 수학으로 발전했다.

나의 여행도 자연스럽게 로마로 이어졌다. 괴테가 로마를 향한 열망의 세월을 모아 밤 봇짐을 쌌듯이 나도 일상을 벗어던지고 로마로 향했다. 로마 남서쪽, 레오나르도 다 빈치 공항에 도착해 셔틀버스를 타고

1000년 이상 지속된 거대 제국의 수도로서 전 유럽에 걸쳐 결정적 영향을 미쳤던 로마. 사진 한가운데가 높은 담으로 둘러싸인 바티칸 시국이다.

로마 시내로 향했다. 낮은 언덕과 들판이 연이어 펼쳐지며 눈에 들어왔다. 산지가 많은 반도 국가 이탈리아는 지형적으로 우리나라와 많이 닮았다. 삼면이 바다와 면하고, 등뼈를 이루는 아펜니노 산맥이 활처럼 휘며 쭉 뻗은 것은 한반도의 태백산맥을 연상시킨다. 또 높은 산과 구릉이 국토의 75%를 이룬 것도 우리와 비슷하다. 로마를 지나 등뼈 산맥을 따라 북으로 올라갈수록 험준한 산이 많이 나타난다.

로마는 기원전 8세기경 테베레 강 유역의 팔라티노 언덕에서 시작되어 일곱 개의 언덕(이 언덕이 고대 로마의 발상지인 셈이다)을 가진 도시로 성장했다. 로마 시를 동서로 가르며 흐르는 테베레 강은 아펜니노 산맥에서 발원하여 이탈리아 서쪽 바다 티레니아 해로 흐르는, 400km나 되는 긴 강이다. 로마의 건국 신화에 따르면, 전쟁의 신 마르스의 아들로 태어난 쌍둥이 형제가 버려져 테베레 강으로 떠내려왔는데 그것을 늑대가 건져 젖을 먹여 키웠고, 이들이 자라 팔라티노 언덕에 성벽을 쌓고 도시를 세웠다고 한다. 또 쌍둥이 형제 중 권력을 잡아 왕이 된 로물루스의 이름을 따서 그 도시를 로마라고 불렀다고 한다.

  고대 로마의 일곱 발상지 중 하나인 캄피돌리오 광장에 있는 카피톨리노 박물관에 로마의 건국 신화를 표현한 청동 늑대 조각상이 있다. 기원전 6세기에 만든 이 조각상은 '카피톨리노의 늑대'라고 불리며 로마 사람들의 사랑을 받고 있다. 로마의 상징답게 박물관 2층의 방 한 칸을 당당히 차지하는데, 늑대의 젖을 먹는 쌍둥이 형제의 모습은 1400년대에 만들어진 것이다. 이 늑대상은 이탈리아의 유명 석유회사가 상표 디

'카피톨리노의 늑대'라고 불리는 청동 늑대 조각상. 로마의 건국 신화를 표현한 것으로 카피톨리노 박물관에 전시되어 있다. 이 조각상에서 늑대상과 그 아래 쌍둥이상이 제작된 시기는 다르다.

자인으로 사용하고 있기도 하다. 로마 시내로 들어갈 때 도로변의 주유소 간판에서 그 늑대상을 발견할 수 있었다.

모든 길은 로마로 통한다고 했던가. 2000년 전인 기원전 1세기부터 로마의 도로망은 이탈리아 전역을 이었고, 고대에는 유럽과 서아시아, 북아프리카까지 뻗어 나갔다. 포장된 도로의 길이만 8만km에 달했으며 지선支線 도로는 20만km에 이르렀다고 한다. 로마에서 멀리 떨어진 식민지 속주들에까지 도로들이 뻗어 있었기 때문에 "모든 길은 로마로 통한다."라는 말이 생겨난 것이다. 바로 이 도로망을 이용해 로마 제국은 다른 지역을 정복하거나 식민 통치를 할 수 있었으며, 그리스도교도 전파될 수 있었다.

이탈리아 남부의 고대 도시 폼페이 유적지 안에 깔린 도로. 2000년 전에 만든 것인데, 바닥을 여러 층 깔고 그 위에 단단한 돌을 다각형으로 잘라 맞추어 깔아 길이 곧고 내구성이 뛰어나다.

 지금도 남아 있는 로마의 옛 도로는 길이 곧고 물이 잘 빠지며 오랜 세월을 견딜 만큼 내구성 있게 설계되었다. 로마에서 가장 오래된 도로인 아피아 가도는 장화 모양의 이탈리아 반도에서 뒤꿈치에 해당하는 아드리아 해안까지 이르는데, 용암류 돌을 다각형으로 잘라 맞추어 깔았기 때문에 표면이 고르게 볼록하여 지나다니기 편하고 매우 단단하다. 바닥을 여러 층으로 깔고 시멘트를 섞은 모르타르와 콘크리트로 견고하게 만들었기 때문이다. 로마 중심가로 들어오면 아스팔트 도로보다 이런 돌이 깔린 옛 차도가 더 많은데, 이는 자동차가 달릴 때 덜덜거리는 소리가 나도록 함으로써 속도를 높이지 못하게 하는 장점도 있다. 또 옛길을 달리는 느낌과 유적지가 많은 시가지 분위기가 절로 난다는 것이 무엇보다 좋았다.

고대 로마 시기에는 어디에든 로마로 뻗은 도로가 있었고, 그 도로마다 로마까지의 거리 또는 가까운 큰 도시까지의 거리를 마일로 표시한 이정표를 세웠다. 로마 제국이 영토를 정복하고 세운 도시들과 로마 간의 평균 거리는 로마군이 하루에 행군할 수 있는 거리인 약 30마일^{mile}이었다. 고대 로마 제국은 자국 군대의 행군 거리를 기준으로 도시를 건설한 것이다. '마일'은 오늘날에도 사용되는 거리와 길이의 단위로, 고대 로마에서 처음 쓰기 시작해 서양에서 오랫동안 사용되고 있다. 고대에 사용한 '1로마마일$^{Roman\ mile}$'은 현재의 미터법으로 약 1482m에 해당했고, 지금의 1마일은 1609.3m이다.

고대 로마의 길이 단위는 걸음을 뜻하는 '페이스^{pace}'를 기본으로 했는데, 한 걸음인 1페이스는 5피트로 약 150cm이다. 그리고 1페이스의 1000배, 즉 천 걸음을 1로마마일로 삼았다. 옛날 우리나라에서도 거리를 재는 단위 표현으로 걸음을 의미하는 '보'를 썼다. 약 300보를 1리로 정했는데, 아마 그 정도 거리마다 '마을里'이 형성되어 있었던 것으로 보인다. '보'와 '리'가 어느 정도의 거리를 말하는지는 시대마다 조금씩 달랐는데 지금은 1리를 약 400m로, 흔히 말하는 '10리'는 약 4km로 생각한다. 1보의 길이는 약 150cm로 로마의 '1페이스'와 같다. 이는 곧 로마인의 걸음(페이스)이나 우리의 걸음(보)이나 그 길이가 같았다는 이야기인데, 신기할 따름이다. 그러고 보니 로마 사람들은 체구가 유럽인 치고는 아담한 편으로 우리와 비슷하다. 특히 이탈리아 남부 지역에 가 보면 사람들의 체구가 대체로 동양인과 흡사하다.

판테온 신전에는 기하학의 신이 있다?

로마 시는 로마의 초대 황제 아우구스투스 때부터 화려한 제국의 수도로 정비되었다. 주요 지역은 대부분 3세기 때 콘크리트로 세운 길이 20km의 '아우렐리아누스 성벽' 안에 있으며, 성벽이 현재 거의 그대로 남아 있어 로마 시내를 다니다 보면 자주 눈에 띈다. 고대 로마의 역사와 유적은 캥거루 코처럼 생긴 테베레 강 유역에 대부분 모여 있으며, 동쪽으로는 정치와 행정 중심부와 상업 지역이 집중되고 강 서안에는 바티칸 시국이 자리 잡고 있다.

로마는 도시 전체가 박물관이라 할 만큼 유적이 많고 보전도 잘되어 있다. 내가 로마에서 가장 먼저 보고 싶었던 것은 로마 시 한복판에 있는 판테온 신전이다. 판테온은 '모든 신'이라는 뜻으로, 기원전 27년경 아우구스투스 초대 황제 때의 정치가 아그리파가 다신교 신전으로 세운 것이다. 그 후 그리스도교 교회로 개축되기는 했지만 원래 모습을 거의 그대로 유지하고 있다. 르네상스 화가 라파엘로는 판테온 신전을 두고 세상에서 가장 아름답고 완벽한 건축물이라고 극찬했다. 라파엘로는 죽어 이곳에 묻히기를 바랐고 실제로 그의 묘가 있다.

판테온 신전은 정면 현관, 건물 몸체, 돔 지붕의 구조이다. 정면 현관 쪽의 콜로네이드(열주 회랑)는 기둥머리가 화려한 코린트식이며, 그 위에는 아그리파가 이 신전을 세웠다는 내용의 글자가 큼지막하게 새겨 있다. 정면 현관은 직사각형 모양인데 그 위로 삼각형 박공이 경사 지붕을 받치고 있다. 이러한 현관 구조는 이미 그리스 신전에서도 본 적이 있는 평범한 모습이다. 하지만 건물 본체는 거대한 콘크리트 돔을 이고 있는 매우 놀라운 구조였다. 판테온의 돔은 근대 이전에 지어진 돔 가

기원전 27년경 로마의 초대 황제 아우구스투스 때 정치가 아그리파가 세운 판테온 신전은 정면은 그리스 신전과 같은 모습이지만(위), 건물 몸체는 거대한 콘크리트돔 지붕 구조를 하고 있다. 판테온의 내부는 콘크리트 외관과 달리 화려한 색의 대리석으로 덮여 있고, 코린트식 기둥 사이로 제단과 기념비, 조각상들이 서 있다(아래).

운데 가장 크다. 사실 이 같은 돔 양식은 이탈리아 어디서나 볼 수 있는 성당과 건축물의 기본 구조로, 판테온이 그 시초인 것이다.

판테온 신전 입구에는 이집트에서 가져온 오벨리스크가 서 있었는데, 돔 지붕은 그 오벨리스크와 정면 현관에 가려 보이지 않았다. 신전 외벽은 거친 콘크리트와 벽돌이 그대로 드러나 있었다. 신전 뒤를 돌아 건물 외부를 한 바퀴 돌아봤다. 거대한 콘크리트 구조물에서 고대 로마 건축의 저력이 느껴졌다. 로마는 도로와 도시를 건설하거나 건축물을 축조할 때 시멘트를 섞은 모르타르와 콘크리트로 공사하고 기중기를 사용하는 등 토목공학 분야에서 훌륭한 업적을 남겼는데, 그 건축 기술이 지금까지 이어져 오고 있다.

판테온의 돔 구조가 2000년도 넘게 무너지지 않고 오랜 세월을 버틸수 있었던 것은 콘크리트 공사에 쓰인 모르타르의 재질이 뛰어난 데다 건축 공법도 탁월했기 때문이다. 원통의 벽 아래쪽에는 무거운 현무암 골재를, 그 위에는 더 가벼운 벽돌과 응회암(화산재가 굳어져서 만들어진 암석)을 썼으며, 돔 역시 아래에서 위로 갈수록 가벼운 재질을 썼고 가운데 부분에는 가장 가벼운 부석浮石을 썼다. 벽의 두께도 가장 두꺼운 6.1m에서 위로 갈수록 더 얇아져 꼭대기 벽의 두께는 1.5m에 불과하다. 이러한 공법으로 건축물의 하중을 줄일 수 있었던 것이다.

판테온은 전체가 원기둥 모양인 벽 위에 거대한 반구형 돔 천장을 올렸다. 콘크리트 구조에 벽돌을 덧댄 이 원통 벽은 둘레가 136m이고 두께는 6m나 된다. 벽이 이렇게 두꺼운 것은 육중한 콘크리트 벽과 돔 천장을 떠받치기 위함이다. 건물 전체의 높이는 약 43.3m로 원형 바닥의 지름, 반구형 천장의 지름 길이와 일치한다. 벽의 높이 또한 돔 지붕의

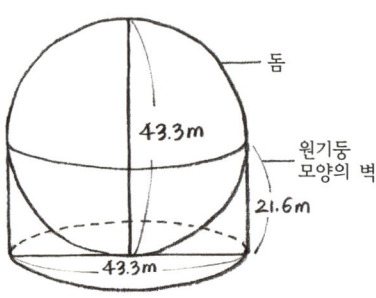

판테온 신전의 천장은 거대한 콘크리트 돔을 이고 있는 놀라운 구조다. 돔의 한가운데에 태양을 상징하는 원형 구멍이 나 있어 비가 내리면 그 아래 바닥이 살짝 젖는다.

높이와 같아서 밑면의 반지름 길이와 같다. 즉 건물 전체의 높이가 원기둥과 구의 지름이 되도록 한 것이다.

판테온 신전의 거대하고 육중한 청동 문을 지나 안으로 들어갔다. 거칠고 소박한 외관과 달리 신전 내부는 황홀할 정도로 화려했다. 콘크리트 벽과 바닥이 모두 쉽게 구할 수 없는 황금빛과 자줏빛 대리석들이었다. 신전 내부를 빙 둘러싸며 화려한 코린트 양식의 거대한 대리석 기둥들이 서 있다. 들어가자마자 오른편에 이탈리아 통일과 건국(1870년)을 이룩한 왕 비토리오 에마누엘레 2세의 영묘靈廟가 있었다. 그 옆으로 돌아가면 대리석 기둥 사이로 제단과 기념비와 조각상이 있고, 정문 맞은편 성모마리아상 아래에는 라파엘로가 잠들어 있었다.

판테온 신전 안의 성모마리아상 아래에 라파엘로의 묘가 있다. 르네상스 화가 라파엘로는 판테온 신전을 두고 세상에서 가장 아름답고 완벽한 건축물이라고 말했다.

    대리석 바닥의 중앙이 새벽에 내린 비에 젖어 물기로 반짝거렸다. 천장을 올려다보니 커다란 구멍이 나 있다. 돔 가운데에 태양을 상징하는 원형 구멍이 9m 지름으로 뚫려 있었던 것이다. 하늘을 향해 열린 구멍은 햇빛이 들어와 채광에는 좋을지 몰라도 비는 피할 수 없었다. 하지만 이 구멍에는 놀라운 과학 원리가 숨어 있다. 태양열로 데워진 신전 내부의 공기가 천장을 통해 빠져나가면서 내부 온도를 일정하게 유지시키고, 장대비가 내릴 때도 구멍 바깥으로 빠져나가는 공기의 저항 때문에 그 부분만은 빗줄기가 약하다. 그래서 아무리 큰비가 내려도 신전 안으로 들어오는 빗물의 양은 그저 보슬비 수준이다.

    신전을 둘러싼 원기둥의 안쪽 벽은 화려한 그림과 기하학 무늬로 꾸며졌다. 삼각형, 사각형, 원형의 기하학 조형물이 대리석 바닥과 벽, 천장에서 조화를 이루어 신비하면서도 현대적인 느낌이었다. 반구형 천장

한가운데의 원형 구멍 주위로는 사각형 칸들이 줄지어 별자리가 그려진 아래 칸까지 배열되어 있었다. 완벽하고 아름다운 구와 원기둥의 세계였다. 혹시 이곳은 기하학의 신을 모신 신전이 아닐까?

시라쿠사의 거인, 아르키메데스의 구와 원기둥

판테온 신전의 모습을 구와 원기둥 모양으로 스케치하다 보니 아르키메데스의 묘비가 생각났다. 기원전 3세기의 수학자 아르키메데스의 묘비에는 원기둥에 내접한 구가 그려졌는데, 그의 수학적 업적을 나타낸 것이다. 아르키메데스는 《구와 원기둥에 관하여》에서 원기둥에 내접하는 구의 부피가 원기둥 부피의 $\frac{2}{3}$라고 밝혔다. 원기둥에 내접하는 구의 지름은 원기둥의 지름, 높이와 같으므로 다음과 같이 구의 부피를 구하는 공식을 이끌어 낼 수 있다.

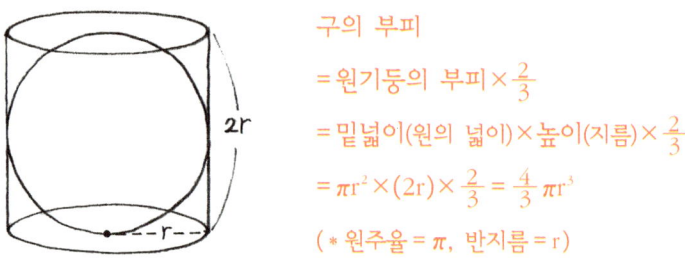

구의 부피
= 원기둥의 부피 × $\frac{2}{3}$
= 밑넓이(원의 넓이) × 높이(지름) × $\frac{2}{3}$
= $\pi r^2 \times (2r) \times \frac{2}{3} = \frac{4}{3}\pi r^3$
(* 원주율 = π, 반지름 = r)

또한 아르키메데스의 책은 원뿔의 부피가 원기둥의 $\frac{1}{3}$, 구의 부피가 원기둥의 $\frac{2}{3}$라고 밝히고 있으므로 원뿔과 구, 원기둥의 부피가 1:2:3의 비율이라는 것도 알 수 있다.

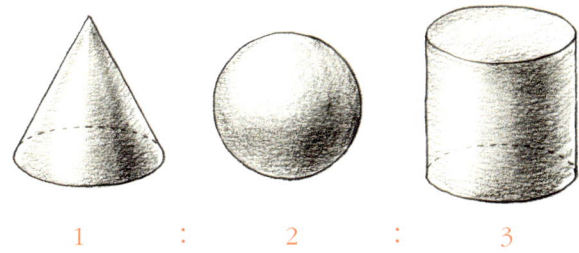

1 : 2 : 3

아르키메데스는 이탈리아 시칠리아 섬 동남쪽의 항구 도시인 시라쿠사에서 태어나 생애 마지막 순간까지 많은 수학책을 썼다. 시칠리아 섬은 지중해에서 가장 큰 섬으로, 영화 〈대부〉를 보면 짐작할 수 있듯이 흔히 마피아의 본거지로 알려졌다. 이탈리아 본토에서 매우 가까운 거리에 있는 이 섬에는 활화산으로 유명한 에트나 산이 있고 그리스식 극장과 신전이 중요한 유적으로 남아 있다.

그리스 신화에는 에트나 산 밑에 50개의 머리, 100개의 눈과 팔을 가진 거인 브리아레오스가 묻혔다는 이야기가 등장하는데, 로마 장군 마르켈루스는 아르키메데스를 두고 거인 브리아레오스가 되살아난 것 같다며 감탄했다고 한다. 시라쿠사가 바다 건너 로마의 침략을 받을 때마다 아르키메데스가 여러 가지 기발한 무기를 발명해 로마군을 번번이 혼내 주었기 때문이다.

아르키메데스에 관한 수많은 일화가 그의 독창성과 뛰어난 상상력을 엿보게 해 준다. 지렛대와 도르래로 큰 배를 움직인 일이나, 목욕을 하다가 부력의 원리를 발견해 옷도 입지 않은 채 뛰쳐나와 "유레카!"를 외쳤다는 이야기가 널리 전해진다. 그가 알렉산드리아에 있을 때 발명한 나선형 양수기는 2000년이 지난 지금도 나일 강 유역 농부들이 사용하고 있다. 시라쿠사가 로마군에 점령당했을 때 도형을 그리며 연구에 몰두하고 있던 아르키메데스가 로마군의 칼에 쓰러져 죽으면서 한 말도 유명하다. "내 도형을 밟지 마라."

아르키메데스는 가우스(18세기 말~19세기 독일의 수학자), 뉴턴과 함께 인류 역사상 위대한 3대 수학자로 일컬어진다. 뉴턴은 "자신이 다른 사람들보다 더 멀리 볼 수 있었던 것은 바로 거인의 어깨 위에 서 있었기 때문이다."라고 말했는데, 뉴턴이 말한 거인은 혹시 아르키메데스가 아니었을까 싶다. 18세기 계몽주의 작가 볼테르는 "오디세이를 쓴 호머의 머릿속보다 아르키메데스의 머릿속에 더 많은 상상이 들어 있다."라고 말하기도 했다.

석굴암, 통일신라의 판테온 신전!

돔을 올려다보니 태양을 상징하는 둥근 구멍으로 햇빛이 쏟아져 들어와 몹시 눈이 부셨다. 눈을 비비자 햇빛이 연꽃처럼 피어올랐다. 불현듯 석굴암이 떠올랐다. 경주 토함산에 있는 석굴암의 반구형 천장도 판테온처럼 돔 한가운데에 둥근 구멍을 갖고 있지 않은가. 신라인들은 거기에 연꽃을 새긴 돌을 얹어 놓았다. 석굴암의 돔은 콘크리트로 만든 판테온 돔과 달리 돌을 쌓아 만든 것이다.

석굴암 천장의 덮개돌은 그 무게가 무려 20t이나 되는데, 태양의 주위를 돌기라도 하듯 둥글게 둥글게 동심원을 그리며 돌을 쌓아 올렸다. 더욱이 원주를 정확히 10등분해서 돌을 끼워 넣었는데, 이 끼임돌의 간격이 정확한 데서 신라인들이 원주율을 아주 정밀하게 계산해 냈다는 짐작이 나온다. 석굴암이 건축된 8세기 통일신라 시대에 수학 교재로

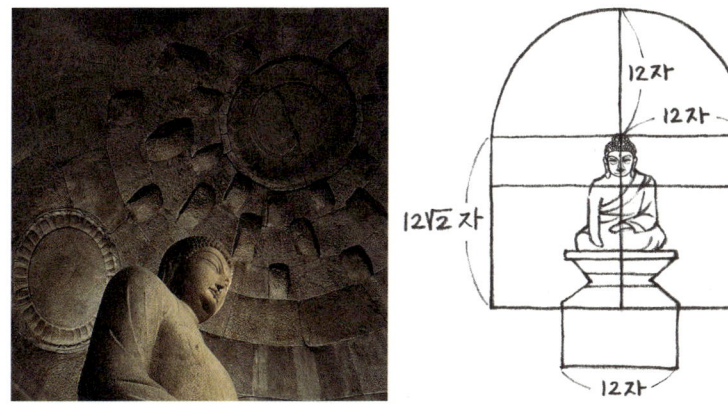

경주 토함산의 석굴암도 판테온 신전처럼 반구형 천장과 둥근 구멍이 있다. 석굴암 천장의 덮개돌은 그 무게가 무려 20야이나 되는데, 태양의 주위를 돌기라도 하듯 동심원을 그리며 돌을 쌓아 올렸다.

쓰이던 《구장산술》을 보면 당시 사람들이 원주율에 관해 상세히 파악했음을 알 수 있다.

석굴암은 판테온 신전처럼, 석굴의 밑면 지름과 석굴 천장 지름의 길이가 24자로 일치한다. 석굴암을 만들 당시에 1자는 29.7cm이므로 지름은 약 7m인 셈이다. 석굴암은 반지름 길이인 12자를 기본으로 해서 건축되었다. 천장의 높이뿐 아니라 석굴의 입구와 불상이 있는 주실 입구와 벽의 높이도 12자로 했다. 또한 12자를 응용한 수치도 사용했는데, 불상이 앉아 있는 대좌의 지름은 한 변이 12자인 정삼각형의 높이인 10.4자로 했다.

그보다 더 놀라운 수학은 불상의 높이를 $12\sqrt{2}$자로 한 것으로, 이는 한 변이 12자인 정사각형의 대각선 길이이다. 무리수를 사용할 정도로 대단한 수학 실력이 발휘된 건축물인 것이다. 여기에 사용한 $\sqrt{2}$(1.414)

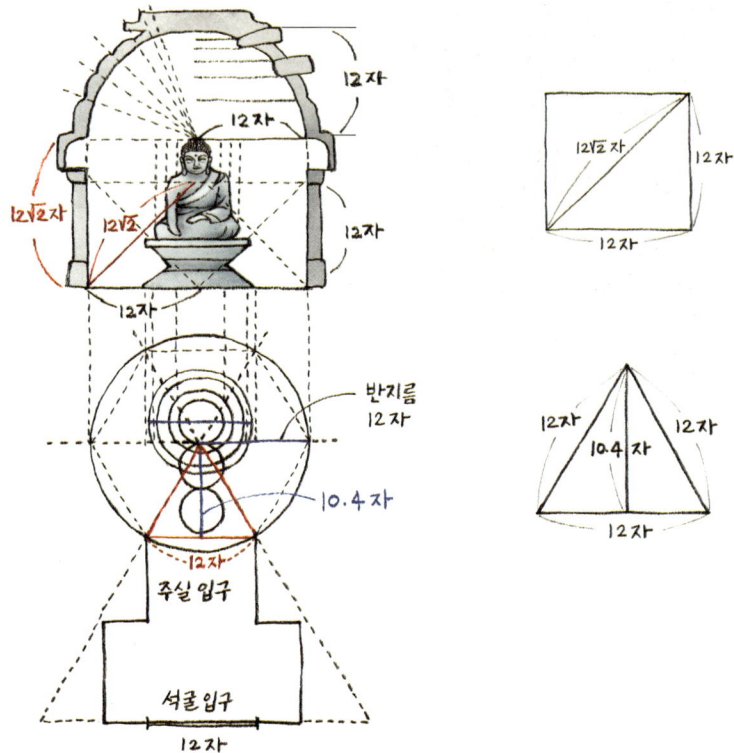

비율이 바로 서양의 황금비에 비견되는 '금강비'이다. 비록 판테온보다 그 규모는 작지만, 우리 선조가 만든 주요 건축물인 석굴암에서도 완벽한 수학의 세계를 만날 수 있다. 또한 돌을 다루는 기술에서도 신라 사람들이 로마 사람들 못지않게 탁월했음을 알 수 있다.

2
거대한 타원형 싸움터, 콜로세움

'포로 로마노', 광장 문화의 시작

판테온 신전이 있는 로톤다 광장은 많은 사람으로 붐볐다. 이집트 상형 문자가 새겨진 오벨리스크 주위로 사진을 찍으려는 사람들이 몰렸는데, 이 오벨리스크는 람세스 2세 때 만든 것으로 로마에 있는 다른 오벨리스크보다 아담한 편이었다. 로마에 있는 10여 개의 오벨리스크는 대부분 이집트에서 가져왔다. 2000여 년 전 아우구스투스 황제 때 가져온, 포폴로 광장의 오벨리스크가 높이 36m로 가장 높다. 또 가장 오래된 오벨리스크는 라테라노 광장에 있는데, 기원전 15세기 투트모세 3세 때 이집트의 카르나크 신전에 있었던 한 쌍 중 하나를 로마로 옮겨 온 것이다. 나머지 하나는 터키 이스탄불에 세워져 있다. 광장마다 세워진 오벨리스크는 그 자체가 로마 여행의 즐거운 볼거리였다.

로톤다 광장 주위로는 작은 카페와 상점이 많았다. 판테온 신전 뒤편에 나 있는 골목으로 들어가 어느 카페 카운터에 서서 에스프레소를 한 잔하고 본격적인 광장 투어에 나섰다. 카페 안 테이블에 앉지 않고 카운터에서 서서 마시면 값이 훨씬 쌌는데, 광장을 돌아다니다 화장실도 갈 겸 종종 그렇게 이용했다. 로마의 광장에는 역사와 전통이 깊은 카페들이 많은데, 특히 스페인 광장 앞 번화가에 있는 250년 된 카페는 괴테, 스탕달, 바이런, 비제 등 문학가와 예술가들이 머무르며 창작의 혼을 불태웠던 곳으로 유명하다.

트레비 분수가 있는 작은 광장까지 걸었다. 삼거리라는 뜻을 지닌 이름처럼 오가는 사람들로 북적였다. 수로가 일찍 발달한 로마에서 분수는 흥미로운 구경거리였는데, 한창 많을 때는 로마 시내에 200개 넘게 있었다고 한다. 바로크 양식의 걸작 조각을 바라보며 들뜬 마음으로 로마에 또 오게 해 준다는 전설이 어린 트레비 분수에 동전을 던지기도 하고 스페인 광장 계단에 앉아 젤라또를 먹으며 영화 〈로마의 휴일〉 흉내를 내기도 하면서 시간을 보냈다. 이탈리아의 정통 아이스크림인 젤라또는 유지방이 적어 담백하면서도 공기 함유량이 낮아 맛이 진했는데, 물가가 비싸기로 유명한 로마이지만 젤라또만큼은 무척 쌌다.

로마 시가지는 광장이 많고 도시의 모든 기능과 생활이 광장을 중심으로 이루어진다는 것이 특징이다. 교통의 중심인 교차로에 광장을 만들고 오벨리스크 탑이나 조각상, 분수를 설치했다. 베드로 광장, 캄피돌리오 광장, 포폴로 광장 등 많은 광장이 미켈란젤로와 베르니니 같은 예술가들이 참여해 만든 것으로, 광장 자체가 역사의 현장이고 이름 난 유적지였으며, 또 아름다운 예술 전시장이었다. 나의 로마 여행도 광장을 중심으로 이루어져 그 많은 광장을 돌아다니느라 신발이 해질 지경이었다.

트레비 광장은 바로크 양식의 걸작 조각과 분수로 유명하다. 여기에 동전을 던지면 로마에 또 오게 된다는 말이 있어서 분수 바닥에는 동전이 가득한데, 수거된 동전들은 유럽 각지에 기부된다고 한다.

　인류 역사에서 광장은 그리스의 아고라와 로마의 포럼과 같은 공공 집회 장소에 그 기원을 둔다. 시민들이 모여 자신의 견해를 발표하며 토론하던 '광장 문화'에서 그리스의 민주주의와 로마의 공화제가 탄생하고 발전할 수 있었다. 두 나라에서 일찍부터 광장이 시작되고 발달한 데는 기후의 영향도 컸을 것으로 보인다. 따뜻한 기후에서는 사람들이 바깥으로 나와 어울리면서 광장이 발달할 수 있었겠지만, 추운 지역에서는 그렇지 못했을 테니까 말이다. 그런 의미에서 광장은 친화적이고 쾌활한 국민성이 형성되는 데도 영향을 주었던 것 같다.
　로마의 포럼은 팔라티노 언덕과 캄피돌리오 언덕 사이에 있는 평지

로마 최초의 포럼 광장인 '포로 로마노'는 팔라티노 언덕과 캄피돌리오 언덕 사이에 있는 평지에 건설되었다. 포럼은 원래 평지를 뜻하는 말로 군중이 모이는 집회 장소였으며 개선문과 신전, 공회당이 세워졌다.

'포로 로마노'에서 유래했다. 포럼은 평지를 뜻하는 말인데, 언덕이 많은 로마에서 평지는 군중이 모이기에 적당한 집회 장소였을 것이다. 사람들이 몰리는 곳에 웅장한 신전과 기념물이 세워졌고 공공건물과 상점도 들어서면서 포럼은 점차 도시의 중심으로 발전했다. 최초의 포럼 광장인 포로 로마노에는 '신성한 길'이라고 불리는 대로가 한가운데에 뻗어 있으며 그 양쪽에 개선문이 각각 서 있고 여러 개의 신전과 공회당이 세워졌던 흔적이 남아 있다.

기원전 1세기에 살았던 로마의 뛰어난 건축가 비트루비우스는 이상적인 포럼은 대규모 군중을 수용할 수 있을 만큼 크면서도 소규모 군중도 왜소해 보이지 않도록 너무 크지 않아야 한다고 말했다. 그러면서 가장 적당한 포럼의 규모로 가로세로 비율을 2 대 1 또는 3 대 2로 할 것을 제안했다. 포로 로마노 건너편에 거대한 트라야누스의 기둥과 함께 자리 잡은 '포로 트라이아노'는 가로세로 길이가 280m와 190m로 대략 3:2 비례가 된다. 로마의 포럼에서 출발한 광장 문화는 중세와 르네상스 시대를 거쳐 유럽으로 건너왔고 현대의 도시 계획에도 중요한 한 부분으로 반영되고 있다.

타원형의 거대한 싸움터, 콜로세움

　포로 로마노를 둘러보고 나오자 콘스탄티누스 개선문이 웅장한 모습을 드러냈다. 개선문 앞에는 그 유명한 원형 경기장 콜로세움이 서 있었다. 과연 그 명성에 걸맞게 거대한 모습이었다. 이탈리아에서 '콜로세오'로 불리는 콜로세움은 사실 그 이름부터가 '거대하다'는 뜻인데, 원래는 플라비아누스 투기장鬪技場이라는 명칭이었다. 고대에 투기장이 세워지기 전에는 '콜로소'라고 불리는 높이 30m의 거대한 네로 황제 동상이 있었는데 그 옆에 경기장이 지어지면서 경기장 명칭도 콜로세오라고 불렸던 것이다. 70년 플라비아누스 황제 시기에 착공하여 82년에 완공한 이 콘크리트 건축물은 7만 명 이상의 관객을 수용할 수 있었다. 투기장이 완공되어 기념 검투제가 100일간 열렸다는데 그때 희생된 맹수가 무려 5000마리였고, 검투사들의 시합과 대규모 모의 전투가 수천 번 넘게 시행되었다고 한다.

1세기 플라비아누스 황제 시기에 콘크리트로 지은 콜로세움은 타원형으로 둘레가 527m나 되며 7만 명 이상을 수용할 수 있었다. 완공 당시 기념 검투제가 100일간 열려 수천의 맹수와 검투사들이 희생되었다.

콜로세움 외벽에는 석회암 장식 흔적이 희끗희끗 남아 있다. 3층으로 세워진 이 건축물은 화려한 기둥과 조각으로 장식되었고, 각 층마다 80여 개의 아치형 문이 배열되어 아름다운 형태를 이루었다. 고대 로마 건축은 콘크리트를 사용하고 아치 형태를 즐겨 쓴다는 것이 큰 특색인데, 신전이나 기념물뿐만 아니라 다리와 수로에서도 이 아치 모양을 자주 만나게 된다. 아치 구조는 보기에도 아름답지만, 구조물의 하중을 모든 벽돌에 똑같이 분산해 주기 때문에 아치 하나로 20m 길이의 건축물까지 지탱할 정도로 튼튼했다. 아치 건축 덕분에 로마의 많은 다리는 2000여 년이 지난 지금까지도 무너지지 않는 것이다.

콜로세움은 높이 49m, 둘레 527m의 거대한 구조물이다. 그리고 가로세로의 길이가 190m, 156m로 원이 아니라 타원 모양이다. 이 같은

콜로세움을 복원한 그림을 보면 경기장 앞에 황금을 입힌 거대한 네로 동상이 있고, 3층으로 지은 경기장 외벽은 석회암으로 덮었으며 각 층마다 도리아식, 이오니아식, 코린트식 기둥과 아치를 세웠다.

거대한 원형 경기장과 극장이 로마를 비롯해 이탈리아의 또 다른 도시들, 고대 로마가 점령한 지역에 세워졌다. 현대에 와서는 전 세계 모든 축구 경기장이 이를 모델로 삼고 있다.

가장 오래된 원형 경기장은 기원전 80년경에 건축된 폼페이 원형 경기장인데 길이와 폭이 136m, 104m로 역시 타원형이다. 또 1세기에 세워진 베로나의 원형 경기장은 요즘에도 관객 2만 명을 수용하는 오페라 극장으로 사용될 만큼 보존이 잘되어 있다. 이탈리아의 고대 유적지에서도 이집트의 피라미드나 그리스의 신전과 원형 극장처럼 오페라 공연과 연주회가 종종 열린다. 콜로세움과 카라칼라 욕장에서 열리는 공연 중계를 한번 보면 고대 유적을 배경으로 한 그 무대가 너무나 환상적이어서 결코 잊을 수 없다.

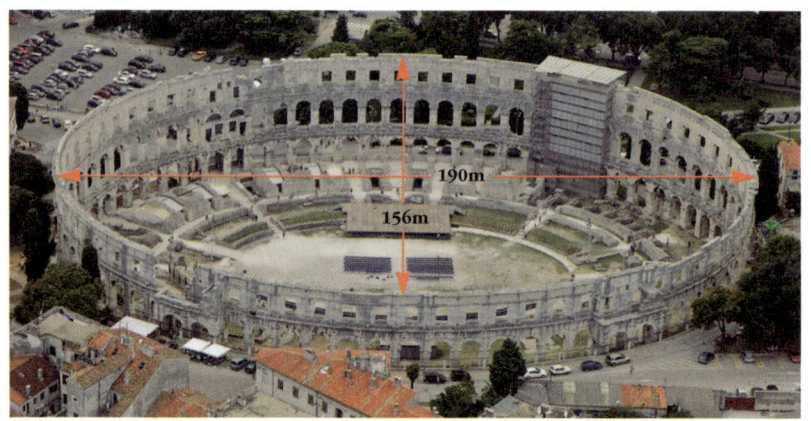

콜로세움은 높이 49m, 둘레 527m의 거대한 구조물이다. 가로세로 길이는 190m, 156m로 원이 아닌 타원 모양이다. 이 같은 거대한 원형 경기장과 극장이 로마를 비롯해 고대 로마가 점령한 지역에 세워졌다. 현대에 와서는 모든 축구 경기장이 이를 모델로 삼고 있다.

고대부터 경기장이나 극장은 원형으로 많이 지어졌다. 원은 어느 위치든 중심으로부터 같은 거리에 있게 해 준다. 즉 관람자들이 경기장의 동서남북 어느 방향 어느 자리에 앉더라도 중앙과의 거리가 같다. 입장한 관람자 모두가 무대나 경기장을 똑같이 잘 보고 들을 수 있게 된다는 이야기다. 원과 비슷한 모양인 타원은 중심이 되는 초점이 두 개이며 두 초점으로부터 떨어진 거리의 합이 같은 점들의 집합인 폐곡선을 그린다. 타원형도 원형과 같이 중앙을 둘러싸고 있어 관람하기에 좋으며, 초점이 두 개이므로 경기를 좀 더 다각도로 바라볼 수 있다.

전체 3층으로 이루어진 콜로세움은 각 층의 기둥이 각각 다르다. 1층은 육중한 도리아식 기둥, 그 위층은 우아한 이오니아식 기둥, 맨 위층은 화려한 코린트식 기둥들이 서 있다. 이 세 가지는 그리스 시대부터

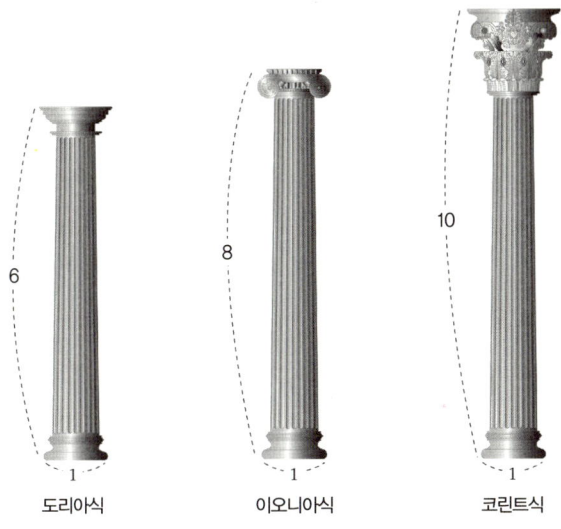

도리아식　　　이오니아식　　　코린트식

이어 내려온 기본적인 기둥 건축 양식이다. 기둥의 양식은 기둥의 머리를 어떻게 장식하느냐로 구분되는데, 도리아식 기둥은 기둥머리에 아무런 장식도 없어 간결하다. 이오니아 양식은 기둥머리를 이오니아 지방에서 서식하는 양의 뿔을 닮은 소용돌이 모양으로 장식하는 것이고, 코린트 양식은 지중해 식물인 아칸서스 잎 모양으로 장식하는 것으로 셋 중 가장 화려하다.

　세 가지 기둥 양식의 기본 형식은 기원전 1세기 건축가 비트루비우스가 마련했다. 그는 사람의 신장이 발 길이의 여섯 배, 머리의 여덟 배가 된다는 점에 착안하여 도리아식 기둥 높이를 지름의 여섯 배, 이오니아식 기둥 높이를 지름의 여덟 배로 정했다. 그래서 도리아식 기둥은 육중한 느낌이 나고 이오니아식 기둥은 지름에 비해 높이가 훨씬 길어 우아하다. 또한 비트루비우스는 사람의 신장이 턱에서 이마까지 얼굴 길이의 열 배가 된다는 점에 착안해 기둥 높이가 지름의 열 배인 코린트 양식의 기준을 정했다. 그는 건축에서 규범으로 삼아야 할 비례를 '균제비례'라고 불렀으며 가장 강조한 균제비례가 1:10의 비례였다. 이렇게 비트루비우스가 정리한 기둥의 비례 형식은 로마 건축에서 다양하게 응용되었다. 또한 세 가지 기둥은 혼합 양식으로도 발전하여 콜로세움에서도 1층, 2층, 3층에 세 가지 양식을 혼합해 배치했다.

비트루비우스는 건축의 아름다움은 비례에 있다며 인체의 비례를 그 기준으로 삼았다. 그래서 신전을 건축할 때도 인체를 기준으로 했는데, 사람이 팔과 다리를 펼치면 원과 정사각형이 되는 데 착안해 신전 설계의 기본 모양을 원과 정사각형으로 했다. 이는 후대에 레오나르도 다 빈치가 그린 〈비트루비우스의 인체 비례〉라는 그림으로 전해진다.

비트루비우스가 쓴 열 권의 책, 《건축 10서》는 가장 오래된 건축 교과서로 알려졌다. 《건축 10서》는 15세기에 알베르티가 《건축론》으로 정리해 펴내면서 고전 건축의 최고 권위를 지닌 책으로 인정받고 있다. 《건축 10서》에서는 건축의 본질로 기능적 효용성과 구조적 견고성 그리고 아름다움을 강조하는데, 건축의 이 3대 요소는 근대와 현대 건축에서도 중요한 요소로 꼽힐 뿐 아니라 건축 이외의 부문에서도 다양하게 적용된다. 즉 전자제품을 비롯한 대부분의 상품 디자인이나 심지어 홈페이지 제작에서도 기능, 구조, 미라는 세 가지가 기본 요소가 된다고 한다. 2000년 전에 비트루비우스가 그 기틀을 마련한 것이다.

콜로세움 안으로 입장해 먼저 3층으로 올라갔다. 거기서 내려다본 콜로세움은 완벽한 타원 모양이었다. 야만과 유혈의 현장을 담은 이 타원형 경기장은 장엄하면서 아름다웠다. 2층과 1층 그리고 지하까지도 한

콜로세움의 내부에서 타원 모양의 1층 투기장과 지하 미로를 내려다볼 수 있다. 지하와 투기장을 오르내리는 기중기 원리의 승강기가 있었고 천장에는 햇빛과 비를 막아 주는 차양이 설치되어 있었다.

눈에 내려다보였는데, 야만의 함성을 덮으려는 듯 두텁게 이끼가 끼어 있었고 묵직한 돌에서는 정적만이 흘렀다. 투기장으로 사용되던 1층 타원의 한쪽은 현재도 무대로 사용하는 듯 목재 바닥으로 덮였다. 나머지 부분은 지하가 훤히 들여다보이도록 개방되어 있었다.

지하에는 좁은 미로 속에 작은 칸들이 있었는데 검투사들이 대기하던 방이거나 맹수들이 갇혔던 우리였을 것이다. 도르래를 이용하는 기중기 원리로 만든 승강기가 검투사와 맹수를 1층 투기장으로 실어 날랐다. 바닥에서는 혈투가 벌어졌건만, 천장에서는 관객의 쾌적한 관람을 위해 햇빛과 비를 막아 주는 차양이 밧줄로 묶여 설치되었다고 한다. 이 차양이 콜로세움을 완전히 덮어 실내 경기장처럼 만들 수 있었다. 타원을 따라 경기장을 둘러보며 2층, 1층으로 내려왔다.

타원의 성질과 원뿔곡선

타원이란 평면 위의 두 초점으로부터 떨어진 거리의 합이 일정한 점들의 집합인 폐곡선 도형을 말한다. 그림과 같이 두 초점 A, B를 지나 타원과 만나는 직선을 장축(긴지름)이라 하고, 두 초점에서 같은 거리만큼 떨어져 있는 타원의 중심을 지나 장축에 수직인 선을 단축이라고 한다. 장축을 2a, 단축을 2b라 하고 타원의 중심에서 초점까지의 거리를 c라고 할 때 다음과 같은 타원의 방정식이 성립한다.

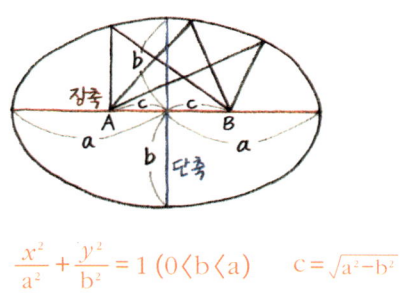

$$\frac{x^2}{a^2} + \frac{y^2}{b^2} = 1 \ (0 < b < a) \qquad c = \sqrt{a^2 - b^2}$$

장축과 단축의 길이를 알면 타원에서 초점의 위치를 알 수 있다. 콜로세움과 같은 크기의 타원이 있다고 가정하고 두 초점을 구해 보자. 가로의 장축이 190m(a=95), 세로인 단축이 156m(b=78)이므로 방정식을 풀어 초점을 구할 수 있다. 타원의 중심인 95m 지점에서 ±54.23m 떨어진 40.77m 지점과 149.23m 지점이 두 초점이고, 두 초점 간의 거리는 108.46m이다.

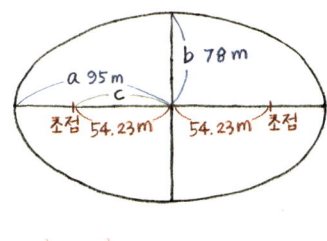

$$\frac{x^2}{95^2} + \frac{y^2}{78^2} = 1$$

$$c = \sqrt{95^2 - 78^2} = \sqrt{9025 - 6084} = \sqrt{2941} = 54.23$$

타원형 건물은 한 초점에서 소리를 반사하여 다른 초점으로 되돌아오도록 하는 원리를 가지고 있다. 돔 천장을 타원형으로 만든 영국 런던의 성 바오로 대성당은 '속삭이는 성당'이라고 불린다. 대성당 회랑의 한 지점에 있으면 주위에 말하는 사람이 없어도 속삭이는 소리가 들리는 신기한 현상이 일어나는데, 초점에서 낸 소리가 타원형 천장에 반사되어 다른 초점으로 전달되기 때문이다. 그래서 가까운 곳보다 오히려 멀리 떨어진 초점에서 더 잘 들린다.

이러한 타원의 성질은 신장결석 파쇄기 같은 의료기기에도 응용된다. 타원의 한 초점에 결석을 위치시키고 다른 초점에 충격파를 발생시켜 그것이 타원형 반사 장치에 부딪혀 결석으로 모이도록 하는 것이다. 결석에만 충격파가 닿아 인체의 다른 부분이 손상되지 않도록 하면서 결석을 제거할 수 있다.

타원은 영어로 'ellipse'인데 이는 '부족하다'라는 뜻의 그리스어에서 유래했다. 원기둥이나 원뿔을 비스듬히 자를 때 생기는 절단면이 밑면과 이루는 각이, 모선이 이루는 각보다 작아서(즉 부족해서) 붙은 이름이 바로 '타원'이다. 덴마크 코펜하겐에 있는 티코 브라헤 천문관은 원기둥을 비스듬히 절단한 모양의 건축물인데 그 지붕이 바로 타원이다. 티코 브라헤는 덴마크 출신의 천문학자로 케플러의 스승이었다. 17세기 케플러는 스승이 남긴 방대한 천문 자료를 분석해 태양계에서 태양 주위를 도는 행성들의 궤도가 타원 모양이며 타원 궤도의 한 초점이 태양임을 밝혀냈다. 지구와 금성은 장축과 단축의 지름이 비슷한 원에 가까운 모양의 타원 궤도를 이루고 수성과 명왕성은 조금 길쭉한 모양의 타원 궤도를 그린다는 것이다. 고대 헬레니즘 수학자 아폴로니우스가 그 이름을 짓고 연구 업적을 남긴 이래로 타원은 이제 가장 주목받는 도형이 되었다.

그런데 혜성은 타원뿐 아니라 포물선이나 쌍곡선 궤도로도 운행할 수 있다. 혜성이 타원 궤도에서 나타나면 일정한 시간이 흐른 후 되돌아올 수 있지만 포물선이나 쌍곡선 궤도의 혜성은 우주 속으로 사라져 다시는 볼 수 없게 된다. 1986년에 나타난 핼리 혜성은 76년 주기로 타원 궤도를 돌아 2062년에 다시 나타나게 된다. 요즘처럼 사람들의 평균수명이 계속 늘어난다면 한 생애에 핼리 혜성을 두 번 볼 수도 있다.

원, 타원과 포물선, 쌍곡선은 모두 원뿔을 자를 때 생기는 단면의 모양이다. 그래서 이 모두를 통칭해 원뿔곡선이라 부르는데, 절단면이 이루는 각도에 따라 각각 다른 모양이 만들어진다. 원뿔의 모선보다 각도가 작으면 타원, 같으면 포물선이고, 모선보다 크면 쌍곡선이 된다. 포물선은 영어로 'parabola', 쌍곡선은 'hyperbola'라고 하는데 '일치하다', '초과하다'라는 그리스어에서 나온 말이다. 모선과의 각도를 고려하여 지은 이름이라는 것을 잘 알 수 있다.

원뿔곡선은 모두 '$Ax^2+By^2+Cx+Dy+E=0$'이라는 x, y에 관한 이차방정식으로 나타낼 수 있으므로 '이차곡선'이라고도 부른다. 원뿔곡선이라는 기하학 영역이 이차식인 대수학 영역과 결합된 것이다. 이 차식에서 A=B인 경우 원을 나타내는 방정식이 되고 A, B가 서로 같은 부호(AB>0)일 때 타원, AB=0이면 포물선, 그리고 A, B가 서로 다른 부호(AB<0)일 때 쌍곡선을 나타내는 방정식이 된다.

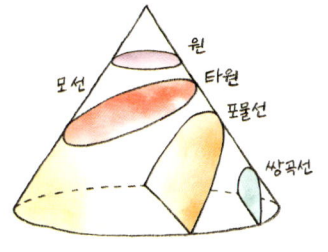

$Ax^2+By^2+Cx+Dy+E=0$

AB > 0 : 타원

AB = 0 : 포물선

AB < 0 : 쌍곡선

타원의 성질과 활용에 대해서는 앞에서 알아보았다. 그렇다면 포물선이나 쌍곡선은 어떻게 이용될까. 포물선과 쌍곡선도 타원과 마찬가지로 초점이 있다. 포물선은 외부에서 들어오는 빛을 포물선의 면에 부딪히게 하고 모두 초점에 모이게 하는 성질이 있어서 빛이 흩어지지 않고 뻗어나갈 수 있게 해 준다. 쌍곡선은 하나의 초점에서 나온 빛이 다른 초점에서 나온 것처럼 반사되어 나간다. 이러한 성질을 이용하여 손전등, 돋보기, 자동차 전조등, 쇼윈도 불빛과 위성 안테나까지 만드는데 반사면이 포물선 모양이다. 또 물체를 위로 던지면 포물선 모양으로 떨어지는데, 포물선의 성질을 이용하면 대포 같은 것을 쏠 때 정확한 위치에 쏘아 맞힐 수 있다. 그러므로 포병대에는 대포를 잘 다루는 사람만 필요한 것이 아니라 수학을 잘 아는 군인도 필요할 것이다. 16세기 중반 탄도학에 대한 방정식이 나오기 전까지 유럽의 전쟁에서 대포의 명중률은 채 50%도 되지 않았다고 한다.

오랜 세월 동안 서로 다른 분야로 여겨지던 '대수'와 '기하'의 결합은 수학사에서 획기적 사건이다. 17세기 프랑스의 철학자이자 수학자 데카르

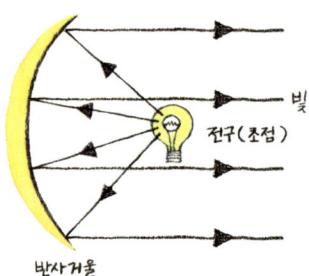

자동차 전조등과 손전등 등은 반사면이 포물선 모양이며, 초점이 되는 곳에 전구가 있다.

트가 좌표평면을 만들면서 수학의 두 영역 간 만남은 아주 새로운 차원으로 발전할 수 있었다. 즉 원뿔곡선과 같은 기하 영역을 대수식으로 만들 수 있을 뿐 아니라 대수식 또한 좌표를 이용하여 기하학 그래프로 표현하는 것이 가능해졌다. 이로써 방정식과 같이 수와 변량을 수식으로 일반화하여 연구하는 대수학, 도형과 공간의 성질을 연구하는 기하학이 서로 오갈 수 있는 사이가 된 것이다. 이를 두고 대수와 기하 사이에 데카르트가 운하를 만들었다고 표현하기도 한다.

데카르트가 좌표평면을 생각해 낸 것은 파리 한 마리가 우연한 계기가 되었다. 그가 잠시 군대에 있었을 때 막사 침대에 누워 하릴없는 생각에 잠겨 있다가 천장에서 이리저리 움직이는 파리 한 마리를 보았다. 움직이는 파리의 위치를 표시하기 위해 고민하던 데카르트는 바둑판 모양으로 가로와 세로 줄을 그어 표시하면 위치를 쉽게 나타낼 수 있다는 생각이 떠올랐다. 그리하여 가로세로 좌표축을 기본으로 하여 이루어지는 '좌표평면'을 만들었다. 데카르트의 좌표평면 덕분에 좌표를 사용한

그래프로 대수식을 표현하고 방정식을 이용하여 도형을 대수적으로 연구할 수 있게 되었다.

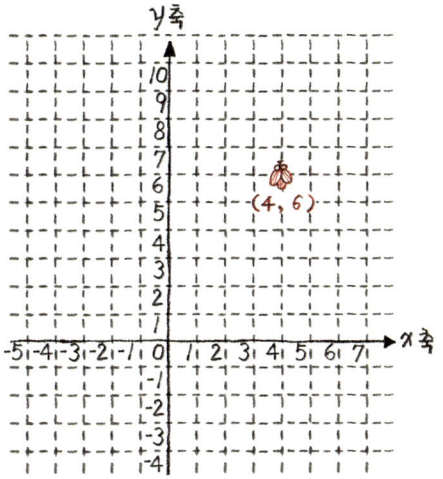

데카르트의 새로운 연구들은 1637년 출판한 그의 저서 《방법서설》 중 세 번째 부록인 〈기하학〉에 잘 나와 있다. 그는 이 논문에서 대수방정식으로 기하학적 도형을 표현하여 푸는 방법을 제시했으며, 대수식에서 a, b, c 등의 문자를 사용하고, 미지수를 x, y, z 등으로, 기하학적 차원을 x^2, x^3 등으로 표현하였다. 그리하여 데카르트 이후 대수식에서 이런 문자를 사용하는 것이 분명한 관례가 되도록 하였다. 데카르트의 연구에서 출발하여 도형을 식으로 나타내고 그 수식을 계산하여 도형의 성질을 연구하기 시작한 것이다. 이와 같은 대수학과 기하학의 결합은 수학의 발전에 커다란 전환점이 되었다. 그리하여 도형을 대수적인 방정식으로 나타내어 취급한 후 그 결과를 다시 기하학적인 내용으로 바꾸어 연구하는 해석기하학이 근대 수학의 새로운 분야로 탄생했다.

빵과 서커스의 시절은 흘러가고……

콜로세움을 나와 대로를 따라 걸으며 막시무스 전차 경주장으로 향했다. 전차 경주장 '치르코 마시모$^{Circo\ Massimo}$'는 길이가 600m 이상이고 너비가 200m 되는 거대한 운동장이었다. 30만 명의 관중을 수용할 수 있었다는데 지금도 로마 시민들이 대규모 집회 장소로 자주 이용한다. 2006년 이탈리아가 월드컵에서 우승했을 때는 군중이 이곳에 모여 밤새 환호성을 질렀다고 한다. 이곳에서 이집트의 투트모세 3세, 람세스 2세 오벨리스크 등 수많은 유물이 발굴되었다. 발굴된 오벨리스크들은 로마 시내의 광장에 세워 놓았다.

'치르코^{Circo}'는 영어 '서커스'에 해당한다. 고대 로마의 전차 경주장에서 서커스라는 단어가 유래한 것이다. 경주장 앞의 언덕에서 텅 빈 운동장을 내려다보자니 영화 〈벤허〉에서 보던 전차 경주 장면이 떠올랐다. 두 마리와 네 마리의 말이 끄는 전차들이 파노라마처럼 눈앞을 획획 지나가는 듯했다. 고대 로마에서 전차 팀은 적색, 청색, 녹색, 흰색 파벌로 나뉘어 온 로마를 열광의 도가니에 빠뜨렸으며, 이 파벌이 정치적·종교적 논쟁과 분열을 불러일으켰고 결국 제국은 혼란스러워졌다.

치르코 마시모를 한 바퀴 돌고 길 건너편에 있는 카라칼라 대목욕장으로 향했다. 카라칼라 욕장 유적지에는 거대한 콘크리트 아치 구조물이 남아 있었고, 욕실 바닥과 벽을 장식했던 타일의 모습에서 화려했던

막시무스 전차 경주장 '치르코 마시모'는 30만 명의 관중을 수용할 수 있었던 거대한 운동장으로, 이곳에서 이집트 오벨리스크 등 수많은 유물이 발굴되었다.

로마 문화의 흔적을 찾을 수 있었다. 콜로세움, 치르코 마시모, 카라칼라 욕장은 교차로를 중심으로 삼각형을 그리며 위치한다. 로마 제국 시기에 시민들은 원형 경기장, 전차 경주장, 대목욕장을 무료로 입장했고 입장객에게는 빵도 나누어 주었는데, 로마의 시인 유베날리스는 이를 '빵과 서커스'라는 말로 풍자했다.

로마가 세계를 정복한 후 식민지에서 엄청난 양의 식량을 탈취해 오면서 100만 명 로마 시민은 식량을 직접 생산하지 않아도 먹고살 수 있었다. 나라 안에서 아예 농민이 사라질 정도였다고 한다. 그러나 오랜 정복 전쟁에서 오는 피로와 불만은 누적되었으니 민중에게 당근, 즉 기분 풀이용 놀이를 제공할 필요가 있었다. 시민들에게 식료품을 무상으로 제공하고 검투 시합과 전차 경주를 무료 관람하게 하며 대목욕장을 지어 제공한 것은 이런 이유다. 이렇게 민중의 불만을 서커스와 빵으로 무마하려 들자 유베날리스가 풍자시를 썼던 것이다. 흥청망청 '빵과 서커스'의 시절을 보내던 제국은 4세기부터 정치적 혼란과 외적의 침입으로 몰락의 길을 걷기 시작했다.

3

중세 수도원 수학과
그레고리력 이야기

수도원에 갇힌 중세수학

로마에서 100km 정도 위쪽에 있는 오르비에토를 다녀오기로 했다. 오르비에토는 높은 절벽 위에 지어진 중세 산악 도시로 보존이 잘된 곳이다. 차가 로마를 빠져나와 고속도로를 달리자 근교 풍경이 펼쳐졌다. 산과 언덕들이 아침 물기를 머금어 푸릇푸릇하였다. 북쪽으로 달리는 차 안에서 언덕 위에 우뚝 자리한 중세의 성과 수도원 모습을 더러 볼 수 있었다. 로마 제국이 무너진 후 여러 지역이 분쟁을 겪으면서 언덕 위에 성을 짓고 마을을 형성한 경우가 많았다. 나의 이야기도 자연스럽게 고대 로마 제국을 벗어나 중세 시대로 접어들게 되는 것이다.

   화려한 제국의 수도로 1000년 동안 황금기를 누리던 로마는 324년 콘스탄티노플이 로마 제국의 새로운 수도가 되면서 쇠퇴했다. 결국 로마 제국은 동과 서로 분열되었고 서로마였던 로마는 주변 이민족의 침략으로 파괴되면서 5세기에 이르러 멸망하고 말았다. 지금의 이스탄불인 콘스탄티노플에 건설된 동로마 제국은 비잔틴 제국으로 번영을 누리며 15세기까지 유지되었다. 서로마 제국이 몰락한 5세기 중엽부터 르네상스 시대가 올 때까지의 시기를 유럽 역사에서 중세 시대라고 한다. 특히 6세기에서 11세기에 이르는 시기를 '암흑기'라고 부르는데 종교와 관련이 없는 학문은 금지되거나 제한되었기 때문이다.

로마 제국 시대에 추상적이고 이론적인 그리스 수학이 헬레니즘 수학으로 계승되어 이집트 알렉산드리아에서 발전을 이루었다. 로마에서 수학은 셈법과 상업, 측량, 토목건축에 응용할 수 있는 실용적 측면에서 연구되었다. 이러한 로마의 셈법과 실용 수학은 중세 유럽 사회에서도 제한적이나마 명맥을 이어 갔다.

5세기 초 알렉산드리아에서 천재 여성 수학자 히파티아가 그리스도 교도에 의해 이교도라는 이유로 처참하게 살해되면서 헬레니즘 수학은 막을 내렸다. 또한 529년경 아테네 학교도 로마 황제의 명령에 의해 폐교되면서 그리스 학문의 맥이 끊겼다. 몇몇 학자는 탄압을 피해 페르시아로 피신했는데 그곳에서 아라비아 수학과 결합된 연구를 계속했다. 중세라는 암흑기에 아라비아 수학이 발전한 것은 자연스러운 결과였다.

한 시간쯤 달리자 놀랍게도 200m 높이의 암반 절벽 위에 자리 잡은 중세 도시가 나타났다. 절벽 위의 도시 오르비에토는 전략적 요새와도 같이 방어력이 매우 뛰어나 한때 로마 교황의 피신처가 되기도 했다. 교황이 피신했다는 깊이 600m 넘는 유명한 우물이 있고, 시가지 지하에는 고대인들이 살았다는 3000년 된 동굴이 미로처럼 뻗어 있다.

이 도시를 구경하려면 케이블카를 타고 올라가야 한다. 케이블카에서

절벽 위에 세워진 중세 도시 오르비에토의 대성당은 1300년대에 지은 웅장한 규모의 고딕 양식 건축물이다.

내려 마을버스를 타고 시내로 들어가니 절벽 위에 지은 도시인데도 궁전과 교회, 박물관, 시청사까지 갖출 것은 다 갖추고 있었다. 도시의 중심부인 광장에 내리자 눈부시게 하얀 빛깔의 대성당이 웅장한 자태로 서 있다. 1300년대에 세워진 이 대성당은 뾰족한 첨탑들이 치솟은 고딕 양식 건축물로, 화려한 그림과 조각 장식이 있었다. 정면 모습을 사진 한 컷에 다 담기 어려울 정도로 웅장한 규모였다.

중세를 대표하는 건축 양식은 로마네스크 양식과 고딕 양식이다. 로마네스크 양식은 로마 시대를 잇는 건축 양식으로 둥근 돔 지붕과 아치형 기둥이 특징이고, 로마네스크 양식 이후 발달한 고딕 양식은 하늘을

135개의 첨탑과 3000여 개의 조각상이 있는 밀라노 대성당은 중세를 대표하는 고딕 양식 건축물이다.

찌를 듯 높이 솟은 첨탑들과 화려한 스테인드글라스 창문이 특징이다. 이탈리아에서 가장 화려한 고딕 양식 건축물로는 밀라노에 있는 대성당을 꼽을 수 있는데, 135개의 첨탑과 3000여 개의 조각상으로 외관을 장식한 걸작이다.

  중세 이탈리아는 교회가 모든 것의 중심이 되는 종교 공동체 사회였다. 각 지방은 주교와 수도원이 넓은 영지를 갖고 지배했으며 주교가 있는 대성당(이런 성당을 '두오모'라고 불렀다)을 중심으로 사회체제가 유지되었다. 두오모 대성당은 보통 양쪽에 종탑과 세례당을 거느렸고, 이 세 건물 주위의 두오모 광장을 중심으로 공공건물, 시장, 상점, 주택이 방사형으로 자리를 잡았다. 이탈리아 어느 도시를 가더라도 이런 도시 구조를 볼 수 있다.

중세 시대에는 교육도 교회와 수도원이 운영하는 부속 학교에서만 행해졌으며 따라서 이 시기에는 수도원이 곧 학문을 연구하고 각종 문헌을 보관하는 장소였다. 그러나 그리스도교를 연구하는 라틴 학문 이외에는 금기시되고 제한되었으므로, 수학과 과학 역시 다른 학문과 마찬가지로 이른바 '신학의 시녀'로 전락해 수도원 안에서 종교적 제한 범위를 벗어나지 못한 채 연구되었다. 그래서 이 시기의 수학을 두고 '수도원 수학'이라 부른다. 수학을 연구할 때조차 신과 관련된 부분만 연구해야 해서 수학의 논리적이고 합리적인 정신을 잃고 말았으며, 수학의 기본으로 자리 잡았던 그리스 수학의 전통도 점점 사라졌다.

중세를 대표하는 수학자로 5~6세기에 활동하며 《수론》을 쓴 보에티우스가 있지만, 그의 연구는 수에 신비성을 부여하는 작업이었거나 자연수, 완전수, 소수 등으로 수를 분류하는 데 그쳤다. 그는 1은 신, 2는 선과 악, 3은 삼위일체를 의미하는 수라고 하며 1, 2, 3은 6의 약수이며 그 합도 6이 되므로 완전수라고 주장했고, 또한 이는 신이 천지를 창조한 6일을 의미한다고도 했다. 이는 피타고라스학파의 수론에서 영향을 받은 것이기도 했다. 보에티우스의 저작은 매우 빈약한 내용인데도 몇 세기 동안이나 중세 수도원 학교의 표준 교과서로 사용되었다. 보에티우스는 신플라톤주의 저서 《철학의 위안》을 쓴 중세 스콜라철학의 기초를 마련한 철학자였으나 반역 혐의와 신성 모독의 죄를 뒤집어쓰고 처형당하고 말았다.

또한 7~8세기 영국의 신학자 베다가 연구한 수학도 애초 교회의 축일이나 부활절을 계산하기 위한 용도였는데, 이를 계산하려면 해와 달

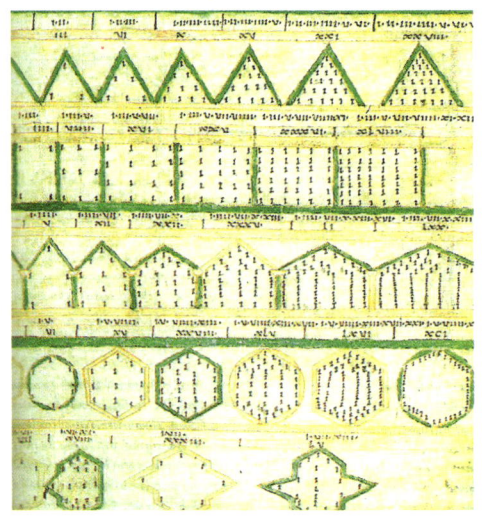

5~6세기 보에티우스가 쓴 《수론》의 부분도. 그는 수를 형상화하여 분류했는데 피타고라스학파의 수론에서 영향을 받은 것으로 보인다.

의 주기와 천체의 운동에 대한 정확한 연구가 필요했고, 그 덕분에 천문학과 수학이 발전을 이룰 수 있었다. 베다는 신학의 중요한 저서들을 남겼으며 19세기 말에 성인으로 추증追贈되었다.

로마숫자와 새로운 산술법이 전해지다

중세에는 로마의 숫자와 계산법이 두루 쓰였다. 알파벳으로 표기하는 로마숫자는 로마와 유럽에서 약 2000년 동안 사용되었고 지금도 쓰인다. 하지만 로마숫자는 수를 표기하는 데는 어느 정도 유용하지만 계산을 하는 데는 너무 복잡해 적합하지 않았고, 더군다나 그 체계를 마련하기가 어려웠다. 자릿수마다 표기가 달랐으므로 간단한 곱셈을 할 때조차 여러 단계를 거치며 복잡하게 계산했기 때문에 보통 사람은 배우기가 어려웠다. 단지 수도원에서만 독점적으로 그 방법을 가르쳤다.

로마숫자는 다섯 손가락을 상징하듯 1부터 5까지를 기본으로 했고, 5를 가리키는 V를 두 개 붙여 10을 뜻하는 X를 만들었다. 또 100을 나타내는 C는 centum(100을 의미하는 단어)에서, M은 mille(1000을 의미하는 단어)에서 나왔다. 로마 셈법으로는 로마숫자를 오른쪽으로 이어 붙이면 덧셈을 의미했고 왼쪽으로 붙이면 뺄셈을 의미했는데, 그런 식으로 IV(4)와 VI(6)을, IX(9)와 XI(11)을 구분했다. 따라서 2012년을 로마숫자로 표기하면 'MMXII'이다.

I	II	III	IV	V	X	L	C	D	M
1	2	3	4	5	10	50	100	500	1000

이탈리아 상인들을 통해 인도와 아라비아의 편리한 십진법 숫자와 계산법이 전해졌지만 중세의 교회는 이방에서 전해진 것이라는 이유로 그것을 금지했다. 교회의 지배 세력은 새로운 숫자를 쓰는 사람들을 새로이 등장한 저항 세력으로 보았고 심지어 이단자로 몰아 마녀사냥식 화형까지 감행했다. 앞서 언급했듯이 아라비아숫자는 처음에는 인도에서 발명되었지만 아라비아 상인들이 주로 사용하다가 유럽에 전해졌기 때문에 아라비아숫자라고 불린다.

12~13세기 중세는 여러 분야에서 변혁기를 맞았다. 인구가 늘고 농업도 발전하여 사회 전체가 전반적으로 부유해지면서 화려한 고딕 양식의 대성당을 건축하기 시작했다. 그리고 성지인 예루살렘을 점령하기 위해 십자군 원정에 대대적으로 나서면서 이슬람 제국과 전쟁을 벌였다. 약 200년에 걸친 십자군 원정으로 교역과 상업이 활발해졌고 항

그레고 라이히의 판화 〈산술의 화신〉(1503년)은 아라비아숫자와 산술, 로마 주판셈의 경쟁을 보여 준다(왼쪽). 로마숫자와 아라비아숫자를 나란히 쓴 16세기의 문서(오른쪽).

구 도시인 베네치아, 제노바, 피사 등이 번성했으며 중북부 지역의 피렌체, 볼로냐, 밀라노 같은 도시도 크게 발전했다. 각 지방의 유력 가문이 이들 도시에 자치 공화국을 세웠고 부유한 시민도 많아졌다.

상업과 수공업이 발달하자 좀 더 정밀한 계산술이 요구되었으며 이에 따라 상인들 사이에 먼저 전해진 인도-아라비아숫자와 그 계산법이 활발히 사용되기 시작했다. 교회의 로마식 계산법과 새로운 계산법 간에 경쟁이 벌어진 셈인데, 16세기까지는 이 싸움이 계속되었지만 더 효율적인 새로운 계산법은 그 누구도 막을 수 없는 대세였다. 그와 더불어 학문의 암흑 시대에서도 점차 벗어나는 분위기였다.

대학이 설립되어 수도원이 독점하던 교육과 학문 탐구가 이루어졌다.

11세기 볼로냐에 처음 대학이 설립되었고, 이후 유럽에서 옥스퍼드, 파리, 케임브리지 대학 등이 설립되었다. 이들 대학에서 중세에는 금지되던 고대 그리스 학문이 부활했고, 중세 이전의 전통적 기초 과목이던 산술과 기하학, 논리학, 천문학을 다시 가르쳤으며, 그러한 학문에 대해 학위도 수여했다.

또한 15세기에는 구텐베르크가 금속활자를 발명해 인쇄술이 발달하면서 수학책도 대량으로 발행될 수 있었다. 특히 상업이 발달했던 수상 도시 베네치아에서 산술 관련 책이 많이 발행되었는데, 익명의 《트레비소 산술서》, 보르기가 쓴 《상업 산술》은 인기가 높았다. 베네치아 출신의 수도사이자 수학자인 파치올리는 1482년 유클리드의 《원본》을 라틴어로 번역했으며, 1494년에 《산술, 기하, 비 및 비례 요약 대전》(흔히 '대전'이라고 부른다), 1497년에 《신성 비례》를 출간했다.

파치올리가 쓴 《대전》에서는 대수 방정식 풀이에 약어와 기호를 썼는데, 더하기는 p('더 많은'이란 뜻의 piu의 약자), 빼기는 m('적은'이란 뜻의 meno의 약자), 같음은 ae('같다'는 뜻의 aequalis의 약자), 그리고 미지수는 co('것'이란 뜻의 cosa의 약자), 미지수의 제곱(x^2)은 'ce', 세제곱은 'cu'로 표기했다. 이러한 과정을 거치며 수학에서 사용하는 문자와 기호들이 체계적으로 발전할 수 있었고, 나중에는 오늘날 우리가 사용하는 +, −, =과 같은 수학기호가 만들어졌다.

새로운 시대를 향한 변혁의 움직임은 수학 분야만이 아니라 중세 사회 전반에서 일어났다. 교회가 금지한 지동설은 콜럼버스 같은 탐험가들이 신대륙을 발견하고 갈릴레오와 케플러가 그에 관한 이론을 발전시키면서 흔들릴 수밖에 없었으며, 이에 따라 교회의 권위도 점차 무너졌

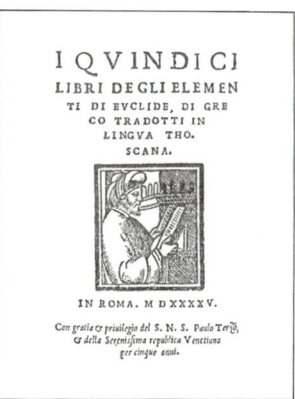

베네치아의 수학자 루카 파치올리의 초상화. 책상에 정십이면체가 있고 왼쪽 위에 다면체가 매달려 있으며, 파치올리가 기하학 교본을 펼치고 있는 모습이다(왼쪽). 1545년 로마에서 출간된 유클리드의 《원본》. 표지에는 유클리드를 가상으로 그려 놓았고, 발행 연도가 로마숫자로 표기되어 있다(오른쪽).

다. 또한 상업과 도시가 발달하면서 교회 중심의 봉건제가 몰락했고 그 자리를 시민계급이 메웠다. 인쇄술과 망원경 발명 등으로 과학기술의 혁신도 가속화했다.

이러한 변화가 1000년 동안의 문화적 암흑기와 정체기 속에서 제한받던 학문과 예술의 부활을 이끌었다. 그런 의미에서 새 시대는 '재생과 부흥'을 뜻하는 르네상스 시대로 불렸다. 시대를 거스를 수 없었는지 교회 역시 15~16세기에는 변화를 위한 새 단장을 하고 자신의 지배력을 유지하려고 안간힘을 썼다.

바티칸에서 만난 '그레고리력'

실권한 로마 교황은 프랑스에서 망명 생활을 하기도 했다. 이른바 '아비뇽 유수'(1309~1377년까지 교황청을 프랑스 아비뇽으로 옮겨 간 사건)에서 돌아온 교황은 추락한 권위를 다시 세우기 위해 먼저 시스티나 성당을 짓고 바티칸의 성 베드로 대성당을 재건축했다. 1615년 100여 년 만에 완공된 대성당은 건축가 브라만테와 미켈란젤로, 베르니니가 참여하여 수백 개의 기둥과 제단, 조각상으로 웅장하고 화려하게 지어졌다. 특히 대제단 위에 미켈란젤로가 설계한 돔은 아름답기로 유명하다.

현재 교황청이 있는 바티칸 시국은 테베레 강 서안의 바티칸 언덕에 자리한, 세계에서 가장 작은 독립국가이다. 1870년 이탈리아는 통일국가가 되었고 교황은 지배력을 상실했다. 1929년에야 대립하던 교황청과 무솔리니 정부 사이에 라테란 조약이 체결되어 교황청 주변 지역을 바티칸 시국이라는 독립국으로 선포하기에 이르렀다. 0.44km² 면적으로, '로마 안의 독립국가'로 존재하는 바티칸 시국은 전체가 높은 성벽으로 둘러싸여 있다. 바티칸의 모든 건물은 스위스 근위병들이 지키는데, 이들이 입는 화려한 복장을 미켈란젤로가 디자인했다고 한다.

바티칸 궁전의 예술 작품들을 모아서 전시하는 바티칸 박물관은 로마에서 가장 많은 관람객이 몰려드는 곳이다. 아침 일찍 서둘러 가도 한참이나 줄을 서서 기다린 후에야 입장을 할 수 있다. 많은 전시실과 복도를 지나 2층 '라파엘로의 방'으로 부랴부랴 올라갔다. 〈아테네 학당〉 그림이 있는 '서명의 방'으로 들어섰을 때는 방의 크기가 생각보다 작다는 느낌을 받았다. 프레스코 그림은 사진으로 보는 것보다 엷은 색을 띠었다. 그림에 등장하는 인물의 수가 많아서인지 굉장히 큰 그림일 것이라고 막연히 생각해 왔는데, 실제로는 아담한 크기로 벽면 하나를 차지하고 있었다. 좁은 방이었고 사람들로 붐빈 탓에 카메라에 제대로 그 그림을 담을 수가 없었다. 사진 찍기를 과감히 포기하고 나니 오히려 그림을 보는 데 집중할 수 있어서 좋았다.

바티칸 박물관의 하이라이트는 역시 미켈란젤로의 불후의 명작이 있는 시스티나 성당이었다. 성당 안은 햇빛을 차단해 어두웠으며 관람객이 너무나 많이 몰려 있어 매우 혼잡했다. 성당 정면에서 미켈란젤로가 1541년에 완성한 제단화 〈최후의 심판〉을 볼 수 있었다. 이 그림은 장대한 구도에 따라 총 391명의 인물이 등장하는데, 인간이 취할 수 있는 모든 형태의 동작과 표정이 그려졌다. 듣던 대로 나체의 인물들은 중요 부위가 가려져 있었다. 〈최후의 심판〉이 처음 공개되었을 때 신성한 교회에 벌거벗은 그림을 그렸다는 비난이 쏟아졌고, 교황의 명령에 따라 화가 볼테라가 나체들에 대해 마치 기저귀를 채우듯 덧칠을 한 것이다. 미켈란젤로의 제자였던 볼테라는 원화를 훼손하지 않으려고 최선을 다했지만 결국 평생 동안 '기저귀 화가'라는 놀림을 받아야 했다.

고개를 젖혀 올려다보니 20m 높이의 천장에 그려진 〈천지창조〉가 보인다. 약 800m² 넓이의 천장에 그려진 〈천지창조〉는 색채가 매우 밝고 화려해 마치 하늘에서 환한 빛을 쏟아 붓는 듯했다. 목을 젖히고 보느라 목덜미가 몹시 아팠다. 목을 바로 했다가 다시 올려다보기를 수차례 반복하며 그림을 보았다. 보는 것만으로도 이렇게 목이 아픈데 도대체 저 높은 천장에 어떻게 그림을 그릴 수 있었을까. 실제로 미켈란젤로는 지독한 고통 속에서 〈천지창조〉를 그렸다고 한다. 등이 굽고 목을 움직이지 못할 정도로 통증에 시달렸으며 아래로 떨어지는 물감이 눈으로 들어가 시력도 손상을 입었다. 너무도 혹독한 작업이라 조수들도 일찌감치 도망갔고 혼자서 외로이 극한의 고통 속에서 작품을 완성해 냈다.

시스티나 성당에는 미켈란젤로의 프레스코화 〈최후의 심판〉과 〈천지창조〉가 있다. 제단화와 천장화로 그려진 이 불후의 명작이 있는 시스티나 성당에서는 교황 선출과 취임식이 행해진다.

3 콜로세움에서 외치다_이탈리아 수학

미켈란젤로의 천재적 능력과 더불어 불굴의 인내력을 보여 주는 작품인 것이다. 올려다볼수록 탄성이 나왔고 눈으로 보면서도 믿기지 않는 재능이었다.

박물관을 나와 성 베드로 대성당으로 갔다. 대성당 앞에 웅장하게 펼쳐진 '성 베드로 광장'은 가로 340m, 세로 240m의 타원 모양으로 17세기 바로크 시대의 예술가 베르니니가 완성했다. 넓은 타원 광장 양쪽을 빙 둘러 마치 양팔로 감싸 안듯 284개의 도리아식 원기둥이 열 지어 서 있는데, 지정된 한 장소에서 보면 신기하게도 기둥들이 한 줄로 보인다. 해시계 역할을 하는 거대한 오벨리스크가 중앙에 서 있고 그 양쪽으로는 분수가 있다. 광장을 나와 곧장 걸어가면 테베레 강이 나온다.

성 베드로 대성당의 역사는 2000년 전으로 거슬러 올라간다. 64년경 베드로가 순교하자 바티칸 언덕의 공동묘지에 묻혔고 그 위에 작은 성당이 지어졌다. 이후 4세기 콘스탄티누스 황제 때 모양을 갖춘 대성당이 거기 세워졌다가 현재의 모습으로 재건축되었다. 검색대를 통과한 후 특별한 경우에만 열린다는 거대하고 화려한 청동문을 구경하며 안으로 들어갔다.

길이 187m, 너비 42m인 대성당의 내부는 르네상스와 바로크 미술의 걸작품으로 가득 차 있었다. 오른편에 미켈란젤로의 '피에타' 조각상이 유리 보호막 안에 있었다. 미켈란젤로가 23세 때 만든 작품이라는 게 믿기지 않을 정도로 완벽한 비탄과 장엄한 감동을 주었다. 대제단은 성 베드로의 무덤자리 바로 위에 있었으며 그 위쪽으로는 베르니니가 만든 청동 천개天蓋(관 뚜껑)가 장중하게 서 있었고 오른편에는 청동으로 만든 베드로상이 있었다. 대제단 뒤로 계단을 내려가면 교황의 묘들이

성 베드로 대성당은 2000년 전 순교한 베드로의 무덤 위에 처음 지어져 1615년에 재건축되었다. 136.5m 높이의 돔 천장은 미켈란젤로가 설계했으며, 대성당 앞에는 원기둥들로 둘러싼 타원형 광장이 있다.

있는데 2005년에 타계한 요한 바오로 2세의 묘도 있었다. 고개를 젖혀 천장을 올려다보니 미켈란젤로가 설계해서 올렸다는 지름 42.5m, 높이 136.5m의 돔이 까마득히 보였다. 판테온 신전의 돔과 크기가 비슷했고 햇빛이 쏟아져 들어와 천장의 화려한 그림을 환히 비추었다.

　대성당 양쪽에 있는 기념비와 조각상을 천천히 둘러보다가 오른편의 중간쯤에서 그레고리우스 13세 기념비를 발견했다. 지금 우리가 사용하는 달력인 그레고리력을 만든 그 교황이다. 교황은 달력에 큰 오차가 생기자 독일의 수학자 클라비우스를 시켜 역법을 새로 창안하게 했고 그렇게 해서 만들어진 그레고리력을 선포했다. 크리스토퍼 클라비우스는 16세기 후반에 산술과 대수에 관한 교과서를 썼으며 삼각법과 천문학에 대해서도 저술했다. 특히 유클리드의 《원본》을 번역 출간했는데, 이 저서는 그 후에 나온 많은 《원본》 해설서에 귀중한 자료가 되었다.

로마의 초기 달력은 1년이 304일 열 달로 이루어졌으며 현재의 3월이 한 해의 첫 번째 달이었다. 이는 10월이 여덟 번째 달로 October의 어원인 'oct'가 8을 나타내는 어간이며, 12월의 December도 열 번째 달로 어원 'de'가 10을 나타내는 어간으로 쓰이는 것을 보면 알 수 있다. 그 후 기원전 713년경 폼필리우스 왕에 의해 두 달이 추가되어 1년을 열두 달로 정했다.

기원전 46년경 율리우스 카이사르가 이집트 정벌 후 이집트 역법을 적용해 달력을 만들었다. 이 율리우스력은 홀수 달은 31일, 짝수 달은 30일, 2월은 29일로 하여 1년을 365일로 정했고 4년마다 2월에 하루를 추가한 윤년을 두었다. 이때 카이사르는 자신이 태어난 7월을 자신의 이름을 뜻하는 율리우스^{Julius}(영어로 July)로 바꾸었다. 바로 다음에 황제가 된 아우구스투스도 자신이 태어난 8월을 아우구스투스(영어로 August)로 바꾸고 카이사르에 뒤질 수 없어 하루 더 추가한 31일로 만들었으며, 대신에 2월을 28일로 줄였다. 이렇게 만들어진 로마의 달력은 16세기까지 오랫동안 사용되었다.

그런데 율리우스력에서 1년은 평균 365.25일로 지구의 공전 주기인 365.242196과 0.007804일, 즉 11분 23초 차이가 생긴다. 이는 128년($1 \div 0.0078 = 128.2$년)이 지나면 하루의 오차가 발생하는 것과 같았고, 그러자 16세기에 이르러서는 열흘 이상 차이가 생기고 말았다. 춘분인 3월 21일이 달력상으로 3월 11일이 되자 교회에서는 부활절 날짜가 바뀌게 되는 중대한 문제가 발생했다. 부활절은 춘분 다음에 만월이 지난 후 처

성 베드로 대성당 안에는 1582년 그레고리력을 선포한 교황 그레고리우스 13세의 기념비가 있다(위). 로마에서 인쇄된 그레고리력 표지이다(오른쪽).

음 돌아오는 일요일로 해 두었기 때문이다. 교황 그레고리우스 13세는 1582년 10월 4일의 다음 날을 10월 15일로 결정하고 달력을 새로 정했다. 그리하여 1582년 10월 5일부터 14일까지 열흘이 달력에서 사라져 역사 속에 그 자취를 전혀 남기지 못하게 되었다.

그럼 그 이후 그레고리력은 날짜를 어떻게 계산했을까? 교황 그레고리우스 13세의 요청으로 수학자 클라비우스가 가장 고민한 부분은 윤년을 정하는 문제였다. 윤년을 4의 배수인 해로 하되 100의 배수인 경우는 윤년에서 제외했으며, 단 400의 배수가 되는 해는 윤년으로 정했다. 즉 1600년은 400의 배수이므로 윤년이었고 1700년은 100의 배수이고 400의 배수가 아니므로 윤년이 아니었다. 또 1900년과 2100년도 윤년이 아니고 2000년은 400으로 나누어떨어지는 해이므로 윤년이다.

이렇게 계산하면 16세기부터 20세기까지 400년 동안 모두 97회의 윤년이 있었고, 그에 따라 1년의 평균 날수는 365.2425일이 되어 지구의 공전 주기에 아주 근접했다. 그러나 이마저도 지구의 공전 주기인 365.242196일과 1년에 0.000304일(약 26초)의 차이가 생긴다. 계산해 보면 3323년마다 하루가 더 많아지는 차이가 또 발생하게 되는 것인데, 이를 보충하기 위해 윤년 중에서 4000의 배수가 되는 해를 윤년에서 제외하여 평년으로 했다. 이러한 그레고리력은 이탈리아와 가톨릭 국가에서 사용되어 오다가 20세기에 이르러서는 전 세계에서 널리 사용되었다. 우리나라는 1895년에 그레고리력을 도입했다.

4
르네상스 미술 속에
숨어 있는 기하학

르네상스 거장들의 고향, 피렌체

로마를 떠나는 날 아침 가방을 끌고 거리로 나오니 노란 꽃을 든 여인들이 눈길을 끌었다. 미모사 가지에 개나리꽃 같은 꽃이 노랗게 조랑조랑 피어 있었다. 그날은 3월 8일, 바로 '세계 여성의 날'이었다. 이날 이탈리아 남성들은 여성들에게 노란 미모사 꽃을 준다. 애인이나 어머니, 누이, 직장의 여성 동료에게. 낭만적으로 여성의 날을 기념해 주고 있었다. 세계 여성의 날은 100여 년 전 미국에서 여성들이 참정권과 노동권을 위해 투쟁했던 날을 기념해 정한 것인데, 우리나라에서도 여성단체를 중심으로 이날을 기념하고 각종 행사를 연다. 하늘거리는 꽃을 보며 꽃의 도시 피렌체로 가는 발걸음을 재촉했다.

로마 테르미니 역에서 급행열차를 타고 르네상스의 발상지 피렌체로 향했다. 기차는 아펜니노 산맥을 따라 북쪽으로 달렸다. 산과 언덕, 올리브와 포도를 키우는 땅들이 펼쳐졌고 저 멀리로는 흰 눈에 뒤덮인 높고 험준한 산도 보였다. 이탈리아는 북으로 갈수록 고산지가 많고 기온도 떨어진다. 아펜니노 산맥을 넘어가면 사람들의 체형이 남부 지방 사람들보다 크고 날씨처럼 성격도 좀 더 차갑고 도시적이다.

피렌체는 아르노 강이 도시 한가운데를 지나는 아름다운 도시로 이탈리아 중부 토스카나 지방의 중심지이며 피사, 베네치아, 밀라노처럼 중세에 강력한 도시국가를 이루었던 곳이다. 도시공화국들은 1870년에야 이탈리아로 통일되었다. 통일국가의 역사가 짧은 탓인지 이탈리아 각 지역은 지방색이 강하게 남아 있는 편이다. 이탈리아인들은 출신지를 중요하게 생각하며 각 지방이 자치적이고 독립적인 성격을 지닌다.

피렌체는 르네상스가 가장 먼저 시작된 도시로, 15~16세기에 그 절정을 이루며 세계적인 거장들을 배출했다. 르네상스의 선구자이자 세기의 명작인 《신곡》을 쓴 단테의 고향이며, 르네상스 3대 거장 레오나르도 다 빈치, 미켈란젤로, 라파엘로가 태어나거나 왕성하게 활동한 곳이기도 하다. 또 《데카메론》으로 르네상스 인문주의의 토대를 마련한 보카치오, 《군주론》을 써서 근대정치론의 초석을 마련한 마키아벨리, 수학자이자 천문학자인 갈릴레오, 르네상스 건축의 선구자 브루넬레스키 등 인류사에 길이 남을 사상가, 시인, 예술가, 과학자가 활동하던 학문과 문화의 중심지였다. 당시 피렌체의 분위기를 마키아벨리는 "화려한 옷차림에 명석하고 빈틈없는 말솜씨를 가진 피렌체 신사들이 있는 곳"으로 표현했다. 이는 당시 지성과 예술의 도시로 화려한 꽃을 피웠던 피렌체의 모습을 잘 알려 준다.

그 시대에는 사상가들이 책을 쓰거나 이론을 펴고 예술가들이 작품

산타크로체 성당에는 미켈란젤로, 다 빈치, 갈릴레오 등 피렌체 출신의 위대한 인물들이 잠들어 있고 성당 안에는 그들의 기념비가 세워져 있다(위쪽부터 성당 외부와 내부 그리고 오른쪽 아래는 미켈란젤로의 기념비).

에 몰두하려면 부유한 가문의 재정적 후원이 필요했는데, 그중 피렌체에서 특히 영향력을 발휘한 가문은 메디치였다. 메디치 가문은 두 명의 교황을 배출한 가문으로서 피렌체의 정치, 경제, 교육을 지배했고 궁전, 교회, 수도원, 도서관을 건축하고 장식하는 데 드는 비용을 지불했다. 그리고 대대적인 인재 지원과 예술적 후원으로 뛰어난 학자와 예술의 거장들이 피렌체로 몰려들게 했다. 그리하여 피렌체는 다른 곳보다 앞서 르네상스를 꽃피우고 절정기를 이루었다.

르네상스 시대의 대표작들을 만날 수 있는 피렌체 우피치 미술관 입구에는 르네상스 시대 거장들의 인물 조각상이 서 있다. 미켈란젤로, 다 빈치, 갈릴레오 등 24개의 인물상을 볼 수 있는데 모두 피렌체 출신이다. 또한 미술관에서 아르노 강을 따라 동쪽으로 조금 더 올라가면 산타크로체 성당이 있는데 이들 예술가와 학자들이 거기 잠들어 있다. 성당 안에서 미켈란젤로, 다 빈치, 갈릴레오, 단테, 마키아벨리의 무덤과 함께 그들과 관련된 기념비와 조각상도 볼 수 있다.

르네상스의 꽃, 피렌체 대성당 돔

피렌체의 중앙역인 산타마리아 노벨라 역에 도착했다. 먼저 옛 피렌체의 중심이던 두오모 광장에 갔다. 좁은 차도를 따라 시내를 구경하며 설렁설렁 걸었는데도 광장에 금세 도착했다. 눈이 휘둥그레질 정도로 화려하고 웅장한 흰 대리석 건물이 좁은 광장을 꽉 채우고 있었다. 중세에 건설된 다른 도시들과 마찬가지로 피렌체의 두오모 대성당 역시 양쪽에 세례당과 종탑을 거느리고 있다.

피렌체의 두오모 대성당은 무려 150여 년이라는 긴 시간을 거쳐 1436

년에야 완성되었다. 이 대성당은 르네상스를 상징하는 건축물의 하나로, 피렌체가 가장 자랑하는 유산이다. 중세건축의 상징은 신을 향하여 치솟은 첨탑으로 대표되는 고딕 양식이었으나 피렌체 대성당은 거기서 벗어나 그리스와 로마의 고전건축 개념을 부활시켰다. 그래서 이 대성당을 르네상스를 상징하는 건축물이라고 하는 것이다. 두오모 대성당이 지어진 후부터 이탈리아의 성당과 건축물에서 거대한 돔을 올리는 방식이 다시 유행하게 되었다. 바티칸의 성 베드로 대성당도 미켈란젤로가 두오모 대성당의 돔 건축 양식을 보고 영감을 얻어 건축한 것이었다.

두오모 대성당의 거대한 돔이 마치 붉은 꽃봉오리 같다 하여 '산타마리아 델 피오레(꽃의 성당)'라고 불린다. 실제로 두오모 돔의 모양은 팔각형으로 여덟 개의 꽃잎으로 이뤄진 꽃봉오리 형상이다. 전체 높이는 114m이고 거대한 돔은 높이 89m 지름 45m의 반구형이며, 로마에 있는 판테온과 바티칸의 성 베드로 대성당 돔의 크기와 비슷하다. 그리고 돔은 전체 높이와 이음새까지를 89m : 55m로 분할했는데, 그 비율이 놀랍게도 1.618로 황금비이다. 돔의 모양이 완벽한 아름다움을 드러내는 것은 그 때문인가 보다.

대성당 안으로 들어갔다. 높고 둥근 돔에는 위엄이 가득 서려 있다. 그러나 화려함을 자랑하던 붉은 꽃의 외부 이미지보다는 단순하고 소박한 느낌이었다. 로마의 성 베드로 대성당이나 라테라노 대성당같이 웅장하고 화려하게 치장된 내부를 이미 본 탓인지 더욱 그렇게 보였다. 돔 천장과 바닥에서 돔의 팔각형을 볼 수 있었으며, 대성당의 돔 꼭대기로 오르는 계단도 있었다.

두오모 대성당 바로 앞에는 성 조반니 세례당이 있는데 이 역시 팔각

15세기 르네상스 건축가 브루넬레스키가 거대한 돔 지붕을 올려 완성한 피렌체 두오모 대성당. 돔 지붕이 꽃봉오리 모양이고, 고전 건축을 부활시켰다는 의미에서 '르네상스의 꽃'이라 불린다.

형 건물이다. 세례당의 동문東門인, '천국의 문'이라는 황금 색깔의 문을 보기 위해 사람들이 바글바글 몰려 있었다. 그 건너편에는 지오토가 설계한 종탑이 하늘을 향해 우뚝 솟아 있다. 세례당 뒤로 메디치 가문의 예배당과 성 로렌초 성당, 리카르디 궁전, 방대한 고문서가 소장된 도서관 등 메디치 가문 소유의 건축물들이 있었다. 이 건축물들도 르네상스 양식을 보여 주는데, 건물의 기둥머리에는 이오니아식 소용돌이 모양과 코린트식 아칸서스 잎을 함께 장식했다. 과연 르네상스 건축물답게 그리스와 로마의 고전건축 양식이 많이 눈에 띄었다.

두오모 광장을 나오면 명품 매장이 들어선 중심가도가 나온다. 단테의 생가를 보고 중심가 뒤편으로 가죽 제품을 값싸게 파는 벼룩시장을 구경했다. 피렌체는 가죽 수제품의 품질이 뛰어나다. 이탈리아의 유명 제품은 지방의 유력 가문들을 위한 옷을 짓거나 가죽 제품, 장신구, 공예품을 만들며 수백 년 동안 가업을 이어 오다가 명품 반열에 오르며 유명해지는 경우가 많다. 패션fashion이라는 말도 '만들다'라는 뜻의 라틴어에서 유래했다.

피렌체 시가지는 지도에 나온 것보다 훨씬 작은 규모였다. 중심가를 따라 걸으면 어느새 시뇨리아 광장이 나오고 아르노 강으로 이어졌다. 피렌체는 중앙역에서 두오모 광장과 시뇨리아 광장은 물론, 강 건너 지역까지 다 걸어 다닐 수 있을 정도로 작은 도시다. 광장 주위로 좁은 길들이 방사형으로 뻗어 있어 간혹 길을 잘못 들면 엉뚱한 곳으로 들어서기도 했지만 무심코 걷다 보면 어느새 또다시 광장으로 나오게 된다.

시뇨리아 광장은 피렌체에서 가장 화려하고 큰 광장이다. 광장에는 '옛 궁전'이라는 뜻의 베키오 궁전이 있고 옥외에는 조각품들이 전시되어 있다. 고대 그리스와 로마 시대의 조각과 비슷해 '르네상스 조각상'으로 불린다. 미켈란젤로의 작품인, 4m 높이의 다비드 조각상 복제품도 볼 수 있었는데 진품은 아눈치아타 광장의 아카데미아 미술관에 있다. 베키오 궁전 옆으로 우피치 미술관이 있고 거기서 다시 아르노 강변과 다리로 연결된다. 오래된 상점들이 빼곡히 들어선 베키오 다리를 건너 미켈란젤로 언덕에 올랐다.

미켈란젤로 언덕에 오르면 아르노 강이 흐르는 피렌체가 한눈에 들어온다. 오렌지 빛깔 지붕들이 마치 꽃잎을 뿌려 놓은 것같이 예뻤다. 영어식으로는 '플로렌스'라고도 불리는 피렌체는 과연 '꽃의 도시'라 할 만했다. 나풀거리는 꽃잎들 속에서 우뚝 솟은 가장 크고 붉은 꽃봉오리가 바로 두오모 대성당의 돔이다. 두 눈에 피렌체를 가득 담으니 왠지 황홀해져 괴테가 떠올랐다. 괴테는 로마로 향하는 길에 잠시 들른 피렌체에서 겨우 세 시간밖에 머물지 못했고 그 점을 아쉬워하지 않았던가. 그래도 내가 괴테보다 큰 행운을 누린 것만은 분명해 보인다.

르네상스 미술의 원근법과 사영 기하학

우피치 미술관은 세계에서 르네상스 미술품이 가장 많은 미술관으로 알려져 있다. 미술관 외부에 서 있는 24개 인물상을 둘러보고 안으로 들어갔다. 수학자 피보나치 조각상도 있다고 들었는데 보이지 않아 몹시 아쉬웠다. 건물을 보수하느라 몇몇 인물상은 장막으로 가려 두었는데 아마 그 가운데 있을 듯했다.

우피치 미술관 안에서 그간 사진으로만 접했던 미켈란젤로와 다 빈치와 지오토 그리고 카라바조 등의 유명 작품들을 보았다. 사람들이 많이 몰린 곳은 역시 보티첼리의 작품이 있는 방이었다. 그 방에서 처음 눈에 띈 것은 잘 알려진 작품 〈봄〉이었다. 500여 종의 식물과 꽃을 그려 식물도감을 방불케 하는 환상적인 그림으로, 당시 사람들이 생물학에 관심이 높았음을 짐작할 수 있다. 보티첼리가 1485년경 완성한 〈비너스의 탄생〉은 과연 완벽하게 아름다운 작품이었다. 이 작품은 가로세로의 비율이 1.618인 황금비이며 비너스의 상체와 하체도 황금비를 이룬다.

르네상스 회화의 기초가 된 그림은 마사치오의 〈성 삼위일체〉로, 피렌체의 산타마리아 노벨라 성당 안에 있는 프레스코 벽화이다. 피렌체의 중앙역인 산타마리아 노벨라(SMN) 역에서 나왔을 때 가장 먼저 보이는 건물이 산타마리아 노벨라 성당이다. 1429년경 제단화로 그려진 〈성 삼위일체〉는 미켈란젤로의 스승 마사치오가 그린 것인데 원근법을 최초로 시도하여 르네상스 회화의 기초가 되었다.

중세 회화에서는 언제나 신을 중심에 그리고 인간은 주변적인 것으로 묘사했으며 실제로 눈에 보이지 않는 부분까지 화면에 그려 넣었다. 그러나 '인간 중심'의 가치관을 부흥하고자 한 르네상스 시대에는 인간의 눈에 보이는 대로 사실적으로 그렸다. 이 같은 투시화법은 먼 것은 작게, 가까운 것은 크게 그리는 원근법을 사용했다. 보이는 세계인 3차원 공간을 2차원 평면에서 실감나게 그리기 위해 원근법을 사용해 그림 위의 한 점에서 만나도록 구도를 잡아 그렸다. 이를 '소실점'이라고 한다. 3차원 공간에서는 만나지 않는 평행선이지만 2차원의 그림에서는 소실점에서 만나게 된다.

산타마리아 노벨라 성당의 내부는 웅장했지만 화려하지는 않았다. 빛바랜 프레스코 벽화와 천장화가 800년이 넘은 성당의 나이를 잘 말해

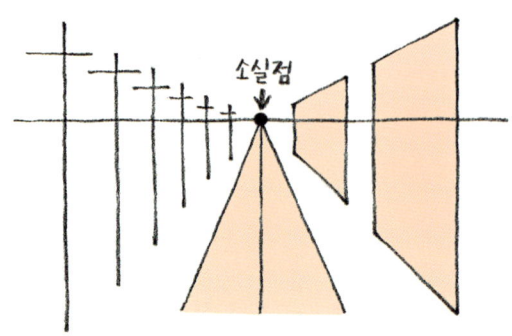

1429년경 마사치오가 피렌체 산타마리아 노벨라 성당 안에 그린 프레스코 벽화 〈성 삼위일체〉는 최초로 원근법을 시도한 그림으로서 르네상스 회화의 기초가 된다.

주고 있었다. 가로 3.17m, 세로 6.67m 크기의 제단화로 그려진 마사치오의 〈성 삼위일체〉는 출입문 맞은편 벽에 있었다. 프레스코화를 직접 보면 확실히 사진으로 보던 것과는 느낌이 다르다. 사진보다 훨씬 색이 옅고, 사진에서 볼 때는 주로 붉은색이던 부분이 실제로는 모두 옅은 분홍색을 띠었다.

이 벽화는 십자가의 예수를 중심으로 한 직사각형 구도였으며 꼭짓점들이 예수 그리스도의 머리 위의 한 점에 모이도록 소실점을 잡았다. 또 아랫변의 두 꼭짓점은 발끝의 한 점에 모이도록 했고, 둥근 천장의 무늬를 이루는 사각형들도 모두 발끝의 소실점에 모였다. 이는 감상자의 실제 눈높이가 되도록 성당 바닥에서 1.5m 정도 되는 지점으로 잡

13~14세기에 지어진 피렌체 산타마리아 노벨라 성당에는 르네상스 회화의 기초가 된 마사치오의 프레스코화와 초기 르네상스 예술의 거장들이 그린 회화 그리고 조각들이 있다.

앉다. 이렇게 소실점을 감상자의 눈높이에 두어 그림이 더욱 사실적으로 보이도록 했는데 화가가 그림을 그리기 전에 치밀하게 계산했으리라 짐작할 수 있다.

그리고 마치 벽 뒤로 공간이 있는 것처럼 보이도록 공간적 깊이를 그림에 담았는데, 실제로 계산해 보면 그림 속 예배당의 천장은 가로가 2.13m, 깊이는 2.75m라고 한다. 그래서 이 작품이 처음 공개되었을 때 벽에 큰 구멍이 뚫린 것처럼 보여 사람들이 무척 놀랐다고 한다. 원근법 그림을 처음 접한 사람들의 눈길이 연장된 소실점을 따라갔을 테니 그런 느낌을 받았을 만도 하다. 최초로 원근법 그림을 그려 르네상스 미술 시대를 열었던 마사치오는 27세의 이른 나이에 요절했다.

르네상스 시대부터 그림에 활발히 사용된 원근법은 새로운 수학을 탄생시키기도 했다. 3차원의 입체 대상을 2차원의 평면에 투사하는 방법으로서 수학에서 '화법기하학'이 나온 것이다. 화법기하학은 나폴레옹 시대에 몽주와 퐁슬레가 적의 요새를 파악하기 위해 그린 도면을 시작으로 점차 체계화되었고 근대에는 '사영기하학'으로 발전하게 되었다.

'사영射影'이란 어떤 한 점으로부터 빛을 발사해 대상물에 투영하는 것으로, 도형이나 입체를 투영된 다른 평면으로 옮기는 것을 말한다. 사람의 눈이 가깝고 먼 물체를 구분할 수 있는 것은 입체적 사물을 사영 평면으로 옮겨 사영기하학적 관점에서 바라보기 때문이다. 예를 들어 철길을 바라보았을 때 먼 거리에서는 두 철길이 가느다란 선이 되어 소실점에서 서로 만나는 것처럼 보인다. 또 원래 도형이 정사각형이라면 스크린에 비친 사영의 단면은 사다리꼴이나 평행사변형 등 임의의 사각형이 될 수 있다. 우리가 정육면체를 바라볼 때 앞이나 옆, 위에서 바라보는 위치와 각도에 따라 평행사변형이나 사다리꼴 모양으로 보이는 것과 같은 이치다. 또 원도 보는 각도에 따라서는 타원으로 보일 수 있다. 사영기하는 한마디로 '보는 기하'인 것이다.

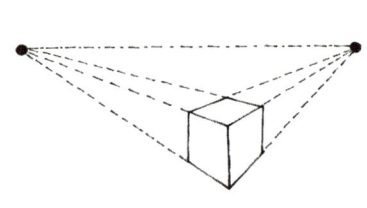
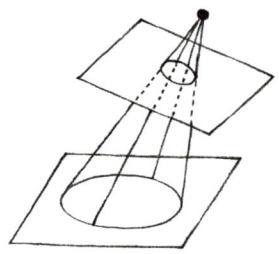

어떤 한 점(눈)으로부터 나아가 만들어지는 사영을 하나의 평면으로 잘랐을 때 사영 평면이 만들어지고, 이렇게 만든 사영 평면은 일종의 스크린 효과를 내게 된다. 이때 대상을 보는 눈의 위치에 따라 절단은 수없이 생기고 사영 평면도 무수히 나올 수 있다. 다음 그림과 같이 눈으로 보는 시점에서 평면 위에 있는 모든 점을 잇는 직선들을 사영이라 하고, 이것을 절단하여 얻어지는 평면(스크린)이 있을 때 평면 위의 사각형 ABCD는 사영 단면에서 A′B′C′D′의 모양이 된다. 바로 이것이 우리 눈에 비치는 모습이다. AB와 CD는 평행이지만 A′B′와 C′D′는 평행이 아니며 두 선분을 연장하면 한 점 O에서 만나는 것처럼 보인다. 또 정사각형은 보는 위치에 따라 평행사변형이나 사다리꼴 모양이 된다. 결국 사영기하학에서는 사다리꼴 같은 임의의 사각형이 정사각형과 합동이 될 수도 있는 것이다.

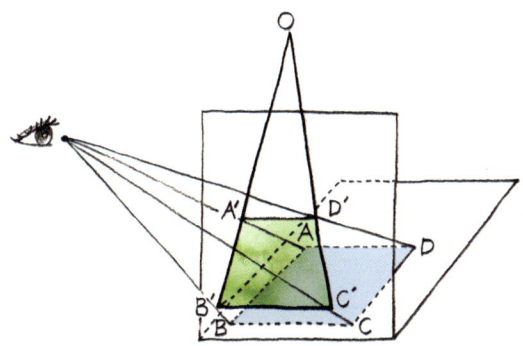

이렇게 사영과 절단에 의해 만들어지는 도형의 성질을 연구하는 것이 사영기하학이다. 기존의 기하학이 도형을 고정된 시각으로, 변하지 않는 도형으로 바라보았다면 사영기하는 무수히 많은 평면에 투영하여

다양하게 나타나는 도형을 연구한다. 19세기 초부터 수학의 한 분야로 자리 잡은 사영기하학은 2차원 평면인 모니터나 스크린에서 3차원 입체 이미지를 만드는 데 꼭 필요한 이론이며, 최근에는 애니메이션 제작에서도 활발히 이용되고 있다.

다 빈치의 '인체 비례' 그림과 작도 문제

원근법이 가장 잘 표현된 르네상스 그림은 레오나르도 다 빈치가 그린 〈최후의 만찬〉이다. 밀라노의 산타마리아 델라 그라치에 성당에 있는 수도원의 식당 벽화로 그려진 이 그림은, 열두 명의 제자 중 한 사람이 자신을 배반할 것이라는 예수의 말을 듣고 당황하며 놀라는 제자들의 모습을 생생하게 담고 있다. 그래서 이 수도원 식당에서 식사를 한 후대의 수도사들은 예수를 비롯한 그 열두 제자들과 만찬을 함께하는 듯한 기분을 느꼈을 것이다.

실제로 〈최후의 만찬〉은 식당 벽면의 천장 모서리 선이 그림 속의 천장 모서리 선과 정확히 일치하게 그려졌고, 예수의 이마 위에 소실점이 오도록 원근법에 따라 그려져 삼차원적 입체감을 느끼게 해 준다. 다 빈치 이전에도, 성서 속의 한 장면인 '최후의 만찬'을 소재로 그림을 그린 화가는 많았다. 하지만 원근법을 사용하지 않은, 르네상스 이전 시기의 그 그림들은 다 빈치의 그림과 비교해 보면 너무나 평면적이어서 별로 생생하지 않다는 걸 알 수 있다. 중세 말의 화가 지오토가 1306년 그린 〈최후의 만찬〉과 비교해 보면 잘 알 수 있다.

유화로 그려진 다 빈치의 〈최후의 만찬〉은 제2차 세계대전 때 폭격으로 손상을 입었는데 1999년에야 복원에 성공했다. 그림을 보고 싶어서

1490년대 밀라노의 산타마리아 델라 그라치에 수도원의 식당 벽화로 그려진 레오나르도 다 빈치의 〈최후의 만찬〉은 원근법이 가장 잘 표현된 그림이다(위). 1306년경 지오토가 그린 〈최후의 만찬〉과 비교해 보면 입체감의 차이가 확연하다(아래).

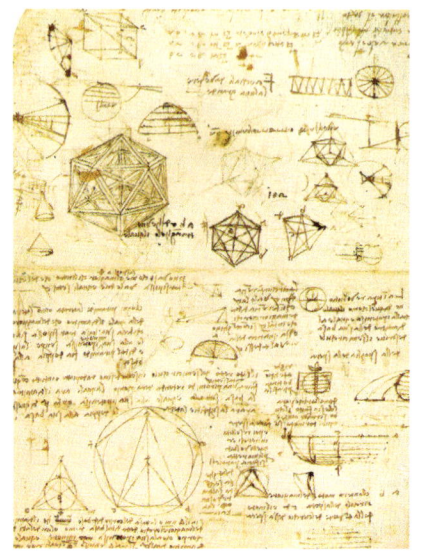

다 빈치가 남긴 과학 노트의 일부로, 기하학적 그림과 수학적 계산이 적혀 있다.

밀라노에 갔지만 볼 수가 없었는데, 한 달 전에는 미리 관람 예약을 해야 볼 수 있기 때문이었다. 〈최후의 만찬〉이 있는 밀라노에는 다 빈치 동상과 과학 박물관이 있다. 과학 박물관에서는 다 빈치의 과학 노트를 기초로 각종 과학 기구를 만들어 전시한다. 〈모나리자〉를 그린 화가로 유명한 다 빈치는 15~16세기 이탈리아 르네상스에 가장 기여한 예술가, 인문학자, 과학자, 발명가였다. 그의 이름은 재미있게도 '빈치 출신의 레오나르도'라는 뜻인데, 토스카나 주에 있는 빈치^{Vinci}에서 태어났기 때문에 붙은 이름이다.

다 빈치는 많은 인체 해부학적 스케치와 기발한 과학적 아이디어, 기하학적 그림과 수학 계산이 적힌 과학 노트를 남겼다. 다 빈치의 해부학적 스케치를 바탕으로 많은 예술가가 작품을 만들 수 있었다고 전해

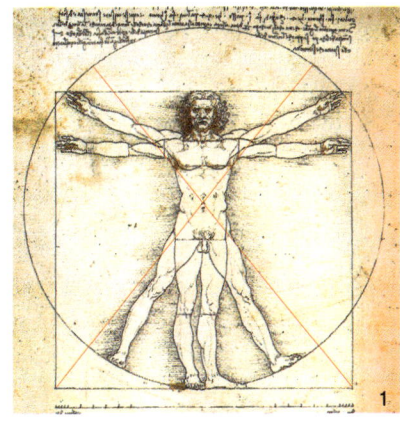 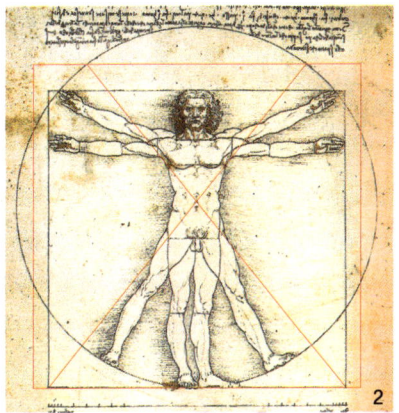

1490년대에 다 빈치가 자신의 과학 노트에 그린 〈비트루비우스의 인체 비례〉(왼쪽). 이 그림에서 원과 넓이가 같은 정사각형 작도를 시도해 볼 수 있다(오른쪽).

■ 원과 넓이가 같은 정사각형 작도 방법
1 정사각형 밑변의 두 꼭짓점에서 배꼽을 교차하여 지나는 사선을 그리면 원과 만나게 된다.
2 사선이 원과 만나는 교점들을 지나는 직선을 그리고, 같은 길이로 세로선을 그리면 새 정사각형이 만들어진다.

지고, 미켈란젤로와 라파엘로 같은 거장들도 그의 영향을 받은 것으로 알려졌다. 그의 인체 스케치 중 가장 유명한 그림은 〈비트루비우스의 인체 비례〉이다. 이 그림은 이탈리아에서 사용하는 1유로 동전에도 새겨졌고 소설 《다 빈치 코드》에도 주요 소재로 등장한다.

〈비트루비우스의 인체 비례〉는 로마 시대 건축가 비트루비우스가 쓴 《건축 10서》에 나오는 인체 비례를 해석한 그림이다. 비트루비우스는 사람이 두 팔을 벌리면 원과 정사각형을 그릴 수 있고, 사람의 머리는 신장의 8분의 1이며 얼굴 길이는 10분의 1이 된다고 이 책에 썼는데, 다 빈치가 이 내용을 팔등신 인체가 팔을 벌린 자세로 그린 것이다.

이 그림을 보면, 신장의 6분의 1 길이가 되는 어깨선에서 수평이 되도록 팔을 벌려 왼손 끝에서 오른손 끝까지의 길이가 신장과 같으므로 인체를 정사각형 안에 그려 넣었다. 또 인체가 팔을 머리 높이까지 뻗고 두 다리가 정삼각형이 되도록 벌리는 자세도 취하고 있는데, 신장이 14분의 1만큼 짧아져 인체의 중심은 배꼽이 된다. 이때 배꼽을 중심으로 벌린 손과 발의 끝을 스치도록 원을 그린다.

인체가 만든 이 원을 보면 2000년 동안 수학사에서 해결이 불가능했다는 3대 작도 문제를 떠올릴 수 있다. '원과 같은 넓이를 갖는 정사각형을 작도하는 문제'가 그것이다(2장 4절 '신화 속에서 걸어나온 수학'에서 언급한 작도 불가능한 문제 참조). 그렇다면 다 빈치의 인체 그림에서 원과 넓이가 같은 정사각형을 작도해 보자. 처음 그린 정사각형 밑변의 두 꼭짓점에서 배꼽을 교차해서 지나도록 사선을 두 개 그리고, 그 사선들이 원과 만나는 두 교점을 수평으로 지나는 직선을 그린 후 그것과 같은 길이로 세로선을 그리면 새로운 정사각형이 만들어진다.

새로 만든 큰 정사각형은 원의 넓이와 같은데, 이때 정사각형과 원의 넓이의 비는 1:1.000373으로 거의 1:1이다. 이렇게 해서 다 빈치는 그때까지 작도 불가능한 문제로 남아 있던 '원과 넓이가 같은 정사각형'을 그리려 했다. 물론 해결할 수 없는 작도 불가능 문제이지만, 다 빈치는 〈비트루비우스의 인체 비례〉를 통해 2000년간 풀지 못한 문제를 해결하고자 했던 것이다. 수학적 관점에서 보면 아주 멋진 그림이다.

5
근대수학을 준비한 곳, 피사의 사탑

'피사의 레오나르도'가 발견한 피보나치수열

피렌체에서 기차를 타고 사탑의 도시로 유명한 피사로 향했다. 피사는 피렌체에서 서쪽으로 한 시간 정도 아르노 강을 따라 내려가면 되는 리구리아 해에 인접해 있다. 바다에 인접한 피사는 중세에 강성한 도시국가를 이루어 교역과 상업이 활발했다. 아르노 강이 피사 시의 한가운데를 남북으로 가르며 흘렀고, 대성당과 사탑이 있는 두오모 광장은 강의 북쪽에 있었다.

피사의 중앙역에 내려 두오모 광장까지 20분 정도 걸었다. 강변에 있는 갈릴레오 갈릴레이 길을 따라 걸으니 피보나치 길로 이어졌다. 피보나치 길 옆 오래된 공원에서 피보나치 석상을 찾아 헤맸으나 결국 찾지 못했다. 나중에야 피보나치 석상이 두오모 박물관으로 옮겨졌다는 것을 알게 되었다. 피보나치수열로 유명한 레오나르도 피보나치는 피사에서

피사의 두오모 박물관에 있는 레오나르도 피보나치 석상. 피보나치는 13세기 초 인도와 아라비아의 산술을 소개하는 책을 썼는데, 이 책에 유명한 피보나치수열이 나온다.

태어나 '피사의 레오나르도'라고 불린다.

피보나치는 인도와 아라비아의 새로운 산술을 가장 앞서 연구하고 전파한 13세기 초의 수학자이다. 그의 이름 피보나치는 '보나치의 아들'이라는 뜻인데, 그가 아라비아를 돌아다니는 이탈리아 상인의 아들로 태어난 것은 중세의 행운이었다. 피보나치는 그리스와 이집트를 돌아다니며 수의 체계를 공부했지만, 특히 아라비아에서 산술을 배우며 그 매력에 흠뻑 빠져 1202년 인도-아라비아숫자와 계산법을 설명하는 수학책 《산반서$^{Liber\ abaci}$》를 썼다.

이 책은 아라비아의 수학자 알 콰리즈미의 영향을 받은 것으로, 사칙연산과 분수의 계산, 비례, 방정식, 제곱근과 세제곱근 등 산술과 대수학에 관한 내용이 담겼다. 특히 12장에서는 '문제의 해법'으로 유명한 수열을 제시했는데, 그것이 19세기에 '피보나치수열'로 알려지면서 그를 유명 수학자의 반열에 올려놓았다.

피보나치수열은 토끼의 수를 세는 문제를 푸는 과정에서 처음 등장했다. "암수 한 쌍의 토끼가 태어나 두 달이 되면서부터 매달 암수 한 쌍의 새끼를 낳는다고 할 때 n달 후의 토끼는 모두 몇 쌍일까?" 하는 문제였다.

토끼의 수를 따져 보자. 첫째 달과 둘째 달은 한 쌍이고, 셋째 달은 한 쌍이 태어나므로 두 쌍이 되며, 넷째 달에는 다시 한 쌍이 태어나 모두 세 쌍이 된다. 또 다섯째 달에는 어미 토끼와 새끼 토끼에게서 각각 한 쌍씩 태어나 모두 다섯 쌍이 되고, 그 다음 달에는 앞에 태어난 세 쌍에게서 새끼들이 또 태어나 여덟 쌍이 되는데, 이렇게 매월 태어난 토끼의 쌍을 적어 보면 다음과 같은 수열이 된다. 이것이 바로 피보나치수열이다.

1, 1, 2, 3, 5, 8, 13, 21, 34, 55, 89, 144, …

피보나치수열은 앞의 두 수를 더하면 그 다음 수가 되는 규칙을 갖고 있다. 1과 1을 더하면 2가 되고 2와 3을 더하면 5가 되며 5와 8을 더하면 그 다음 수인 13이 되는 식이다. 이런 규칙을 가졌기 때문에 피보나치수는 쉽게 찾을 수 있다.

피보나치수는 자연에서도 볼 수 있다. 꽃잎의 수를 세어 보면 장미, 채송화, 동백꽃은 다섯 장, 모란과 코스모스는 여덟 장이고, 데이지의 꽃잎 수는 13, 21, 34이며, 쑥부쟁이도 꽃잎의 수가 55나 89로 피보나치수이다. 꽃의 꽃잎 수가 피보나치수인 경우가 많다. 다시 말해 꽃잎이 열 장이나 스무 장인 경우는 찾기 어렵다. 물론 네잎클로버도 찾기 힘들다.

이와 같은 피보나치수는 나뭇가지가 뻗어 나가는 수, 솔방울 비늘의 배열, 파인애플 껍질 마디의 배열, 해바라기씨의 배열에서도 볼 수 있다. 또 앵무조개 껍질도 피보나치수열로 나선형 소용돌이무늬를 만든다. 피보나치수열에서 더욱 놀랍고 신비한 발견은 연속된 두 피보나치수의 비를 계산하면 황금비에 가까운 값이 된다는 것이다.

$$\frac{8}{5}=1.6 \quad \frac{13}{8}=1.625 \quad \frac{34}{21}=1.619\cdots \quad \frac{89}{55}=1.618\cdots$$

기울어진 종탑 위에서 물체를 떨어뜨리면?

아르노 강의 다리를 건너 옛 성벽과 성문을 지나자 넓은 풀밭으로 조성된 두오모 광장이 나타났고, 눈부시게 흰 대리석 건물이 웅장하게 서 있었다. 1118년에 지어진 피사의 대성당은 로마네스크 건축 양식으로, 둥근 돔 지붕을 아치 기둥이 지탱하고 있었다. 중세 도시의 기본 형식에 따라 두오모 대성당을 중심으로 왼편에 세례당을, 오른편에 종탑을 거느리고 있었다.

광장으로 걸어 들어가니 대성당 건물 뒤에 숨어 있던 대리석 종탑이 슬쩍 고개를 내민다. 기울어진 모습에서 한눈에 그것이 사탑임을 알아보았다. 삐딱하게 서서 사람들을 맞는 사탑을 보자 반가운 마음이 들어 한달음에 달려갔다. 거대한 8층 종탑은 정말로 많이 기울어 있었고, 층

피사의 대성당과 그 옆의 사탑. 16세기 후반 갈릴레오 갈릴레이가 낙하 실험을 한 곳으로 유명하다.

마다 30개의 아름다운 아치 기둥이 떠받치고 있었다. 사진으로만 보던 것을 가까이서 확인하니 몹시 감격스러웠다.

  이 종탑은 마치 기울어져 가는 중세 교회의 운명을 보여 주는 듯했다. 종탑은 1173년 건축 공사에 들어갔을 때부터 기울어지기 시작해 도중에 공사를 중지했다가 1350년에야 기울어진 모습 그대로 완공되었다. 800년 넘는 세월 동안 이미 기울어진 종탑이 완전히 쓰러지지 않는 것이 오히려 불가사의하게 여겨지고 있다. 탑이 기운 것은 지반이 약해 그 일부가 붕괴된 것이 원인이었다. 남쪽 지반이 점토와 모래 충적토였던 탓에 남쪽으로 기울었고 종탑 또한 아랫부분이 지하 3m까지 내려앉았다. 종탑이 완성된 후에도 매년 약 1mm씩 계속 기울어 꼭대기가 바닥

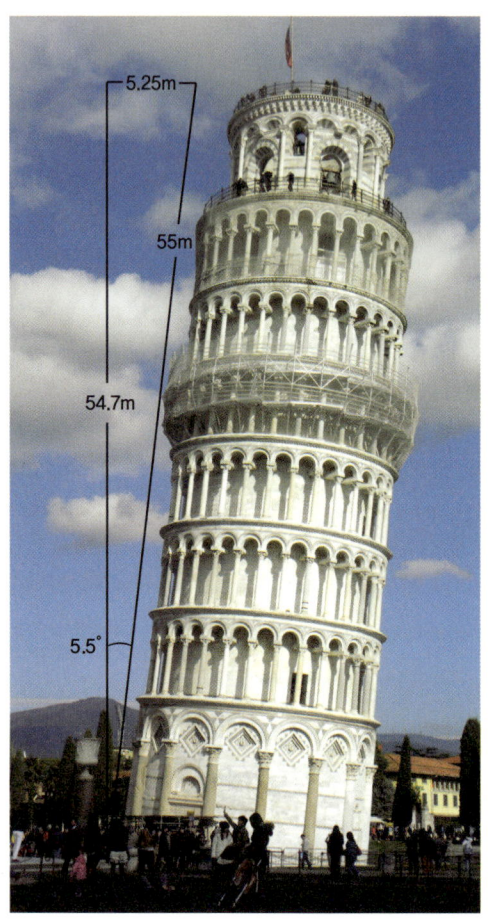

1350년 기울어진 채 완성된 종탑은 원래 길이 55m에서 점점 더 기울어 지상에서 탑까지의 높이가 낮아졌다. 이때 기울어진 각도와 탑의 높이를 삼각함수로 구할 수 있다.

에서 이어지는 수직선에서 맨 윗부분은 5.25m나 튀어나올 정도였다. 땅에서부터 탑의 꼭대기까지의 길이는 55m이다. 그렇다면 이때 지상에서 탑까지의 높이와 기울어진 각도는 얼마일까?

$55^2 - (5.25)^2 ≒ 2997$

$\sqrt{2997} ≒ 54.7\text{m}$

지상에서 탑 꼭대기까지의 높이를 피타고라스의 정리로 구하면 54.7m로 탑의 실제 길이인 55m보다 약 30cm 낮아진 것이다. 또 기울어진 각도는 삼각함수로 구할 수 있다. 사인함수 값을 구하면 약 0.0955가 되고 삼각함수표를 이용하면 5.5°가 된다.

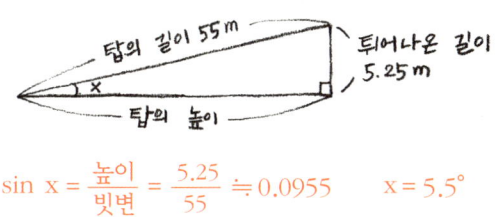

$$\sin x = \frac{높이}{빗변} = \frac{5.25}{55} \fallingdotseq 0.0955 \qquad x = 5.5°$$

사탑이 저 상태로 계속 기운다면 2040년이면 완전히 무너지리라는 '붕괴론'이 1990년에 제기되었다. 이탈리아 정부는 사람들의 진입을 막은 채 사탑에 대한 정밀 진단을 실시했고, 세계 각국에서 이 문제를 해결할 기술적 방안이 쏟아져 나왔다. 이탈리아 정부는 엄청난 양의 시멘트를 바닥에 부어 지반을 단단히 다졌지만 별 효과가 없자 북쪽 지반을 깎아 흙을 제거하는 공법을 쓰는 한편 강철 로프를 매다는 방법을 쓰기도 했다. 이런 방식으로 사탑이 기우는 것을 막기 위해 온갖 노력을 기울인 결과 땅과의 수직면에서 튀어나온 부분이 5.25m에서 44cm 줄어들었다. 그리고 기울어진 각도도 기존의 5.5°에서 현재는 4°이다. 그런데 역설적으로 사탑의 기울기가 줄어들자 관광객의 발길도 줄어들었다고 한다.

사탑은 복원 공사를 한 지 10년 후부터는 제한된 인원만 예약을 받아 오르도록 하고 있다. 나도 입장료를 내고 사탑 오르기에 도전했다. 종탑 꼭대기까지 294개로 이뤄진 계단을 올랐다. 앵무조개의 피보나치수를

앵무조개의 피보나치수를 연상시키는 294개의 나선형 계단을 오르면 6t 무게의 종 일곱 개가 걸린 사탑 꼭대기에 다다른다.

연상시키는 나선형 계단을 모두 오르면 종탑 꼭대기에 일곱 개의 커다란 종이 걸려 있다. 6t 무게의 이 종들은 움직이지 않도록 잘 고정되어 있었으며 그 종들 사이로는 두오모 광장과 빨간색 지붕의 피사 시내가 아름답게 펼쳐졌다.

까마득한 두오모 광장을 내려다보고 있노라니 갈릴레오의 낙하 실험이 떠오른다. 갈릴레오는 이 높은 곳에 올라와 두 개의 쇳덩어리를 동시에 땅에 떨어뜨리는 물체 낙하 실험을 했다고 알려졌다. 1604년에 그는 낙하하는 물체의 등가속도 운동 법칙을 증명했다. 하지만 갈릴레오가 실제로 피사의 사탑에 올라 그런 실험을 했는지는 확실하지 않다.

등가속도 운동이란 운동하는 물체의 가속도(시간에 대한 속도 변화율)

가 일정한 운동을 말한다. 대표적 예로 피사의 사탑처럼 높은 곳에서 물체를 떨어뜨리는 자유낙하 운동을 들 수 있는데, 낙하하는 물체는 지구의 중력에 의해 지구의 중심 방향으로 떨어지게 되고 물체의 무게와 상관없이 중력가속도($g = 9.8m/s^2$)로 등가속도 운동을 한다.

이는 무거운 돌과 가벼운 종이를 같은 높이에서 떨어뜨렸을 때 떨어지는 데 걸리는 시간이 같다는 말이 된다. 그런데 실험을 해 보면 당연히 무거운 돌이 먼저 떨어진다. 왜 그럴까? 무거운 물체가 먼저 떨어지는 것은 공기의 저항을 덜 받기 때문이다. 다시 말해 종이가 공기와 더 많이 부딪치기 때문에 늦게 떨어지는 것이다. 만약 종이를 뭉쳐서 떨어뜨리면 더 빨리 떨어지게 되고, 공기 저항이 없는 달에서 떨어뜨린다면 종이를 뭉치든 펼치든 상관없이 똑같은 속도로 떨어질 것이다.

갈릴레오는 물체가 떨어지는 속도에 공기의 저항이 큰 영향을 준다는 사실을 알고 있었다. 그런데 그는 만약 그 점을 무시하면 어떻게 될까 하는 기발한 착상을 했고 거기서 자유낙하 물체의 등가속도 운동 법칙을 발견한 것이었다. 그의 발상은 물체의 낙하 속도는 그 무게에 의해 결정된다고 아리스토텔레스가 주장한 이래로 2000년간 인류가 빠져 살았던 착각을 확 바꾼 획기적 사건이었다.

갈릴레오는 망원경을 만든 발명가였고, 지구자전설을 주장한 천문학자이자 물리학자였다. 그는 원래 의학을 공부하려 했지만, 피사 대학에서 수학적 논증으로 해석한 수학 논문들을 발표해 25세에 수학 강사가 되면서 수학자로서 연구 업적을 쌓기 시작했다. 그는 "자연은 수학의 언어로 씌었다."라고 말하기도 했다.

갈릴레오 램프, 근대수학의 지평을 열다

종탑 꼭대기를 한 바퀴 돌아보고 내려와 대성당 안으로 들어갔다. 대성당 내부는 중세 시대의 건물과 유사한 구조로, 돔 천장이 매우 높고 청동 램프가 유난히 많은 것이 인상적이었다. 돔 천장을 올려다보다가 높이 매달린 커다란 청동 램프에 눈길이 가 닿았다. 바로 '갈릴레오 램프'라고 불리는 램프다.

1583년 갈릴레오는 이 대성당 안에서 저 청동 램프를 보았다. 나이 스물도 안 된 청년은 청동 램프에서 천재적 직감을 떠올렸다. 당시 갈릴레오는 피사 대학에서 의학과 수학을 공부하는 학생이었다. 그는 높이 93m 천장에 매달린 청동 램프의 흔들림을 보면서 자신의 맥박을 재어 시간을 측정한 뒤 램프의 왕복 주기가 진폭과 상관없이 일정함을 발견했다(실제로 갈릴레오가 보고 영감을 얻은 램프가 대성당의 램프 중 어느 것인지는 확실하지 않다고 한다).

갈릴레오는 청동 램프처럼 한 점에 고정된 채 매달린 진자추는 흔들리는 진폭이 작아져도 왕복 시간은 일정하다는 '진자의 등시성'을 이 대성당에서 최초로 발견한 것이다. 보통은 매달린 물체의 진폭이 클 때 왕복 시간도 더 많이 걸릴 것이라 생각하게 되는데, 당연해 보이던 기존의 관념을 갈릴레오가 또 한 번 뒤집은 것이었다. 이 이론은 후대의 수학자와 과학자의 연구에 중요한 이론적 뒷받침이 되었다. 특히 1656년 네덜란드의 수학자이자 과학자인 크리스티안 호이겐스는 이 발견을 기초로 '진자 운동으로 만든 시계'를 발명했다.

진자 운동이란 아래로 향하는 힘(무게)과 줄이 잡아당기는 힘(장력)이 진자에 작용해 진자를 움직이는 것을 말한다. 즉 진자의 무게와 줄의 장

피사 대성당 내부. 높이 93m 천장에 매달린 청동 램프는 갈릴레오가 '진자의 등시성'을 발견하는 데 계기가 되었다. 흔히 '갈릴레오 램프'라고 불린다.

력에서 진자를 움직이는 실제 힘이 작용하는 것이다. 물리학에서 '힘'은 물체의 위치나 형태를 변형시키려는 작용을 말하며 크기와 방향을 가진다. 또 '무게'는 질량과는 다른 의미로 지구에서 물체를 끌어당기는 중력重力의 크기를 말하며 힘의 단위가 된다. 천장에 매달린 진자가 움직이는 실제 힘은 중력에 의해 아래로 향하는 힘(무게), 줄이 잡아당기는 힘(장력)이 작용하여 발생하는 것이다.

아래 그림과 같이 무게와 줄의 장력, 진자가 운동하는 실제 힘으로 직각삼각형을 그릴 수 있다. 흔들리는 각도 θ에 따라 진폭이 달라져 무게와 장력은, 실제 힘이라는 변량을 갖는 함수관계에 있게 된다. 무게는 직각삼각형의 빗변에, 실제 힘은 높이에 각각 비례함을 알 수 있다. 즉 진자가 움직이는 힘을 실제 힘이라고 할 때 $\frac{실제\ 힘}{무게}$라는 관계식이 성립하고, 이는 삼각비 $\sin\theta(\frac{높이}{빗변})$와 관련이 있다. 따라서 실제 힘은 '무게$\times\sin\theta$'가 된다.

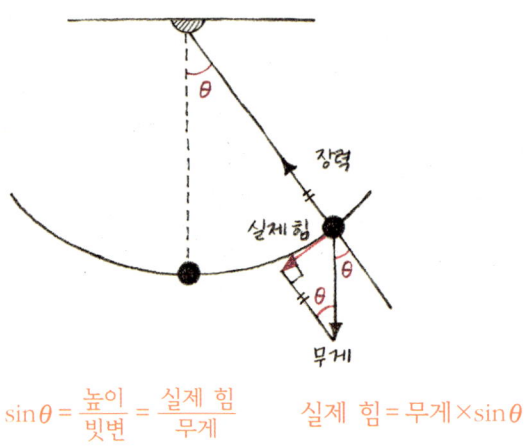

$\sin\theta = \frac{높이}{빗변} = \frac{실제\ 힘}{무게}$ 실제 힘 = 무게$\times\sin\theta$

갈릴레오가 대성당과 사탑에서 발견한 놀라운 이론들은 보통 사람들은 당연하게 여기던 것에 대해 '과연 그럴까?' 하는 의문을 품은 데서 비롯되었다. 무거운 물체가 먼저 떨어진다는 당연한 결과를 그냥 받아들이지 않고 '왜 그렇지?' 하는 의문을 품었으며, 그것이 '만약 공기의 저항이 없다면 어떨까?' 하는 질문으로 이어지면서 새로운 이론이 창출된 것이다. 또 대성당의 청동 램프가 큰 폭으로 흔들릴 때 왕복 시간이 더 걸릴 것이라는 일반의 생각에 머물지 않고, '과연 그럴까?' 하는 의문을 품고 관찰한 결과 기존의 생각이 틀렸음을 발견할 수 있었다. 누구나 당연하게 여기는 것일지라도 의문을 품고 새로운 답을 구했다는 점에서 2000년 전 최초로 수학을 연구한 학자 탈레스와 닮았다. 탈레스와 갈릴레오를 통해 알 수 있듯이, 남다른 생각과 관찰력을 지닌 사람에 의해 진리는 밝혀지고 법칙은 만들어지는 것이다.

대성당의 높은 돔 천장에 길게 매달린 램프를 올려다보며 과연 이곳은 근대과학의 행운의 장소가 될 만하다는 생각이 들었다. 만약 천장이 낮아 줄이 짧게 매달렸다면 램프가 너무 빨리 움직여 주기가 일정하다는 것을 눈치 채지 못했을지 모른다. 줄이 길어 진폭이 충분히 컸고 맥박 수로 시간을 측정할 수 있을 만큼 천천히 왕복했으므로 갈릴레오가 제대로 관찰할 수 있었던 것이다. 그리고 추후 그를 종교재판에 회부되게 했던 지동설은 결국 진자의 실험으로 입증될 수 있었다. 19세기 중반에 프랑스의 물리학자 장 푸코가 진자를 만들어 그의 지구자전설을 증명해 준 것이다.

1851년 푸코는 파리에 있는 팡테옹의 돔 천장에 28kg의 진자를 줄에 매달아 지구가 자기축을 중심으로 회전한다는 것을 최초로 실험하였다. 이 푸코 진자의 진동면이 지구 표면에 대해 회전했고 이것으로 지구의 자전축과 회전 속도를 밝힐 수 있었던 것이다. 푸코 진자의 회전 속도는 위도에 따라 달라져 극지방에서 가장 크고 적도에서는 회전이 전혀 없어 0의 값이다. 푸코 진자의 회전 속도와, 위도에 대한 수학적 사인(sin) 값으로 지구의 회전 속도를 알아낼 수 있었다.

갈릴레오는 1609년경 망원경을 발명하여 천문학에서도 많은 발견을 했다. 달 표면이 평평하지 않고 태양에 흑점이 있으며 은하수는 수많은 별로 이루어졌다는 사실을 알 수 있었다. 또 목성 주위에 네 개의 위성이 돌고 있다는 사실도 발견했는데 이는 지구가 자전하고 지구와 다른

갈릴레오는 피렌체 출신으로, 피렌체 산타크로체 성당 안에 그의 무덤과 기념비가 있다.

행성들이 태양 주위를 돌고 있다고 주장한 코페르니쿠스의 이론을 증명하는 것이기도 했다. 이러한 관찰로 갈릴레오는 지동설을 확고히 믿게 되었고 1632년 이에 관한 책도 냈다. 그리하여 1633년 종교재판에 회부되었고 천동설이 옳다는 거짓 자백을 했다. 이 재판에서 70세 나이의 갈릴레오는 종신 금고형을 받고 피렌체 교외의 자택에 갇혀 여생을 보내야만 했다. 새로운 탐구는 그에게 고독한 최후를 가져다주었지만 결국 역사는 그의 명예를 회복해 주었다. 360년이 지난 1992년 교황청에서 갈릴레오의 종교재판에 대한 재심이 이루어져 그의 무죄와 완전 복권을 선언했다. 그가 주장한 진리가 승리하는 순간이었다.

코페르니쿠스의 태양 중심 체계와 갈릴레오의 지동설은 교회의 지배를 무너뜨린 동시에 인간 중심의 새로운 사조를 만들었고, 이는 17세기 학자들에게 주된 탐구 주제가 되었다. 갈릴레오의 등가속도 운동, 진자의 운동 법칙으로 수학에서도 운동의 문제를 새로운 주제로 다루기 시작했다. 유클리드 기하학의 한계를 깬 곡면기하학도 이때 발아했다.

기존의 유클리드 기하학은 평면 위의 기하학이었기 때문에, 앞서 언급했듯이 평행한 직선을 무한히 연장해도 만나지 않는 평행선 공리가 성립했다. 그러나 지구와 같은 곡면에서는 직선을 연장하면 지구를 한 바퀴 돌아 만나게 되기 때문에 평행선이란 것은 존재하지 않고 삼각형의 내각의 합도 180°가 아니게 된다. 갈릴레오의 발견을 기점으로 2000년 이상 정답으로 여겨지던 유클리드 기하학에 대한 새로운 모색과 도전이 점차 이루어져 수학에서 곡면기하학 연구가 발전을 거듭할 수 있었다.

유클리드 기하학에 처음으로 의문을 제기한 수학자는 바로 가우스였다. 19세기에 '곡면 위의 기하학'이라는 새로운 기하학을 창안한 그는 "오랫동안 완벽하고 전혀 모순 없는 이론으로 인정되던 유클리드의 평행선 공리가 적용되지 않는 기하학이 존재한다."라는 혁명적 결론에 도달했다. 하지만 이 생각은 기존 이론을 뒤집는 것이어서 한때 그는 공표를 단념하기도 했다. 하지만 기하학의 원본으로 여기던 유클리드 기하학에 대한 새로운 연구는 로바체프스키, 리만 같은 수학자들에 의해 계속 진행되어 비로소 '비유클리드 기하학'이 탄생했다. 근대수학의 문

밀라노의 스칼라 극장 앞 광장에는 레오나르도 다 빈치 조각상이 서 있다. 다 빈치는 밀라노에서 오랜 기간 활동하며 〈최후의 만찬〉을 그렸다.

이 열린 것이다.

 이탈리아 북부 도시인 볼로냐, 베네치아, 밀라노 등에서도 근대수학의 여명이 비쳤다. 페로, 타르탈리아, 카르타노, 페라리 등이 삼차방정식과 사차방정식의 해법을 경쟁하듯 내놓았는데, 이는 근대수학으로 넘어가기 전인 16세기 수학의 가장 뛰어난 성취였다. 이로 인해 수학기호가 만들어지고 음수가 채택되었으며 대수학이 크게 발전했다. 또 이 시기에는 수학자들의 교류를 통해 확률 이론의 기초도 마련되었다. 이러한 수학은 알프스 산맥을 넘어 스위스, 독일, 프랑스로 뻗어 나가며 유럽의 수학자들에게도 영향을 미쳤다.

나의 이탈리아 수학 기행도 볼로냐, 베로나, 베네치아를 지나 북부 밀라노에서 마치게 되었다. 알프스 산맥 남쪽에 위치한 밀라노는 한때 이탈리아의 수도로 거론되었을 만큼 영향력 있는 도시다. 밀라노의 중심가인 두오모 광장은 이탈리아의 과거와 현재를 말해 주며 세계 최고의 상업과 예술을 자랑한다. 하늘을 찌를 듯 높이 솟은 중세 고딕 건축이 있고, 그 건축물 바로 앞에는 세계 최고의 현대적 쇼핑몰 '갤러리아'가 있다. 쇼핑몰을 관통해서 나오면 이름난 예술 공연장 '스칼라 극장'도 있다. 스칼라 극장 앞의 작은 광장에는 르네상스의 거장 레오나르도 다빈치 조각상이 서 있는데, 그 아래 벤치에 앉아 숨 가빴던 이탈리아 여행을 돌아보았다.

로마에서 시작해 이탈리아 남부에 갔다가 중북부를 달려 밀라노까지 올라왔다. 고대 로마 제국, 중세, 르네상스 시대까지 2000여 년의 문화와 수학을 두루 지나온 것이다. 로마 제국과 중세 교회가 억압한 고대 문화는 마침내 로마와 이탈리아에서 르네상스 문화로 부활해 화려한 꽃을 피웠다. 그리스와 헬레니즘의 수학도 암흑기를 벗어나 복원되었고 새로운 기하학 분야와 수학 이론이 탄생했다. 그렇게 수학의 역사는 가장 빛나는 시기를 준비하고 있었다. 암흑을 뚫고 나온 빛이었기에 그만큼 더 강렬하고 아름답게 발산되었던 것이다.

타지마할을 거닐다 4

인도 수학

산스크리트어로 된 힌두 경전들은 운율을 지닌 시의 형태로 써서 암송하기 좋게 만들어졌다. 경전의 시문들은 핵심을 전달하기 위해 압축적 언어, 즉 약어와 기호가 사용되었다. 그래서 수학 역시 약어와 기호를 사용한 시문 형태로 썼는데, 바로 이런 형식이 대수학 발전에 큰 역할을 했다.

1
위대한 발명, 인도숫자와 십진법

힌두와 이슬람 문화가 어우러진 뉴델리

뉴델리 남쪽의 인디라 간디 공항에 도착했다. 울긋불긋한 물결이 시선을 사로잡았다. 인도의 전통의상 사리를 입은 여인들의 화려함이 나의 무채색 복장과 대비되었다. 우리가 한복을 특별한 날 예복으로 입는 것과 달리 인도 사람들은 사리를 평상복으로 입는다. 사리는 실크나 면 소재의 긴 천(무려 5m나 된다)을 머리와 몸 전체에 감싸듯이 두르는 옷이다. 인도의 각 지방마다 입는 방식이 다른데, 뉴델리에서는 짧은 티셔츠 위에 허리가 드러나게 사리를 두른 여성도 많이 볼 수 있다. 사리는 결혼한 여자들만 입을 수 있으며, 젊은 처녀들은 활동적인 파자마 스타일 바지에 블라우스를 길게 늘어뜨리는 '펀자비 드레스'(펀자브 지방에서 유래한 것이라 이런 이름이 붙었다)를 주로 입는다.

"나마스떼, 안녕하세요."

오색찬란한 사리 패션을 구경하고 있는데 안내해 줄 인도 청년이 유창한 우리말로 인사했다. 한국어를 4년간 배웠다는 그는 인도 최고 명문대인 자와할랄 네루 대학교의 언어학과 석사 과정에 있었다. 공용어인 힌디어와 영어 그리고 출신 지방어를 사용하면서 한국어와 일본어까지 배워 다섯 개 언어를 구사할 수 있다고 했다. 이처럼 인도인들은 공교육을 이수하면 기본적으로 세 가지 언어로 말할 줄 알게 된다. 일단 국가의 공용어가 힌디어와 영어이고, 그와 함께 출신 지방어를 사용하기 때문이다. 그리고 이들은 48개 자음과 모음으로 이루어진 데바나가리 문자를 쓴다. 데바나가리 문자는 산스크리트어, 힌디어 등 인도의 언어들을 표기하는 문자로 고대 브라만 문자 체계에서 유래하여 7~11세기에 완전한 모양을 갖추었고 지금까지 사용되고 있다.

현재 인도는 공식적으로 15개 주요 지방어가 사용되는데, 각 언어에서 파생되고 세분된 언어가 아주 많아 모두 합하면 무려 1600여 종에 달한다고 보고될 정도이다. 인도의 지리적·역사적 특성상 동과 서, 북에서 다양한 이민족이 들어와 인종도 다양해지고 거기서 파생된 언어도 많아졌기 때문이다. 공용어로 쓰이는 힌디어는 고대부터 쓰인 산스크리트어에 바탕을 둔다. 산스크리트어는 4000년 전 중앙아시아의 아리안족이 이란 고원과 히말라야 산맥을 넘어 내려와 델리 근방과 갠지스 강유역에 정착하면서 이곳에 전해졌고 그 후 현재까지 사용된다. 또한 아리아인들의 베다 신앙에서 힌두교와 카스트 제도가 나왔다.

사실 힌두교를 빼 놓고는 인도를 알 수도, 인도에 대해 말할 수도 없다. '힌두Hindu'란 4대 문명의 발상지 중 하나인 인더스 강을 부르는 말이다. 원래는 산스크리트어로 큰 강이라는 뜻에서 '신두Sindhu'라고 불렀는데, 페르시아에서 '힌두'로 발음하게 된 것이 굳어졌다. 이 지역을 유럽에서는 인디아, 중국에서는 천축이라 불렀다. 결국 '힌두'는 인도를 가리키는 말이고, 힌두교는 인도의 종교를 뜻한다.

인더스 강 유역은 지금의 파키스탄 영토로, 이곳에 5000년 전 인더스 문명의 유적지로 유명한 모헨조다로가 있다. 1947년 영국으로부터 독립할 때 힌두교도 지역의 인도와 이슬람교도 지역의 파키스탄으로 분리된 것이다. 파키스탄 국경과 인접한 펀자브 지역과 동부 벵골, 북부 카슈미르 지역은 아직까지도 분쟁이 계속되고 있다.

인도의 심장이자 실제로 '심장'이라는 말뜻을 지닌 도시 델리는 갠지스 강의 지류인 야무나 강 서쪽 기슭에 자리하며 여러 제국과 왕조 시대에 걸쳐 나라의 수도였다. 델리는 이슬람 무굴 제국의 수도로 번영을 누리던 올드 델리와 영국이 계획도시로 건설해 인도의 수도가 된 남쪽의 뉴델리로 구분된다. 무굴 제국은 16세기에 세워진 이슬람 왕국으로 18세기 중엽 영국에 의해 물러나기까지 인도를 다스렸다. 인도에서 이슬람의 지배는 이보다 앞선 12세기 말부터 시작되었으며, 오랜 이슬람의 지배로 델리는 힌두 문화와 이슬람 문화가 병존하는 곳이 되었다.

최초의 이슬람 왕조가 세운 거대한 탑 '쿠트브 미나르'가 뉴

73m 높이의 쿠트브 미나르는 쿠트브가 델리에 이슬람 왕조를 열면서 1199년에 세운 탑이다.

델리 남쪽에 있었다. 공항에서 가까워 델리 시내로 들어가기 전에 먼저 들러 보았다. 쿠트브 미나르는 쿠트브가 인도를 정벌하고 노예 왕조를 세우면서 1199년에 만든 탑으로, '미나르'가 탑이라는 뜻이다. 쿠트브가 이슬람 술탄 무하마드의 튀르크 노예였기 때문에 델리에 세운 그의 왕조를 노예 왕조라고 부른다.

쿠트브 미나르는 높이가 73m나 되는 5층탑으로 붉은 사암과 흰 대리석으로 만들었다. 탑의 밑지름은 14.5m인데 탑의 높이가 정확히 밑지름의 다섯 배다. 탑 내부에 탑 꼭대기로 올라가는 나선형 계단이 있고 각층마다 발코니가 있어 거기서 밖을 볼 수 있도록 만들었지만 지금은 탑 내부 진입을 금지하고 있었다.

쿠트브 미나르 옆에는 인도에서 가장 오래된 이슬람 사원 '쿠와트울 마스지드'가 있다. 사원 안에는 4세기 굽타 왕조 시대에 세운 7m 높이의 철 기둥이 서 있는데 철의 순도가 매우 높고 1600년 동안 녹이 슬지 않아 불가사의한 기둥으로 여겨진다. 쿠와트울 사원의 벽은 커다란 아치 형태인데 중앙 아치의 높이가 16m이다. 아치의 반원 가운뎃부분을 양파 모양으로 뾰족이 솟게 해서 더욱 멋을 냈다. 인도 건축물에 설치된 아치는 단순한 반원형에 그치지 않고 다양하게 변형한 모양이 많은데 작은 반원을 줄지어 불꽃처럼 꾸민 것도 있다. 두께가 4m인 이슬람 사원의 벽면에는 종종 산스크리트어로 된 힌두 경전의 내용이 적혀 있는데 힌두 사원의 석재로 지은 것이기 때문이라고 한다.

십진법인 인도숫자

힌두 경전은 기원전 1500년 산스크리트어로 쓴 베다 문헌에서 시작되

인도 최초의 이슬람 사원 '쿠와트울 마스지드'의 아치 벽 안쪽으로 7m 높이의 철 기둥이 보인다. 힌두 사원의 석재로 지었기 때문에 벽면에는 힌두 문양과 산스크리트어가 적혀 있다.

● 산스크리트 인도숫자의 변천 과정

인도	기원전 3세기(브라미 문자)	一 = ≡ ᛉ ᑎ ᗐ 7 ና ට
	9세기(그왈리오르)	ᛉ ? ३ ४ ५ ና 7 ౽ ා ०
	11세기 데바나가리	६ ₹ ३ ४ ५ ६ ७ ८ ९ ०
아라비아	서아라비아 숫자	1 2 ƺ ↄ ५ 6 7 8 9
	동아라비아 숫자	/ ⲅ ⲙ ⲣ ○ ५ ⋁ ⌒ 9 •
유럽	15세기	1 2 3 ℓ ५ 6 ⌒ 8 9 0
	16세기	1 2 3 4 5 6 7 8 9 0

었다. 산스크리트어는 기원전 5세기의 문법학자 파니니가 표준화하면서 그 후 2000년 동안 인도에서 활발히 쓰였으며 지금까지 전한다. 오늘날 전 세계가 사용하는 아라비아숫자도 인도의 산스크리트어에서 나온 것이다. 산스크리트숫자는 십진 자릿수 기수법의 수 체계로, 열 개의 숫자로 자릿값을 갖는 기수법으로 수를 표기했다. 기원전 3세기 마우리아 왕조의 아소카 왕이 세운 돌기둥에 새겨진 글에서 초기의 숫자 모양을 알아볼 수 있는데 이것이 현재 우리가 쓰는 수 기호의 가장 오래된 견본이다.

인도의 숫자는 1부터 9까지 기호로 만들었으며 모양이 조금씩 바뀌었지만 체계는 그대로 이어졌다. 또 5~8세기에는 0을 발명해 열 개의 기호만으로도 모든 수를 표기할 수 있었다. 0은 산스크리트어로 '비어 있음'을 뜻하는 '수냐^{sunya}'가 변천을 겪으며 사용되다가 나중에 기호로 바뀌어 정착되었다. 0의 등장으로 자릿수를 나타낼 수 있어 아무리 큰 수도 표기하게 되었다. 0은 처음에는 동그라미나 점을 찍어 표기하다가

870년경에 처음 '0'이라고 쓰게 되었다.

이렇게 만들어진 인도숫자는 아라비아에 전해졌고, 825년경 아라비아 수학자 알 콰리즈미가 인도의 수 체계, 즉 0을 사용한 십진 자릿수 기수법을 설명한 책을 썼다. 이 책의 내용이 1202년 피보나치가 쓴 산술책에 자세히 소개되었다. 아라비아에서 쓰이던 인도숫자가 아라비아 상인들에 의해 유럽에 전파되면서 아라비아숫자로 불리게 되었다.

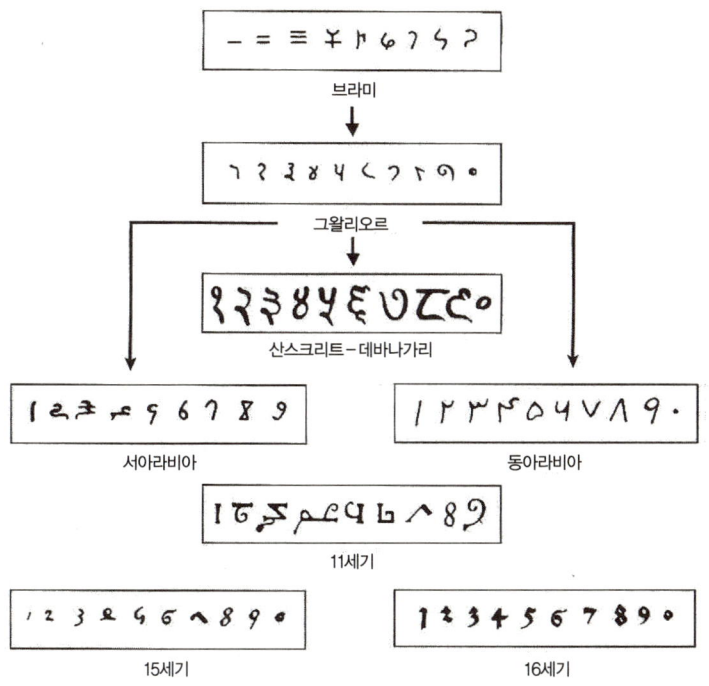

독일의 수학자 칼 메닝거가 1957년경에 쓴 책 《수사와 숫자》에 나오는 '현대 숫자의 계보'이다. 모든 인도문자의 원형 체계인 '브라미'에서 시작하여 데바나가리 문자, 아라비아에서 쓴 모양, 유럽에 전해졌을 때의 모양을 정리했다.

인도에서 자릿수 기수법 숫자와 0을 만든 것은 수학사에 길이 남을 큰 업적이다. 인류가 불을 발견한 것만큼이나 문자의 역사에서는 획기적인 일로 여겨진다. 물론 인류 문명이 발생한 곳이라면 어디든 문자와 숫자를 만들었다. 이집트의 상형문자, 메소포타미아 지역의 쐐기문자, 중국의 갑골문자, 그리스와 로마의 알파벳에도 수를 나타내는 기호가 있었으며 십진법의 수 체계도 사용했다. 그러나 이 숫자들은 모두 자릿수 기수 체계가 아니어서 자릿수마다 기호들이 따로 있었고 자릿수가 올라갈 때마다 새로운 모양으로 나타내야 했다. 즉 1, 10, 100, 1000 등 자릿수마다 기호가 전혀 달라 숫자가 커질수록 복잡했다.

예를 들어 333을 보자. 인도-아라비아숫자로 333은 모양이 같은 기호로 쓰지만 3이라는 숫자는 각각 다른 자릿값을 지닌다. 자리에 따라 300, 30, 3을 나타내는, 즉 위치에 따라 1, 10, 100의 자릿값이 달라지는 위치적 기수법을 사용하기 때문이다. 만약 333을 로마숫자로 나타낸다면 자릿수에 따라 III(3), XXX(30), CCC(300)의 세 가지 다른 기호를 중복해서 나열해야 할 것이다. 이집트 상형숫자로 나타낼 경우에도 마찬가지로 막대기, 발굽, 새끼줄 모양을 그려서 1, 10, 100의 자릿수를 나타내고 또 중복해서 표기했다. 아주 큰 수를 나타낼 경우에는 더 많은 기호가 동원되거나 새로 만들어져야 하므로 매우 복잡하고 헷갈릴 것이다. 하지만 인류는 인도숫자 덕분에 단 열 개의 기호로 아무리 큰 수라도 세상의 모든 수를 간단히 나타낼 수 있게 되었다.

십진법의 편리함은 무엇보다도 계산하기가 쉽다는 점이다. 예를 들어 6345+2018을 계산한다면 각 자릿수끼리만 더하면 된다. 또 0의 존재 덕분에 자릿값을 나타낼 수 있어 2018과 218을 구분할 수도 있다. 십

인도숫자가 쓰인 12세기의 문서. 맨 아래의 숫자는 109350을 표기한 것이고, 9세기 후반 0이라는 기호가 만들어졌지만 이 문서에서는 여전히 0을 점으로도 표기하고 있다.

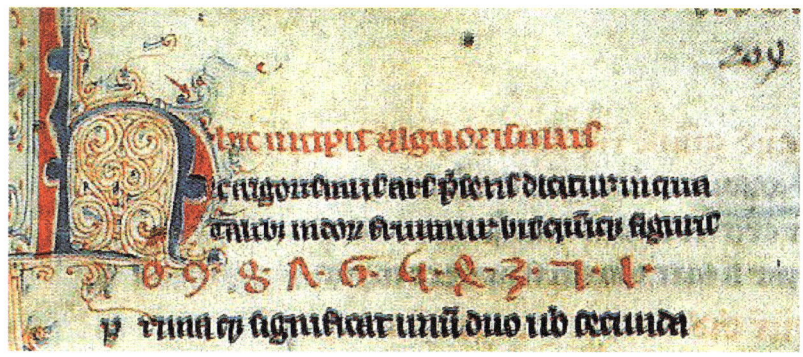

13세기 프랑스의 연산법 책에 나오는 숫자로 중세 유럽에 전해졌을 때의 인도-아라비아숫자의 모양을 알 수 있다. 오른쪽에서부터 1~9와 0이 표기되었다.

진 기수법 숫자를 사용하면 이처럼 수를 간단히 표기할 수 있으며 가감승제의 사칙연산도 편리하게 할 수 있다. 더 많은 사람이 쉽고 편리하게 수를 표기하고 계산할 수 있게 되자 자연히 사회경제도 발전할 수 있었다. 이는 인류의 문명을 발전시키고 세상을 더욱 빠르게 변화시키는 데 기여할 수 있었다.

정구각형 연꽃 사원과 구각형별

쿠트브 미나르를 보고 델리 시내로 들어가는 길에 연꽃 사원으로 유명한 바하이 사원을 방문했다. 20세기에 흰 대리석으로 지은 이 연꽃 사원은 높이 35m, 길이 70m로 비례가 1:2인데 '20세기의 타지마할'이라 불릴 만큼 아름답다. 정문으로 들어가 넓은 정원에서 보는 사원은 마치 거대한 꽃송이가 대지 위에 사뿐히 내려앉은 것 같은 모습이다. 활짝 펼쳐진 아홉 개 연꽃잎 속에 또 다른 꽃잎 아홉 개가 막 피어나려는 듯 살짝 벌어져 있고, 그 속에 또 봉오리를 맺은 꽃잎이 아홉 개 들어 있다. 그래서 꽃잎의 수는 모두 27개이고, 바닥과 천장의 모양은 정구각형이다. 정구각형 사원의 내각의 합은 1260°이고 한 내각은 140°로 이것이 꽃잎과 꽃잎 사이의 각도가 된다.

사원의 모양을 이렇게 만든 것은 인도 사람들이 '9'를 신비한 수로 여기며 신봉하기 때문이다. 동서양을 막론하고, 예부터 9는 일의 자릿수 중 가장 큰 마지막 수로서 완성을 의미했고, 그래서 신성한 숫자라고 인식되었다. 우리가 쓰는 '구중궁궐', '구사일생', '아흔아홉 칸의 집'이라는 말에도 그런 의미가 들어 있다. 중국과 우리나라에서 중요한 수학책으로 널리 알려진 《구장산술》도 모두 아홉 장으로 구성된다. 우리나라에

 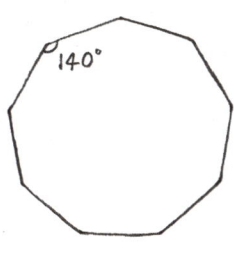

연꽃 모양의 바하이 사원은 아홉 개의 꽃잎이 세 겹으로 되어 꽃잎의 수가 모두 27개이고, 사원의 바닥과 천장 모양이 정구각형이다.

서는 홀수를 상서롭고 좋은 수로 여겼다. 그중 3을 하늘, 땅, 인간의 삼위일체를 뜻하는 특별한 수로 여겼으며, 3을 거듭한 9(3×3)와 3을 두 번 쓴 33에도 큰 의미를 부여했다. 3·1운동 때 〈독립선언서〉를 33인이 발표한 것도, 제야의 종을 33번 치는 것도 그런 까닭이다.

신발을 벗고 사원 안으로 들어갔다. 사람들이 대리석 바닥이든 의자든 아무런 격식 없이 제각기 자리를 잡고 앉아 조용히 기도를 하고 있었다. 이 사원은 종교나 카스트의 차별 없이 누구나 찾아가 기도하고 명상할 수 있는 곳이다. 나도 의자에 앉아 잠시 명상에 잠겼다. 불현듯 밝은 느낌이 들어 천장을 올려다보니 구각형의 별 모양 창문에서 햇살이 비쳐 들어오고 있었다. 정구각형 별 창문의 한가운데에도 원에 내접한 정구각형 별이 또 들어 있었다. 구각형 별 안으로 쏟아져 들어오는 햇

 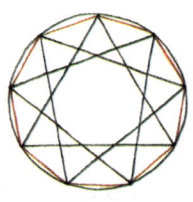 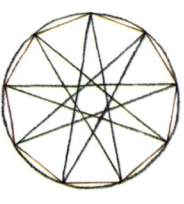

정구각형인 사원의 천장에 정구각형 별 모양의 창문이 나 있다. 정구각형으로 그림과 같이 별을 만들면 별 안에 정구각형이 또 만들어진다.

살이 환상적이었다. 사원 안에도 환하고 신비한 기운이 감도는 듯했다.

델리 시내로 들어오자 부딪히는 게 사람이요, 치이는 게 구걸하는 아이였다. 구걸자 수가 엄청나게 많거니와 그들의 집요함에 몹시 당황했다. 인도의 인구수는 들을 때마다 깜짝 놀랄 정도로 치솟고 있다. 어느새 10억인가 싶더니 또 순식간에 12억 명이란다. 아마 집계하는 동안에도 1억 명은 늘어날 것 같다. 인구 통계 전문가들의 예측에 따르면 20년 안에 인도의 인구가 중국을 능가할 것이라고 한다. 수도인 뉴델리보다도 옛 수도이던 올드 델리의 인구밀도가 몇 배나 높고 거리도 훨씬 번잡스럽다.

오랫동안 이슬람 왕조가 지배한 탓에 델리에는 뛰어난 이슬람 건축물이 많이 남아 있다. 무굴 제국의 두 번째 왕 후마윤의 묘, 타지마할을 지은 왕 샤 자한이 건설한 붉은 성 '랄 킬라', 구시가지 한복판에 우뚝 솟은 거대 규모의 '자마 마스지드' 등이 델리의 이슬람 건축물로 유명하다. 뉴델리 중심부의 인도 문India Gate을 보고 북쪽의 올드 델리로 향했

샤 자한이 건설한 무굴 제국의 붉은 성 '랄 킬라'는 성벽의 길이가 2.4km나 된다(왼쪽). 뉴델리 중심부에 세운 높이 42m의 인도 문의 모습(오른쪽).

다. 높이가 42m인 인도 문은 제1차 세계대전에서 전사한 인도 병사를 기념하는 위령비로 세워진 것이다. 인도인들은 독립을 조건으로 영국군에 들어가 세계대전에 참전했으나 큰 희생만 치렀을 뿐 독립을 실현하지 못했다.

올드 델리에 들어오자 거리는 더욱 혼잡해 도무지 정신을 차릴 수가 없었다. 거리에 나온 사람들도 대단히 많았지만 자동차, 릭샤, 마차, 인력거, 손수레 등 온갖 탈것이 차선을 무시하며 달렸고 그 사이사이로 사람들이 뒤엉켜 지나다녔다. 심지어 코끼리나 낙타까지 교통수단으로 가세해 거리를 누빈다고 하니 그저 놀라울 따름이었다. 자전거에 수레를 단 세발자전거 릭샤가 보였다. 릭샤를 보니까 확실히 올드 델리로 들어왔구나 하고 실감이 났다. 뉴델리에는 인력거인 릭샤가 들어올 수 없고

야무나 강가에 있는 '라지 가트'의 간디 기념석. 간디가 암살된 후 화장한 곳에 검은 돌을 놓아 추모하고 있다.

삼륜차인 오토릭샤만 다닐 수 있기 때문이다.

올드 델리를 둘러보고 야무나 강가에 있는 '라지 가트'로 갔다. 이곳은 인도 독립의 아버지로 불리는 마하트마 간디가 암살된 후 그를 화장하고 추모하는 곳이다. 붉은 돌로 지은 라지 가트 입구로 들어가 울창한 숲길을 지나면 공원으로 조성된 곳이 나오는데, 바로 거기서 힌두교 의식에 따라 간디의 화장이 치러졌다. 간디의 유해는 인도 각지의 강에 뿌려졌으며 화장한 장소에는 검은 대리석을 세워 두었다.

라지 가트를 나와서 가까이에 있는 간디 기념관을 둘러보았다. 모든 전시물이 산스크리트어, 힌디어, 영어 세 가지로 설명되어 있었다. 우리가 간디를 지칭할 때 흔히 부르는 이름 '마하트마'는 성직자를 높여 부르는 말이다. 간디가 암살당한 지 60년이 지났지만, 지금도 간디가 암살당한 금요일이면 매주 추모 행사가 열린다고 한다. 간디의 비폭력주의는 힌두교의 금욕주의와 함께 '다르마'라는 실천 사상에서 비롯된 것이었다.

야무나 강변에 '라지 가트'가 있듯이 인도에는 곳곳에 '가트^{ghat}'라고 부르는 장소가 있다. 가트란 강변 지대에 강물로 향하는 계단을 이어 놓은 제방과 같은 구조물을 말한다. 힌두교도들은 강변의 가트에서 화장을 치르는데 그중 가장 신성하게 여기는 곳이 바로 갠지스 강의 가트나 그 지류인 야무나 강의 가트이다. 인도 사람들은 신성한 갠지스 강물을 살아 있는 동안 꼭 마셔야 하고, 죽은 뒤에도 갠지스 강물을 시신의 입에 부어 주거나 강변의 화장 가트에서 화장을 해 준다. 화장 가트 이외에도 목욕 가트, 기도 가트, 요가 가트, 빨래 가트 등 여러 가지 용도의 가트가 있다. 갠지스 강변에 있는 힌두교의 성지 바라나시에는 목욕과 화장을 하는 가트가 있으며, 서부 뭄바이의 '도비 가트'는 가장 규모가 큰 빨래 가트로 유명하다.

2

갠지스 강변의
모래알 수

힌두교 성지, 바라나시에 가다

델리에서 야간열차를 타고 지상에서 가장 오래된 도시라고 하는 바라나시로 향했다. 힌두교의 성지 바라나시는 인도 사람이라면 누구나 살아생전 꼭 한 번 가기를 소원하는 곳이다. 델리에서 제대로 볼 수 없었던 힌두 문화를 볼 수 있으리라는 기대감에 마음이 설렜다. 열차 객실은 2층과 3층으로 된 수십 개의 침상을 갖추고 있다. 커튼으로 구분된 칸마다 남녀 구분 없이 여섯 명이 배정되었다. 2층 침대로 올라가 빳빳하게 손질된 광목 시트 위에 앉았다. 꽤 아늑했다. 머리맡 전등을 켜고 수첩을 펼쳐 펜을 잡았다 싶었는데 어느새 스르르 잠이 들었다.

사람들이 부산스레 움직이는 소리에 눈을 떴다. 인도식 차 '차이^{Chai}'를 파는 소년의 낮은 외침이 들렸다. 창문 커튼을 열어 보니 불그스름하게 해가 뜨고 있었다. 건너편 침상에서 노트북을 들여다보던 아리따운 인도 여성이 눈인사를 건넸다. 뉴델리에서 직장을 다닌다는 청바지 차림의 당찬 젊은 여성에게서 또 다른 얼굴의 힌두 여성을 보았다. 한 칸에 묵었던 여섯 명은 자연스럽게 대화를 나누었고 한 인도 아저씨가 차이를 사서 한 잔씩 건넸다. 인도 사람들이 모닝 차로 즐겨 마시는 차이는 홍차에 우유와 생강, 계피 등을 넣어 끓인 것이다. 인도 홍차는 맛도 좋고 살균 효과가 뛰어나며 면역력도 높여 준다고 한다. 특히 다질링 지방에서 나는 홍차가 유명하다. 감기와 식중독 예방을 위해 나 역시 인도 여행 내내 차를 챙겨 마셨는데, 차를 마시는 이런 습관이 다소 거친 환경에서도 인도인들의 면역력을 강하게 해 주는 게 아닌가 하는 생각이 들었다.

열차 창밖으로 내다보이는 풍경이 흥미로웠다. 사람들이 알루미늄 깡통을 하나씩 들고 들판으로 나오는 모습이 보였다. 이른 아침이면 종종 볼 수 있는 풍경이다. 계량컵처럼 생긴 통은 비데용 물을 담는 용도로, 인도 화장실에 가면 볼 수 있다. 단, 뒤처리는 반드시 왼손으로 하는데 오른손은 밥을 먹는 데 사용하기 때문이다. 왼손은 용변 뒤처리를 하므로 물건을 건넬 때나 악수를 할 때 왼손을 내밀면 큰 실례가 된다. 인도인들은 식당에서 여러 사람이 쓰는 수저를 사용하는 것보다 자신의 오른손을 더 신성하고 깨끗하게 여긴다는 말을 들었다. 듣고 보니 그렇기도 했다.

기차에서 내려 바라나시 시내로 들어가니 매캐한 냄새가 코를 찔렀다. 집집마다 예배를 드리느라 피운 향냄새, 향신료와 카레 냄새, 강변의 화장터에서 흘러나오는 냄새, 거리를 배회하는 온갖 동물의 배설물 냄새가 뒤범벅된 것이었다. 도저히 가축이라고는 볼 수 없을 정도로 동물들

가축이란 가두어 사육하는 동물을 말하는데, 바라나시 거리에서는 소가 어슬렁거리고 낙타와 말도 나돌아 다녔으며, 개와 고양이는 물론이고 원숭이까지 돌아다녔다. 거리에 주저앉아 한가롭게 되새김질을 하는 소 앞에 건초더미를 가져다주는 사람도 있었다. 인도 사람들은 이것을 공양이라 여긴다.

이 아무 거리낌 없이 거리를 돌아다녔다. 가축이란 가두어 사육하는 동물을 말하는데, 바라나시 거리에서는 소가 어슬렁거리고 낙타와 말도 나돌아 다녔으며, 개와 고양이는 물론이고 원숭이까지 돌아다녔다. 거리에 주저앉아 한가롭게 되새김질을 하는 소 앞에 건초더미를 가져다주는 사람도 있었다. 인도 사람들은 이것을 공양이라 여긴다. 소들이 돌아다니다가 아무 집 앞에든 서 있으면 집주인은 여물을 내온다.

인도에서 소를 숭배하고 소고기를 먹지 않는 것은 힌두교의 시바 신이 황소를 타고 다닌 데서 유래한 전통이다. 또한 시바의 아들인 가네샤의 머리가 코끼리 형상을 했다 하여 코끼리상을 만들어 숭배한다. 시바를 모신 모든 힌두 사원에서 황소와 코끼리의 조각상을 많이 볼 수 있다. 힌두교에서는 많은 신을 숭상하는데, 가장 대표적인 신으로는 세계를 창조한 브라마 신, 태양신이며 세계를 유지하는 비슈누 신, 산과 폭풍이며 세계를 파괴하는 시바 신이 있다. 그리고 시바의 배우자인 여신 두르가와 파르바티, 그의 아들인 가네샤가 있으며, 비슈누 신의 화신 라마, 우주의 창조력으로 표현되는 샤크티 등이 힌두교에서 숭배하는 주요한 신들이다. 이러한 신들에서 힌두교의 많은 교파가 파생되었다.

힌두교 사원에 세워진, 손이 네 개인 비슈누 신 조각상. 검은 피부의 비슈누 신은 세계의 질서를 유지하는 신이다.

힌두교를 몇 마디 말로 설명할 수는 없다. 다만 힌두교는 우주의 궁극적 실재인 브라만과 인간 존재의 자아인 아트만의 일치에 도달하는 것, 인간 행위(업)에 의해 끊임없이 이어지는 윤회로부터 해탈하는 것을 이상으로 삼으며, 고행과 요가를 통해 그 경지에 이른다고 믿는다. 산스크리트어로 '어울림'이라는 뜻을 가진 요가는 신체의 수련을 통해 인간의 경이로운 힘을 끌어내는 것으로, 궁극적으로는 해탈의 경지에 이르게 한다고 한다. 곧 요가는 종교적 수행인 것이다. 인도 여행 중 승려나 수행자가 강변이나 공원에서 요가를 하는 모습을 자주 볼 수 있었다.

자전거 릭샤를 타고 구시가지에 있는 큰 시장을 통과했다. 시장은 상상을 초월하는 인파로 북적였다. 가는 날이 장날이라더니, 정말로 그랬다. 그것도 명절 대목 장날. 3월의 힌두 명절인 홀리^{Holi} 축제를 바로 며칠 앞두고 있었다. 내 생전 이런 인파와 북새통은 처음이었다. 세계

2위의 인구 대국 인도를 실감할 수 있었다. 릭샤가 인파를 헤치며 나올 때 사람이라도 치면 어쩌나 조마조마했지만, 그 많은 릭샤가 다니는데도 사람을 치는 릭샤는 단 한 대도 보지 못했다. 릭샤 운전사는 사고가 나서 사람이 다치는 일은 거의 없다고 말하며 그것이 기본 규칙이라고 했다. 그랬다. 무질서 같은 혼돈 속에서도 그 나름의 질서가 유지되었고 규칙도 있었다. 놀라웠다. 무질서를 극대화하면 궁극적으로는 질서에 도달하게 된다는 것. 마치 수학의 카오스 이론을 보는 것만 같았다.

카오스 이론이란 간단히 말하면 무질서의 혼돈 속에서 질서를 찾는 것이다. 매우 불규칙적이고 예측 불가능한 듯 보이는 현상에서 규칙을 찾아 예측하는 이론이다. 카오스란 우주 창조 이전의 무질서하고 정형성 없는 혼돈의 상태를 가리킨다. 그러나 이러한 무질서 상태에서도 거기에는 어떤 결정에 도달할 수 있는 법칙이 존재하며 그것을 찾음으로써 현상에 대한 예측이 가능해진다. 예를 들어 담배 연기가 공중으로 무질서하게 올라가다 흩어지는 현상, 회오리바람과 태풍과 기압 같은 대기의 운동, 전염병이나 방사능과 같은 오염 물질이 퍼지는 것을 카오스 이론으로 풀어 보면 예측 가능한 특정 패턴을 발견할 수 있다. 이처럼 카오스 이론은 어떤 결과에 도달할지 알 수 없는 현상을 예측해야 할 때 중요하게 이용될 수 있다. 카오스 이론은 혼돈 상태와 같은 현대 사회에서 미래에 대한 불안을 줄이려면 제반 사회 현상의 법칙을 찾아내야 한다는 생각에서 점점 더 발전을 보이고 있다. 현대수학에서는 컴퓨터와 IT 기술의 진화에 힘입어 카오스 이론이 더욱 급속도로 발전해 복잡한 방정식을 놀라운 속도로 풀어내고 그래픽으로 그려 내는 방식으로

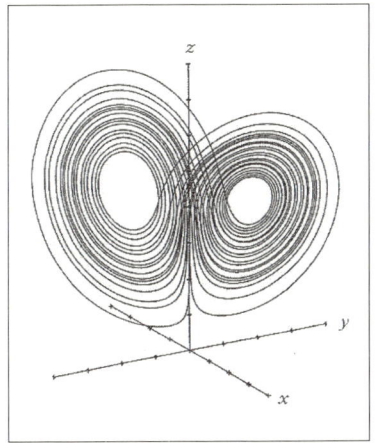 

미국의 기상학자이자 수학자인 로렌츠가 기상 예측을 위한 방정식에서 발견한 카오스 이론 그래프. 1963년 그는 날개를 펼친 나비 형상의 '로렌츠 끌개'라는 방정식 그래프를 발표했다(왼쪽). '만델브로 용'으로 불리는 함수 그래프는 복잡한 구조의 평면에서 함수식이 주어질 때 무한으로 수렴하는 값을 보여 준다. 컴퓨터로 무한 반복 계산 과정을 거쳐 이렇게 자기 유사성을 갖는 도형이 만들어지는데 이것을 '프랙탈'이라고 한다(오른쪽).

해석하고 있다.

자전거 릭샤는 카오스 지역을 뚫고 갠지스 강변으로 향했다. 강변에서 일몰과 푸자 의식을 보기 위해서였다. '푸자^{Puja}'는 힌두교 신을 숭배하는 기도 의식을 말하는데, 가정에서의 일상 의례부터 장엄한 사원 의례까지 다양한 양식으로 거행된다. 갠지스 강 가트에 도착했을 때는 이미 해가 완전히 기울어 캄캄해졌으므로 안타깝게도 일몰은 보지 못했다. 저녁 푸자 의식이 막 시작되려는 찰나였다. 명절을 앞두고 열리는 푸자 의식이라 인파가 몰려 있었고 외국 관광객도 많았다. 흰색, 노란색, 붉은색 연기가 피어올랐고 징이 울렸다. 이윽고 승려들이 종교 의례를 진행하기 시작했고 경전을 암송했다.

갠지스 강변의 모래알 수는 항하사, 즉 10^{52}

갠지스 강은 인도인들이 가장 신성하게 여기는 어머니의 강으로 힌두어로는 '강가^{Ganga}'라고 부른다. 강가의 성스러운 물에 목욕을 하면 모든 죄악이 씻겨 나가고, 죽어서 화장해 그 재를 강가에 뿌리면 윤회에서 벗어나 해탈을 할 수 있다고 인도 사람들은 믿는다. 그래서 수십 킬로미터에 달하는 바라나시의 강가 가트에는 해마다 수백만 명의 순례자가 당도해 목욕과 기도를 올리며, 그 가운데는 여기서 죽을 목적으로 찾아오는 사람들도 있다.

해가 뜨기 전인 캄캄한 새벽에 갠지스 강변으로 나갔다. 전날 일몰을 보지 못했으니 일출이라도 보고 싶었다. 먼동이 터 오면서 저녁에는 제대로 볼 수 없었던 갠지스 강과 가트들이 눈에 들어왔다. 물안개가 피어오르는 갠지스 강은 두르가 여신의 입김인 듯 신성한 기운을 뿜어냈다. 화장 가트에서 나오는 연기가 희뿌옇게 하늘을 뒤덮어 해 뜨는 모습이 선명하지 않았다.

강변을 따라 이어진 다샤슈와메드 가트를 둘러보고는 조심스럽게 화장 가트를 살펴보았다. 화장터에서 불길이 활활 타오르고 그 앞에는 장작이 높다랗게 쌓여 있었다. 부자들은 장작을 많이 사서 화장하지만, 가난한 사람들은 그러지 못해 간혹 태우다 만 시신도 볼 수 있다고 한다. 화장 가트 뒷골목으로 가면 황금 사원이라 불리는 비슈와나트 사원이 있지만 개방하지 않았다.

나룻배를 타고 강을 따라 흘러가며 가트를 바라보았다. 갠지스 강은 모든 혼돈을 품고 흘렀다. 삶과 죽음, 몸 씻기와 옷 빨기, 성자와 거지, 순례자와 관광객, 거리를 돌아다니는 소와 지붕을 넘나드는 원숭이, 사원의 향과 화장터의 연기, 음식 향신료와 동물 배설물 냄새, 그 모든 혼돈을 갠지스 강이 잠재우고 있었다. 나도 염원을 담아 불을 붙인 '꽃불'을 강물에 띄웠다. 꽃불은 살랑살랑 위태하게 강물을 따라 흘러갔다.

배가 강 한가운데쯤 오자 모든 가트가 한눈에 들어왔다. 이른 새벽의 어스레한 빛 속에서도 가트는 활기찼다. 멀리 왼편에 목욕 가트가 보였는데, 강물에 들어가 몸에 물을 끼얹는 여인들, 물속에서 헤엄치는 사람들, 아예 옷을 다 벗은 사람들이 있었다. 그 위쪽 계단으로는 기도를 하는 브라만 승려와 수행자들, 요가를 하는 사람들이 보였다. 그리고 빨래 가트에서는 역시나 빨래하는 사람이 많았고, 그 맨 오른쪽에는 연기가 피어오르는 화장 가트가 있었다. 갑자기 나룻배 옆으로 포대로 싸인 뭉치가 둥둥 떠서 지나갔다. 꽤 두툼한 부피였는데 처녀의 시신인 모양이었다. 처녀와 아이, 뱀에 물려 죽은 자는 화장을 하지 않은 채 강물에 띄워 보내는 전통이 있다고 했다.

가트 건너편으로 넓은 모래밭이 보였다. 우기에는 강물에 잠긴다. 갠지스 강변의 모래도 강물과 마찬가지로 신성시하므로 사람들이 모래를 담아 가기도 한다. 배를 탄 상인들이 다가와 모래가 담긴 용기들을 팔고 있어서 나도 화로 모양의 금박 용기를 샀다. 그런데 뚜껑을 열어 보니 아뿔싸 모래가 없었다. 값을 흥정하는 데 정신이 팔려 내용물인 모래를 미처 확인하지 못했던 것이다. 화가 났지만 이미 상인은 배를 타고 저만치 가고 없었다. 아, 항하사여!

갠지스 강의 한자 이름은 '항하'이다. 갠지스 강의 모래라는 뜻의 '항하사恒河沙'는 10^{52}을 나타내는 단위 이름이기도 하다. 갠지스 강변의 모래만큼이나 셀 수 없이 많은 수량을 표현한 것이다. 이같이 큰 수를 나

갠지스 강변의 '목욕 가트'에서 목욕하는 모습(위). 물속에 들어가 물을 끼얹거나 헤엄을 치거나 아예 옷을 다 벗고 들어가기도 한다. 갠지스 강의 '화장 가트' 주변은 연기가 자욱하다(아래). 화장터에서 불길이 활활 타오르고 그 앞에는 장작이 쌓여 있다.

타내는 단위 이름들은 인도에서 발생한 불교의 영향을 많이 받았다. 끝없이 무한한 것에 대한 생각이 수를 나타내는 단위가 되었다. 예컨대 10^{56}은 아승지, 10^{60}은 나유타, 10^{64}은 불가사의, 10^{68}은 무량대수다. '무량대수'란 수량을 알 수 없을 만큼 큰 수라는 뜻이다.

우리나라를 비롯해 동양의 자릿수 단위는 만 배씩 곱해서 붙이는 만 진법을 사용한다. 즉 만의 만 배는 억(10^8), 또 억의 만 배는 조(10^{12}), 그 다음으로 경(10^{16}), 해(10^{20}), 자(10^{24}), 양(10^{28}), 구(10^{32}), 간(10^{36}), 정(10^{40}), 재(10^{44}), 극(10^{48})이다. 극은 한자로 다할 극極 자를 써서 더는 큰 수가 없는, 수의 끝으로 보았다. 그러다 불교의 영향을 받아 '극'보다 큰 수에도 단위 이름을 붙이게 되었다.

현재 수의 자리를 나타내는 이름은 한자말이지만 사실 원래는 그에 해당하는 우리말이 있었다. 예를 들어 백을 '온', 천을 '즈믄', 만을 '드먼'이라고 했던 것이 밝혀졌다. 그러나 주로 한자를 사용하게 되면서 이런 말들이 없어졌다. '온통', '온몸'이라고 할 때의 '온'이 백을 뜻하는 순우리말인데, 지금은 '전부'를 뜻하는 말로 굳어졌다.

억(10^8) 조(10^{12}) 경(10^{16}) 해(10^{20}) 자(10^{24}) 양(10^{28}) 구(10^{32}) 간(10^{36}) 정(10^{40}) 재(10^{44}) 극(10^{48}) 항하사(10^{52}) 아승지(10^{56}) 나유타(10^{60}) 불가사의(10^{64}) 무량대수(10^{68})

1보다 작은 수에서도 불교의 영향을 짐작할 수 있다. 너무 작아 분명하지 않은 수를 표현하는 말 '모호'는 0.0000000000001(10^{-13})이고, 아주 짧은 순간을 나타내는 '찰나'는 10^{-18}, 너무 작아 텅 빈 것이나 마찬가지인 '허공'은 10^{-20}, 좀처럼 만나기 어려운 기회라는 뜻의 '천재일우'는 소수점 아래 무려 47번째 자리인 10^{-47}이 되는 수다.

분(10^{-1}) 리(10^{-2}) 모(10^{-3}) 사(10^{-4}) 홀(10^{-5}) 미(10^{-6}) 섬(10^{-7}) 사(10^{-8}) 진(10^{-9}) 애(10^{-10}) 묘(10^{-11}) 막(10^{-12}) 모호(10^{-13}) 준순(10^{-14}) 수유(10^{-15}) 순식(10^{-16}) 탄지(10^{-17}) 찰나(10^{-18}) 육덕(10^{-19}) 허공(10^{-20})

우주를 채우는 모래알 수를 세다 – 아르키메데스의 모래 계산법

기원전 3세기 위대한 수학자 아르키메데스도 모래 세기에 도전했다. 그것도 우주를 가득 채울 만큼 많은 모래의 수를 셌다. 오늘날까지 전해지는 그의 저서 《모래를 셈하는 사람》에 등장하는 아르키메데스의 모래 계산법 역시 '아주 큰 수'를 나타내는 방법이 되었다.

아르키메데스는 먼저 모래 알갱이 만 개는 양귀비 씨앗과 크기가 같다고 했다. 즉 모래 한 알은 양귀비 씨앗의 10^{-4} 크기로, 양귀비 씨 40개를 모아 공 모양으로 만들면 지름이 엄지손가락 너비 정도가 된다고 했다. 그리고 그는 지구와 태양의 거리를 반지름으로 하여 만들어지는 커다란 공을 우주라고 할 때 그 공을 가득 채우는 모래알의 수를 계산했다. 당시 그리스 숫자는 1만을 'M'으로 나타내며 가장 큰 수라고 생각했으며, 이때 'M'은 '대단히 많다'라는 뜻의 단어 '밀리어드'의 첫 문자다. 그런데 아르키메데스는 '모래 계산법'으로 수의 범위를 엄청나게 확대함으로써 이보다 더 큰 무한한 수를 만들 수 있었다.

아르키메데스는 10000×10000(1억, 10^8)을 '옥타드^{octad}'라고 불렀는데 그 어원에는 8의 의미가 있다. 또 $(10^8)^{10^8}$, 즉 $10^{800000000}$을 '페리오

드^{period}'라고도 했다. 이렇게 그는 10^8을 기본 단위로 해서 큰 수들을 $10 \times 10^8 (10^{16})$과 같이 만들면서 계산했다. 이런 방법으로 우주를 가득 채우는 모래알의 수를 계산해 10^{63}임을 밝혔다. 이때 우주의 지름을 9.25×10^{12}km로 계산했는데 약 1광년(9.46×10^{12}km)이다. 137억 년이라는 우주의 나이를 초 단위로 표시하면 10^{17}초가 되는데 이를 보면 10^{63}이 얼마나 어마어마한 천문학적 숫자인지 알게 된다. 결국 우주를 가득 채운 모래 알갱이의 수는 말 그대로 10^{64}, 즉 불가사의에 가까운 수가 되는 것이다. 오늘날에도 이런 방식을 사용해 우주 천문에 관한 계산을 할 수 있다는 점에서, 아르키메데스는 수의 범위를 놀라울 정도로 확대했다. 그리고 여기에 수는 무한하다는 '무한'의 개념과 사상이 들어 있다.

3
힌두 경전에서 발견한 인도 대수학

불교 성지 사르나트 사원에서 헤아리는 백팔번뇌

갠지스 강 가트를 나와 가게에서 아침으로 차이와 콩으로 만든 수프 '달'을 사 먹었다. 차이는 종이컵 대신 사용하는 일회용 토기 컵에 부어 마셨는데, 마신 뒤에는 토기를 바닥에 내동댕이쳐 깨 버린다. 깨진 토기는 흙으로 돌아가게 되니 쓰레기나 재활용 처리를 걱정할 필요가 없어서 좋다. 인도에서는 이런 토기 컵을 종종 볼 수 있다. 진흙으로 아무렇게나 빚어 만드니까 종이컵을 제조하는 것보다 훨씬 경제적이다. 달은 인도 빵 난과 차파티를 곁들이면 인도 사람들에게는 기본 식사가 되는 음식이다. 인도에 와서 달이나 카레를 거의 매끼 먹었다. 서너 가지의 카레를 함께 놓고 먹기도 했는데, 카레의 종류는 강황과 향신료의 배합 비율, 고기나 야채의 재료에 따라 매우 다양했다. 인도 사람들은 주로 양고기와 닭고기를 먹었으며 의외로 채식주의자도 많았다. 힌두교도는

이른 아침, 바라나시 거리의 가게에서 차이와 콩 수프 '달'을 먹는 사람들. 차를 마실 때는 토기 컵을 많이 사용하는데 마신 뒤에는 바닥에 내동댕이쳐 깨 버린다.

소고기를 먹지 않고 이슬람교도는 돼지고기를 먹지 않으므로 서로를 자극하지 않으면서 자연스레 통합의 의미로 양고기와 닭고기를 먹는다. 한때 종교 대립이 극에 달했을 때는 일부러 힌두교에서는 돼지고기를, 이슬람교에서는 소고기를 먹기도 했다고 한다.

바라나시 북쪽 가까이 있는 사르나트로 향했다. 사르나트의 녹야원鹿野苑은 석가모니가 깨달음을 얻고 최초로 다섯 명의 수행 제자에게 설법한 곳으로, 불교의 4대 성지 중 하나다. 불교도가 순례하는 4대 성지의 나머지는 석가모니가 태어난 곳인 룸비니(네팔에 있다), 깨달음을 얻어 부처가 된 곳 부다가야, 열반에 든 곳인 쿠시나가라다. 네 곳의 성지 모두에 기원전 3세기 불교 전파 정책을 편 아소카 왕이 세운 대사원과 돌기둥이 있는데, 아소카 기둥에 적힌 산스크리트 문자에서 당시 어떤 숫자를 사용했는지 힌트를 얻을 수 있다. 아소카 왕은 마우리아 왕조 시대 최고의 전성기를 맞이했고 인도를 통일해 역사상 최대 영토를 지배했다. 녹야원에도 아소카 왕이 세운 돌기둥의 흔적이 있었다. 이 돌기둥 머리에 있던 네 마리의 사자상이 인도를 상징하는 국장國章이 되었는데, 사르나트 박물관에서 볼 수 있었다.

석가모니가 최초로 설법한 이곳을 녹야원이라고 부르는 것은 옛날 바라나 국왕이 사냥으로 천 마리를 잡을 정도로 사슴이 많았다는 전설에서 유래한다. 넓은 녹야원의 불교 사원 영역에는 웅대한 고층 탑과 건물이 있었으나 오랜 세월 이슬람교와 힌두교가 번성하면서 점차 폐허가 되었다. 현재 사원이 있던 자리는 잔디밭으로 덮였거나 벽돌들만 그 흔적으로 남아 있다.

녹야원 발굴 조사 결과에 따르면 사원 건물은 정사각형 밑면의 한 변이 20m인 사각기둥 모양이었다. 엄밀히 말하면 위로 올라갈수록 변의 길이가 짧아지므로 옆면의 모양이 사다리꼴인 사각뿔대 형태다. 7세기 《대당서역기》를 쓴 현장법사가 이곳을 방문했을 때만 해도 사원은 높이가 200척(약 60m)이나 되었고, 100여 단이나 되는 감실(불상을 모셔두는 작은 궤)에는 황금 불상들이 있었다고 한다. 당시의 사르나트 불교 사원을 복원한 그림을 보면 그 웅장하고 화려한 모습을 상상할 수 있다. 사원의 한가운데 우뚝 솟은 사각뿔대 모양의 고층 탑은 현재 부다가야의 마하보디 사원에서 볼 수 있는 높이 52m 되는 고층 탑과 형태가 같았고, 높이는 더 높았다.

벽돌 흔적만 남은 사르나트 불교 사원의 모습. 둥근 모양의 2층짜리 불탑이 6세기에 지은 다멕 스투파다.

    녹야원에서 가장 눈에 띄는 것은 6세기 굽타 왕조 때 벽돌을 둥글게 쌓아 세운 다멕 스투파다. 스투파는 불탑을 말한다. 아소카 왕 때 인도 전역에 불탑이 8만 4000개에 이르렀는데 그중 가장 대표적인 것이 중부 지역인 산치에 있는 불탑으로, 지름이 36m인 반구형의 대大스투파다. 사르나트의 다멕 스투파는 산치와 다르게 두 개의 층으로 만들었으며 높이가 대스투파보다 높은 32m다. 밑지름은 26m로 반지름 길이인 13m 높이의 중간 부분에 기하학무늬와 덩굴무늬가 부조되었다. 많은 사람들이 거대한 스투파 주위를 돌며 기도하거나 얇은 금종이를 스투파 벽에 붙였다. 이렇게 사람들이 금종이를 붙이다 보면 언젠가는 금탑으로 변신할지도 모른다는 생각이 들었다.

폐허가 된 사르나트 불교 사원의 나무 아래에서 설법하는 승려와 수행자들의 모습이 정겹다.

녹야원에는 불교에서 신성시하는 보리수를 많이 심었는데, 이는 석가모니인 고타마 싯다르타가 부다가야의 보리수 아래에서 깨달음을 얻어 부처가 되었기 때문이다. '석가모니'란 고대 북인도의 한 부족 가문인 석가족의 성자(모니)라는 뜻이고, '부처'란 깨달은 자를 가리키는 말이다. 님나무$^{\text{Neem Tree}}$ 아래에서 설법을 하는 승려와 수행자들의 모습도 눈에 띄었다. 예부터 인도 사람들은 님나무를 만병통치약처럼 여겼다고 한다. 특히 사람들은 님나무 줄기 씹는 것을 즐기는데, 실제로 님나무에는 항균과 살충 성분이 함유되어 있어 치약의 재료로도 쓰인다. 인도 치약은 품질이 뛰어난 것으로 호평을 받는다. 님나무를 씹는 습관과 좋은 치약 덕분인지 인도 사람들은 대부분 이가 하얗고 충치도 별로 없다. 거리의 구걸자조차 하얀 이를 드러내며 웃는 것이 인상적이었다.

다멕 스투파에서 좀 떨어진, 석가모니가 설법을 했던 곳에 아소카 왕이 처음 쌓았다는 벽돌 탑도 있었는데, 세월의 무게와 관리 소홀 탓에 군데군데 벽돌이 무너져 있었다. 가파른 탑 위로 조심스럽게 올라가 안을 들여다보니 다섯 제자를 상징하는 돌 의자 다섯 개가 놓였던 흔적이 남아 있었다. 돌탑 위에 한 노승이 앉아 염주를 돌리며 중얼거렸다. 뙤약볕 아래에서 108개 염주 알을 굴리며 쫓으려는 그의 번뇌는 과연 무엇이었을까.

불교에서 번뇌란 몸과 마음을 괴롭혀 깨달음과 열반에 장애가 되는 정신 작용을 말한다. 보통 백팔번뇌라고 하는데, 그 번뇌가 염주 알과 마찬가지로 108가지라는 의미다. 그런데 왜 하필 번뇌의 가짓수가 '108'이라고 생각했을까. 먼저 사람의 몸과 마음을 괴롭히는 것이 눈, 귀, 코, 입, 손, 머리의 여섯 가지 감각기관에서 나온다고 생각해서다. 즉 보고, 듣고, 냄새를 맡고, 맛을 느끼고, 손으로 만지고, 머리로 생각하면서 번뇌가 생긴다고 보았다. 그리고 이 여섯 가지 감각은 다시 좋고好, 나쁘고惡, 좋지도 싫지도 않은平 세 가지로 나뉘어 총 열여덟 가지(6×3) 번뇌가 된다. 또 열여덟 가지의 번뇌는 각각 깨끗함淨과 더러움染이 있어서 다시 서른여섯 가지가 되며, 이 번뇌들은 과거, 현재, 미래에 존재하기 때문에 모두 백팔(6×3×2×3=108)번뇌라는 계산이 나온다.

힌두사원 탑의 황금 원판 옮기기 : 세계의 종말 시간 계산하는 법
갠지스 강 부근의 바라나시 힌두 대학을 방문했다. 캠퍼스 규모가 아시아에서 가장 크다고 하는데, 대학 안에 비슈와나트 힌두 사원도 자리 잡고 있었다. 하얗게 솟은 사원 안으로 들어가니 힌두교의 신과 화신化身들을 모신 곳에 꽃다발을 걸어 놓고 향을 피우고 있었다. 캠퍼스 밖에도 두르가 대사원이 있었으나 힌두교도만 들어갈 수 있었다. 두르가는 시바 신의 아내로 싸움을 잘하는 용감무쌍한 여신이다. 이 사원에는 원숭이가 많이 살아 일명 '멍키 사원'이라고도 부른다.

두르가 사원에는 수학과 관련된 유명한 이야기가 전한다. 전설에 따르면 옛 사원 안에는 하노이 탑으로 불리는 세 개의 다이아몬드 기둥이 있었다고 하는데, 그중 한 기둥에 브라마 신이 세상을 창조할 때 황금으로 만든 원판 64개를 쌓아 놓았다. 원판은 아래부터 크기가 큰 것에서 작은 것까지 차례로 쌓여 있었으며 신은 승려들에게 이 원판들을 옮기도록 명령했다. 원판을 옮길 때 지켜야 할 원칙은 한 번에 한 개씩만 옮겨야 하고 반드시 큰 원판 위에 작은 원판이 오도록 하는 것이었다. 이렇게 해서 64개 원판이 모두 옮겨지면 세상의 종말이 온다고 했다.

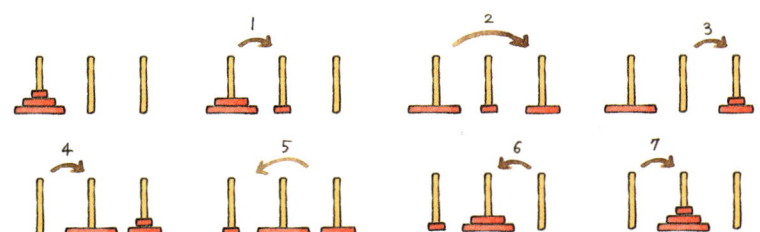

원판을 옮길 때 지켜야 할 원칙은 한 번에 한 개씩만 옮겨야 하고 반드시 큰 원판 위에 작은 원판이 오도록 하는 것이다. 위 그림은 원판 세 장을 일곱 번 만에 옮기는 방법을 나타낸 것이다.

그렇다면 세상의 종말은 도대체 언제 오는 걸까? 한번 계산해 보자. 만약 원판이 한 장이라면 한 번만 움직이면 다른 기둥으로 옮길 수 있고, 원판이 두 장이면 세 번을 옮겨야 하는데 (2^2-1)로 표현할 수 있다. 또 원판이 세 장일 경우에는 일곱 번을 이동해야만 원판을 다른 기둥으로 옮겨 놓을 수 있어서 (2^3-1)이 된다. 이 같은 방법으로 원판이 n장일 때 옮기는 횟수는 (2^n-1)인 것을 알 수 있다. 그리하여 원판이 네 장이면 15번(2^4-1)이 되듯이 64장이면 원판을 옮기는 횟수는 ($2^{64}-1$)번이 된다.

$A_1 = 1 = 2^1 - 1$

$A_2 = 3 = 2^2 - 1$

$A_3 = 7 = 2^3 - 1$

$A_4 = 15 = 2^4 - 1$

⋮

$A_n = 2^n - 1$ $2^{64} - 1 = 18446744073709551615$

만약 1초에 원판을 한 번씩 옮긴다고 가정하면 64장을 모두 옮기는 데 걸리는 시간은 1.84×10^{19}(1844경 6744조 737억 955만 1615)초로 약 5849억 년이다. 지구의 나이가 현재 46억 년이므로 지구가 탄생하던 순간부터 승려들이 원판을 옮겼다고 해도 지구가 멸망하려면 앞으로 약 5800억 년은 더 있어야 한다. 이 시간은 137억 년이라는 우주의 나이보다도 그 수십 배나 되는 세월이다. 두르가 사원의 예언을 믿는다면, 세상의 종말에 대해 미리부터 염려할 필요는 없을 듯하다.

힌두 경전 《수트라》에서 나온 인도의 대수학

바라나시 공항에서 비행기를 타고 힌두교와 자이나교 사원군으로 유명한 카주라호에 갔다. 카주라호라는 지명은 이 지역에서 많이 나는 대추야자나무의 한 종류인 카주르에서 유래한 것이며, 이 지역 사람들은 카주르의 우윳빛 즙으로 전통주를 만든다. 카주라호는 인구가 만 명도 안 되는 작은 도시지만, 공항을 갖출 정도로 유명한 유적지가 있다. 1000여 년 전 이곳은 인도 중북부를 지배한 찬델라 왕국의 수도였다. 왕국이 번성하던 1000년경에는 비슈누 신과 시바 신 등 힌두교와 자이나교 사원이 무려 85개나 지어졌는데 현재는 22개의 사원만이 남아 있다.

자이나교는 인도의 주요 종교 중 하나로 기원전 6세기 불교가 생겨날 때 자이나교도 탄생했다. 카스트 제도를 반대하고 고행과 수도 생활을 철저히 하는, 도덕적으로 아주 엄격한 종교로 알려졌다. 살생을 금지하고 채식을 하며 옷을 입지 않고 생활해 '나체교도'로도 유명하다. 카주라호 박물관에서 자이나교와 관련한 조각과 전시품을 둘러보며 자이나교의 생활을 조금은 이해할 수 있었다.

사원이 많이 있는 서부 사원군으로 갔다. 가장 규모가 큰 것은 시바 신을 모신 칸다리아 마하데바 사원이었다. 기단 길이가 33m인 본당 위에 84개의 작은 첨탑이 모여 30.5m 높이의 탑을 형성했다. 11세기 중반 사암으로 지었다는 이 사원은 그 외부가 인물상과 동물상으로 장식되어 있고, 그 모든 조각이 정교하고 생동감 넘쳤다. 사원 외벽에 장식된 조각상은 650개가 넘었는데, 특이하게도 모두 성적인 내용을 담고 있어 '에로틱 사원'이라고도 불린다.

왜 이런 사원을 지었을까? 인간이 지닌 가장 큰 욕구와 환락을 표현

카주라호 서부 사원군의 시바 신을 모신 칸다리아 마하데바 사원은 무수한 첨탑과 조각상으로 이루어져 있다.

하며 현실의 행복과 신앙을 결합하려 한 것으로 이해되었다. 환락을 표현한 외벽과는 달리, 신의 형상이 서 있는 본당 안으로 들어가면 천장에는 정사각형 안에 동심원들을 새겨 우주를 상징하는 만다라를 표현했으며, 벽면에는 산스크리트어로 쓴 힌두교 경전의 내용이 새겨 있었다. 환락과 경전이 어우러진 사원은 묘한 분위기를 풍겼다.

　인도에서 가장 오래된 수학 기록은 힌두교 경전에서 찾을 수 있다. 기원전 8세기부터 기원전 6세기까지, 힌두교 경전 《수트라》는 산스크리트어로 쓴 시문 형태였고 또 여섯 가지 영역으로 나뉘었다. 그중 의례 규칙을 담은 영역에서 특히 성스러운 제단 건축을 다루는 부분이 〈술바수트라스〉인데 제단의 크기, 형태, 방향을 다룬다. '술바'란 제단의 크기를 재기 위해 사용되는 새끼줄이나 끈을 뜻한다.

〈술바수트라스〉에는, 제단 면적을 다루는 부분에서 "정사각형의 대각선 방향으로 새끼줄을 이어 정사각형을 만들면 원래보다 두 배 더 큰 면적이 된다."라는 내용이 나온다. 즉 피타고라스의 정리와 같은 원리를 제시한다. 정사각형의 대각선 길이는 정사각형의 한 변의 길이보다 $\sqrt{2}$만큼 더 길며, 대각선을 한 변으로 해서 만들어진 정사각형은 원래 정사각형 넓이의 두 배가 된다는 의미다. 또한 《수트라》에는 피타고라스의 정리를 설명할 때 사용된 15, 36, 39와 같은 수의 조합도 나온다. 이처럼 피타고라스 훨씬 이전 시기에 피타고라스의 정리와 같은 내용을 담은 경전이 인도에 있었다는 사실이 주목된다.

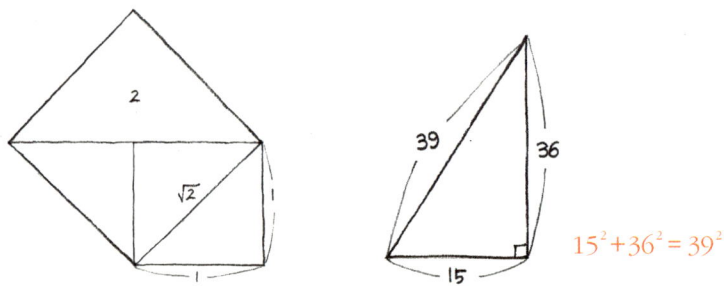

산스크리트어로 된 힌두 경전들은 운율을 지닌 시의 형태로 써서 암송하기 좋게 만들어졌다. 경전의 시문들은 핵심을 전달하기 위해 압축적 언어, 즉 약어와 기호가 사용되었다. 그래서 수학 역시 약어와 기호를 사용한 시문 형태로 썼는데, 바로 이런 형식이 대수학 발전에 큰 역할을 했다. 그리스 수학이 철학에서 출발하여 논증기하학을 체계화했다면, 인도 수학은 언어학에 그 뿌리를 두고 추상화된 기호와 약어 문자를 사용함으로써 대수학을 발전시킬 수 있었다. 수학사를 크게 대수와 기하 두 영역의 발전으로 나누어 본다고 할 때 '기하'는 그리스에서, '대수'는 인도에서 크게 발전한 것이라고 말할 수 있다.

인도의 대수학은 5~6세기경 문자와 기호를 사용하기 시작하면서 크게 발전했다. 덧셈은 옆으로 나란히 써서 나타냈고 뺄셈은 수 위에 점을 찍어 표시했으며 나눗셈은 제수를 피제수 밑에 썼다. 그리고 곱셈은 곱을 뜻하는 약어를, 제곱근은 무리수를 뜻하는 단어를 약식 기호로 만들어 표시했다. 또 미지수는 오늘날 x, y, z처럼 ya, ka의 음을 나타내는 문자로 나타냈다. 기호와 문자의 모양은 지금과 달랐지만 대수적 표현 방식은 같았던 것이다.

문자와 기호를 사용하지 않았다면, 즉 대수代數가 없었다면 어떻게 수학이 가능했을까. 수식이 아니라 말로 길게 나타낼 수밖에 없었을 것이다. 예를 들면 "어떤 수에 3을 더했더니 어떤 수에 5배를 하여 12를 뺀 것과 같았다."와 같이 긴 말로 표현해야만 하는데, 지금 수학에서 사용하는 기호와 문자로는 "$x+3=5x-12$"라는 간단한 수식을 만들어 표현할 수 있는 것이다.

이러한 수학적 문자와 기호를 최초로 사용한 수학자는 4세기경 이집트 알렉산드리아에서 활동한 디오판토스였다. 그가 쓴 《산수론》은 근대와 현대 대수학에 많은 영향을 준 책이며, 처음으로 기호를 사용하고 미지수를 문자로 나타냈다. 디오판토스는 그리스 문자 $α, β, γ$ 등을 사용하였고, $ε, ζ, Δ$를 미지수로 나타냈다. 현재 우리가 쓰고 있는 +, −, ×, ÷, = 등의 수학기호는 14세기부터 유럽에서 만들어져 변천을 거듭해 오다가 16세기 프랑스의 비에트, 영국의 레코드 같은 수학자들에 의해 수학기호로 확립되었다. 1557년 레코드가 처음 등호(=)를 썼을 때는 두 개의 평행선을 길게 써서 표시했다. 이렇게 변천해 온 수학기호들은 17세기에 비로소 지금의 기호로 완성되었고 대중적으로 쓰이게 되었다.

4
타지마할이 보여 주는
아름다움의 수학

숨 막히는 아름다움, 완벽한 건축미

드디어 타지마할의 도시 아그라에 도착했다. 아그라는 델리에서 야무나 강을 따라 200km 내려가는 하류에 위치한다. 아침에 아그라 거리로 나오니 건물 벽과 길바닥 곳곳이 울긋불긋 색칠이 되어 있다. 사람들의 얼굴과 옷에도 색색의 가루가 묻어 있었고 온몸을 물감범벅한 사람들이 서로에게 색색의 가루와 물을 뿌리며 즐거워했다. 힌두교의 홀리 축제일이었던 것이다.

홀리 축제는 음력 2월 보름달 뜨는 날에 벌이는 봄 축제다. 인도 신화에 나오는 사랑의 신 카마에게 올리는 젊음과 사랑의 축제이며 농사를 시작하기 위해 지내는 농신제이기도 하다. 이때는 인도 전역이 화려한 색으로 뒤덮이며 열광적 분위기로 뜨거워진다. 홀리 축제 외에 중요한 힌두교 축제로는 비슈누 신의 화신인 라마에게 올리는 라마제와 크리슈나 탄생제, 시바 신의 아들로 코끼리 머리를 한 가네샤에게 드리는 가네샤제, 두르가 푸자 등이 있다.

　어쨌든 나는 지상에서 가장 아름다운 건축물 타지마할을 보기 위해 발걸음을 재촉했다. 타지마할의 남쪽 출입구는 붉은 사암으로 지어진 웅장하고 화려한 모습이었다. 입구에서 생수를 나누어 주었는데 개인 가방과 음료수를 갖고 들어가는 것은 금했기 때문이다. 출입문을 막 들어서는데 갑자기 경비원이 나를 제지하며 스카프를 가리켰다. 햇빛을 가리려고 히잡처럼 둘러쓴 스카프에 힌두교 문양이 새겨 있었던 탓이다. 힌두교 수행자들이 사용하는 얀트라 문양으로 극단적 원리주의자들이 사용하는 것이라는데 나로서는 몰랐던 일이다. 힌두교 축제일이었으므로 자칫 이슬람 건축물인 타지마할에 테러가 발생할 수 있다는 판단으로 경비원의 태도가 강경했다. 여권까지 보여 주며 해명을 하고 나서야 겨우 입장할 수 있었다. 인도 내의 종교 갈등을 간접적으로나마 체험한 셈이다.

　타지마할 안으로 들어서자마자 나의 두 눈은 휘둥그레졌고 입이 절로 벌어졌다. 드넓고 푸른 정원 위로 눈부시게 흰 대리석 자태가 모습을 드러냈다. 형언할 수 없는 감동이 몰려왔다. 저것이 어찌 이 세상에 존재하는 건축물이라 할 수 있단 말인가. 푸른 하늘에서 방금 땅 위로 착륙한 미지의 형체같이 보였다. 타지마할 영묘가 있는 그곳은 땅 위가 아니라 천상의 세계인 듯했고 꿈을 꾸듯 그 세계 속으로 나도 모르게 이끌려 들어온 것만 같았다. 아름다움의 극치를 보는 순간이었다.

　세계에서 아름다운 건축물의 하나인 타지마할은 무굴 제국 5대 황제 샤 자한이 야무나 강의 남쪽 연안에 세운 황후의 무덤으로, 세계 최고

아그라의 야무나 강변에 세워진 타지마할. 무굴 제국의 샤 자한 황제가 세운 황후의 무덤이다. 타지마할의 전체 영역은 길이 580m, 너비 350m인 직사각형이고, 남쪽 문과 북쪽 영묘 사이에 넓은 정사각형 정원이 있다.

의 '사랑의 기념비'로도 유명하다. 샤 자한은 깊이 사랑하던 반려자 아르주만드 바누 황후가 죽자 인도, 페르시아, 중앙아시아 등지에서 건축가들을 불러들이고 인부 2만 명가량을 동원해 타지마할 영묘를 세웠다. 1643년 영묘가 22년 만에 완공되었으며 모스크와 성벽 등 부속 건물은 그보다 좀 더 후에 완공되었다. 황후가 '뭄타즈 마할'이라는 이름으로 불렸기에 무덤의 이름을 '뭄타즈 마할'이라고 했는데 이후 타지마할이라 불리게 되었다. '마할'은 궁전을 뜻하는 말이기도 하다.

타지마할 전체 영역은 남북 길이 580m, 동서 너비 350m인 직사각형

야무나 강변의 타지마할 영묘를 중심으로 그 양쪽에 붉은 사암으로 지은 모스크. 동쪽에도 대칭이 되도록 똑같은 모양으로 부속 건물을 지었다.

모양으로 남쪽 대문과 북쪽 영묘 건물 사이에는 한 변이 305m인 정사각형 정원도 꾸며 놓았다. 정원 한가운데에 정사각형 연못이 있고 남북과 동서를 가로지르는 수로도 만들었다. 흰 대리석 영묘는 야무나 강가로 뻗어 있었다. 영묘의 동서 양쪽에는 완벽한 대칭을 이루는 두 개의 부속 건물이 있는데, 서쪽에는 모스크가 있고 동쪽에는 영빈관으로 사용하는 부속 건물을 두었다. 이 두 건물은 미학적 균형을 맞추기 위해 붉은 사암으로 지었다. 흰 대리석으로 된 영묘와 그 양쪽에 선 붉은 사암 건물이 색채 대조를 이루어 매우 아름답다. 또 영묘 건물과 부속 건물 사이에 직사각형 모양의 얕은 반사지^{反射池}가 있어서 때때로 대비되는 건물의 그림자를 비추어 더욱 환상적인 아름다움을 연출하고 있었다.

타지마할 영묘의 정팔각형 구조

타지마할 대문의 문루에 서서 넋을 잃고 영묘를 바라보다가 정원으로 내려왔다. 영묘 건물은 넓은 정원을 지나 300m나 아득하게 멀리 떨어져 있었다. 정원은 네 개의 정사각형으로 구성되었고, 정원 한가운데에 정사각형 연못이 있었다. 양쪽으로 배치된 두 개의 정사각형 정원을 지나 못 중앙에 있는 정사각형의 높은 대리석 위에 서서 영묘를 마주 보았다. 아득하게 보이던 흰 대리석 건물이 좀 더 다가와 내 앞에 서 있었다. 미지의 형체로 아련하게 보이던 건물은 이제 거대하고 육중한 순백의 형체로서 나를 압도했다.

영묘의 중심부 건물은 모두 흰 대리석으로 지었다. 대리석 기단의 높이는 7m로 한 변이 95m인 정사각형 모양이었으며 그 위에 서 있는 건물은 사방이 똑같은 모양이다. 정사각형의 모서리를 정교하게 똑같은 모양으로 깎아서 세웠는데 엄밀하게 말하면 팔각형이 된다. 여덟 개 벽면에 만든 아치의 높이도 무려 33m에 이르며 외벽에는 세계 각지에서 구한 진귀한 보석을 박아 장식했다. 중앙에 솟아오른 양파 모양의 돔은 높이가 65m이며 기단의 네 모서리에는 3층으로 된 높이 42m의 탑(미나레트)이 서 있다. 조형과 비례에서 완벽한 구조와 균형을 드러내는 타지마할은 세계 건축사에서 가장 아름다운 걸작으로 평가받는다.

영묘 안으로 들어갔다. 영묘 내부는 정팔각형 방을 중심으로 설계되었다. 벽은 아름다운 문양과 보석으로 장식했으며 황제 부부의 기념비

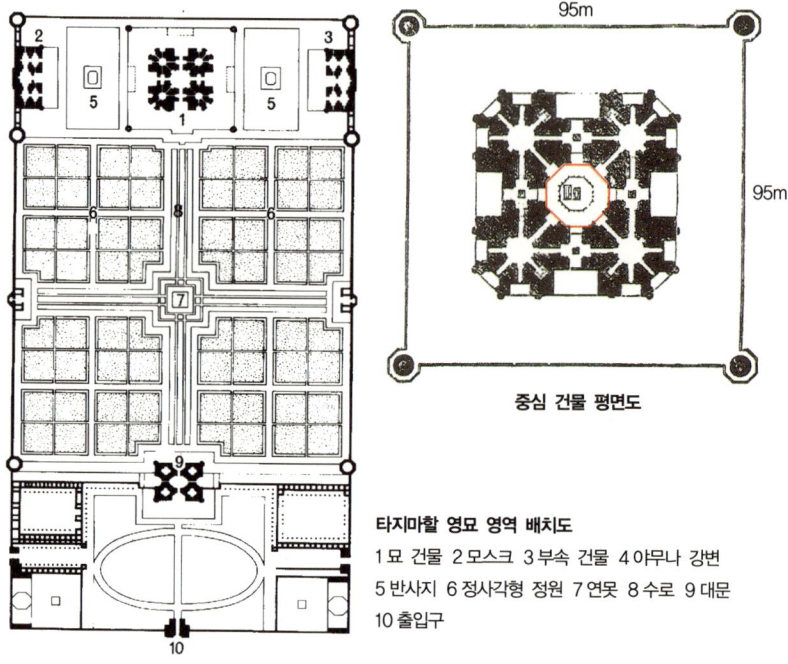

타지마할 영묘 영역 배치도
1 묘 건물 2 모스크 3 부속 건물 4 야무나 강변
5 반사지 6 정사각형 정원 7 연못 8 수로 9 대문
10 출입구

가 있었다. 계단을 내려가면 지하 묘실이 있는데 이것도 정팔각형이며 여기에 황제와 황후의 관이 나란히 놓여 있다. 대리석 관의 표면에는 청색, 홍색, 녹색의 보석으로 상감장식을 해서 어두운 묘실 안에서도 반짝이며 빛을 냈다. 이들 보석은 비슷한 색상을 띠는 루비나 에메랄드와는 차원이 다른 진귀함을 보여 주었는데, 아니나 다를까 타지마할 안내자는 작은 불빛으로 그 보석들을 비추며 이 세상 어디서도 구할 수 없는 최고의 보석이라고 자랑을 늘어놓았다.

영묘 밖으로 나와 높고 널따란 대리석 기단 위에 서서 눈앞에 펼쳐진 풍경을 바라보았다. 연못과 꽃과 나무로 꾸민 정원이 붉은 성채처럼 서

영묘에서 내다본 정사각형 정원. 붉은 사암으로 지은 남쪽 정문이 보인다.

있는 출입문까지 이어졌다. 그리고 영묘 위에서 놀라운 건축 구조를 발견할 수 있었다. 영묘는 정사각형을 중심으로 하여 양쪽으로 두 개의 얕은 직사각형 못 그리고 네 개의 탑으로 된 구조였다. 그리고 그 안에 정팔각형 묘실이 있었다. 즉 정팔각형 묘실을 중심으로 1, 2, 4의 구조를 하고 있는 것이다. 1, 2, 4는 바로 8의 약수이다. 타지마할이 치밀하게 8이라는 숫자를 상징함을 알 수 있다.

영묘의 대리석 외벽을 따라 기단 위를 걸었다. 대리석 벽은 순백색에 화려한 꽃무늬와 덩굴무늬를 보석으로 새겨 장식했다. 타지마할의 흰 대리석은 계절과 시간과 날씨에 따라 신비한 빛깔을 낸다고 알려졌다. 새벽 별빛이나 달빛 아래 혹은 노을이 질 때는 푸른빛이나 황금빛 혹은

아그라 성 안 궁전의 모습. 왼쪽은 자한기르마할, 오른쪽은 샤 자한이 거주한 하스마할 궁전의 내부로 타지마할과 유사한 문양으로 장식되어 있다.

분홍빛이 돌지만, 지금처럼 맑고 화창한 날에는 순백의 모습으로 서 있다. 특히 달빛이 반사될 때는 신비한 빛을 내며 건물 전체가 황홀한 아름다움에 휩싸이는데, 그래서 보름달이 뜨는 날에는 야간에도 개방을 한다. 영묘 건물 뒤편으로 가니 야무나 강변이 나왔다. 영묘를 끼고 흐르는 강에서 아이들이 헤엄을 치며 놀고 있었다. 저 멀리로는 무굴 제국의 번영을 상징하던 아그라 성이 보였다.

아그라 성의 기하학적 무늬

야무나 강 서쪽 강변에 자리한 아그라 성은 무굴 제국의 3대 황제 악바르가 지은 거대한 성채다. 무굴 왕조는 마우리아 왕조가 붕괴되고 1800년

만에 인도 영토를 통일한 이슬람 왕조로 1526년 몽골족의 자손 바부르가 세웠다. 무굴이란 몽골이라는 의미다. 델리와 아그라를 수도로 삼으며 300년 동안 번성하다가 영국에 의해 무너진 제국이다. 악바르 황제는 영토를 확장하고 종교 통합과 행정 개혁 정책을 펼친 왕으로, 인도에서 가장 위대한 '대왕'으로 칭송받는다. 우리가 광개토대왕, 세종대왕으로 부르는 것과 같은 의미로 인도에서 대왕으로 불리는 왕은 아소카 대왕과 악바르 대왕이다.

아그라 성은 성곽 외부에 해자를 만들었고 성의 모양은 반원형이며 강변에 면한 직선의 길이는 810m이다. 성의 길이는 2.4km이고 성벽의 높이는 20~30m이며, 적의 침입을 막는 보루가 성곽 요소요소에 반원형으로 돌출되어 있다. 붉은 사암으로 지어져 '레드 포트'라고도 불

샤 자한이 유폐된 방의 창밖으로 타지마할과 야무나 강변이 보인다.

린다. 해자를 건너 아마르 싱 성문을 통과하니 성 안의 궁전들이 먼저 보였다. 오른쪽 앞에는 자한기르마할 궁전이 있고 그 뒤편에는 샤 자한이 거주한 하스마할이 있는데, 타지마할과 유사한 문양으로 장식되어 있다. 성 안쪽에 흰 대리석으로 건설된 모티 마스지드가 있는데 흔히 진주 사원으로 불리는 궁전이다. 그 성문에서 성 중앙까지 큰 접견전이 곧바로 연결되어 있어 그곳에서 사신과 신하들이 왕을 배알했다.

궁전 안으로 들어가, 왕이 앉았던 커다란 검은 대리석 옥좌에 앉아 보았다. 야무나 강과 성 밖의 경치가 한눈에 내려다보였다. 멀리 강 건너로는 타지마할과 함께 아그라 시가지도 아련히 보였다. 궁전의 현관은 몇 개의 층으로 이루어져 각각 높이가 달랐는데 가마, 말, 낙타, 코끼리 등 탈것에 따라 구분된 것이다. 왕이나 왕후가 타고 온 것에서 내려 바

왼쪽은 한 내각이 135°인 정팔각형, 오른쪽은 정팔각형 별을 중심으로 해서 그 주위로 정육각형이 새겨진 모습이다.

로 현관으로 들어갈 수 있도록 했기 때문이다. 내부를 화려한 문양으로 장식한 방에는 벽과 바닥에 물이 흐르는 수로를 만들어 에어컨 구실을 하도록 했다. 샤 자한이 갇혔던 탑에도 가 보았는데, 야무나 강변에 접해 있다. 샤 자한은 말년에 셋째 아들 아우랑제브에게 왕위를 빼앗기고 이 성 안의 탑에 8년간 유폐되었다. 샤 자한이 죽을 때까지 꼼짝 않고 앉아 있었다는 창 앞으로 다가서자 타지마할이 한눈에 들어왔다. 갇힌 방에서 부인을 그리워했을 샤 자한의 애잔한 모습이 그려졌다. 과연 타지마할은 지고지순한 사랑의 상징이었다.

아그라 성은 이슬람과 힌두 문화를 잘 융합한 무굴 제국의 대표 건축물이다. 성 안의 궁전들은 덩굴무늬와 꽃과 기하학 문양으로 장식했는데, 대리석이나 적사암을 뚫거나 파서 새기는 투각법을 주로 사용했다. 이슬람 건축이나 미술에서는 사람이나 동물을 표현하는 것을 꺼려 주로 식물이나 기하학무늬를 새겼다. 타지마할의 영묘 구도에서도 확인했듯이, 아그라 성 곳곳에서 정팔각형을 자주 만날 수 있었다. 아치형 성문 위에 튀어나와 있는 탑의 모양도 정팔각형이었고 벽과 창, 난간과 바닥, 심지어 하수구 구멍에도 팔각형 무늬를 새겨 놓았다. 이슬람에서 정팔각형은 '신의 숨'을 상징한다고 한다. 그래서 팔각형은 이슬람 미술과 건축은 물론이고 각종 장식물, 휘장, 카펫, 타일 등에서도 흔히 볼 수 있다.

정팔각형과 숫자 '8'의 의미

정팔각형은 한 내각이 135°이고 내각의 합은 1080°(135°×8)이다. 모자이크 장식이나 타일을 깔 때는 정팔각형 무늬만으로는 면을 채울 수 없어 다른 기하학 도형과 함께 배열해야만 한다. 도형을 빈틈없이 붙이는 것을 타일 깔기tessellation

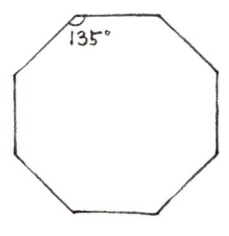

(쪽매맞춤)라고 하는데, 꼭짓점을 세 개 이상 이어 붙여 360°가 되도록 해야만 가능하다. 정팔각형은 한 내각의 크기가 135°이므로 세 개를 이어 붙이면 405°이다. 정다각형 중에서 타일 깔기가 가능한 것은 정삼각형, 정사각형, 정육각형 세 개뿐이다. 정삼각형은 여섯 개(60°×6), 정사각형은 네 개(90°×4), 정육각형은 세 개(120°×3)를 이어 붙이면 360°가 되어 빈틈없는 타일 깔기가 가능하다. 정오각형은 세 개를 붙이면 324°, 네 개를 붙이면 432°이므로 타일 깔기를 할 수 없다.

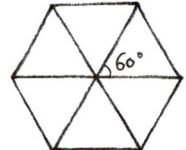 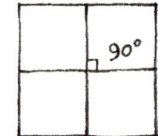 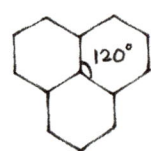

팔각형의 숫자 8은 동서양에서 모두 중요하게 다루는 수다. 인도에서 처음 발명된 체스 판은 가로세로가 여덟 줄과 64칸으로 이루어졌다. 또한 서양 음악에서 옥타브를 단위로 하는 기본 음계는 8음계다. 공기의 진동으로 나는 소리는 진동이 빠를수록 높은 소리가 나는데, 옥타브는 두 음 사이의 진동수가 1:2인 음정 관계로 높은 음의 진동수가 낮은 음의 진동수의 두 배가 된다. 옥타브^{octave}의 어원인 'oct' 역시 8을 의미한다. 다리가 여덟 개인 문어와 낙지를 가리키는 말인 octopus의 어원도 마찬가지다.

우리나라를 비롯해 동양에서도 8은 중요한 수로 다루어 왔다. 방위를 동·서·남·북과 북동·북서·남동·남서의 여덟 방위로 나타내고 여러 방면에 능통한 사람을 '팔방미인'이라고 부른 것이 그 예다. 정자를 지을 때도 여덟 방위를 볼 수 있도록 팔각형 모양의 팔각정을 지었다. 동양의 기본 사상인 음(--)과 양(—)에서 출발해 팔괘가 만들어졌다. 태음(==), 소양(==), 소음(==), 태양(=)의 사괘(2^2)에서 곤, 간, 감, 손, 진, 이, 태, 건의 팔괘(2^3)가 된다. 이렇게 2의 거듭제곱으로 세분화되어 육십사괘(2^6)에까지 이른다. 태극기에는 그 팔괘 중 네 개인 건(☰, 하늘을 상징), 곤(☷, 땅을 상징), 감(☵, 물을 상징), 이(☲, 불을 상징)를 넣었다. 동양에서 팔괘는 천지만물의 원리를 의미하는 부호 체계였던 것이다. 그리고 그 의미는 고대 그리스의 자연철학에서 세계를 이루는 기본 물질 4원소가 흙, 물, 불, 공기라고 한 것과도 일맥상통한다.

5

수학을 노래한 책, 싯단타

힌두 전사의 땅, 라자스탄의 암베르 성

델리로 돌아가는 길에 인도 북서부에 위치한 라자스탄 주를 방문했다. 라자스탄은 파키스탄과 서로 국경이 접해 있지만 이슬람보다는 힌두 세력이 강하고, 용감한 힌두 전사로 불리는 라지푸트족의 본거지였던 곳이다. '라지푸트'란 산스크리트어로 '왕의 아들'이라는 뜻인데 그 이름처럼 스스로를 왕족과 무사 계급인 크샤트리아의 후예로 자처하며, 자부심이 대단히 높고 명예를 중요시한다. 이들 세력은 16세기에 절정을 이루었고 무굴 제국의 지배에도 굴복하지 않고 독립적 지위를 지켜냈다. 영국이 지배할 때도 라자스탄은 민족주의 독립 운동의 중심지였고 따라서 라지푸트족은 인도 사람들 사이에서 가장 용감한 혈통으로 인정받는다.

라자스탄의 주도 자이푸르로 들어가기 전 라지푸트족의 옛 수도 암

라자스탄 주 암베르 성의 모습(왼쪽). 12세기에 높은 바위 산 위에 지어진 암베르 성과 요새는 힌두 전사로 불리는 라지푸트족의 본거지로 600년 동안 유지되었다. 암베르 성 궁전으로 들어가는 가네샤 문은 화려하고 기하학적인 문양의 모자이크로 장식되어 있다(오른쪽).

베르 성으로 향했다. 이 성은 12세기에 지어져 새로운 수도 자이푸르가 건설될 때까지 600년 동안 유지되었다. 바위가 많은 높은 산 위에 지어진 거대한 성과 요새가 산 아래에서부터 보는 이를 압도하며 능선을 따라 뻗어 있었다. 성으로 가려면 가파른 언덕을 올라야 하는데 산 아래에서 코끼리를 타고 갈 수 있다. 하지만 40°C가 넘는 무더운 날씨여서 코끼리는 포기하고 지프를 타고 올랐다. 사막 지대가 많은 라자스탄은 몹시 뜨겁고 건조한 기후다. 인도 전통의 민족의상인 팔이 긴 웃옷(남자용 쿠르타 셔츠를 여자용 블라우스로 개량한 것)를 사서 입고 스카프로 얼굴과 목덜미까지 가렸는데도 손등에 좁쌀 같은 물집이 생기고 말았다. 아

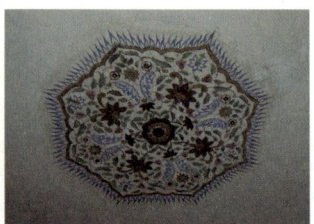
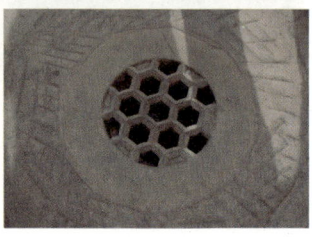

암베르 성의 정원은 가운데 팔각형별을 중심으로 해서 기하학 형태로 만들어졌다. 암베르 성 안에서는 팔각형 모양과 기하학무늬를 많이 볼 수 있다. 팔각형 천장과 무늬, 정육각형 모양의 하수구 구멍 등을 찾아보는 것도 또 다른 재미이다.

무리 가린다 해도 손은 강렬한 햇빛에 노출되므로 화상을 입은 것이다.

암베르 성문을 지나 마하라자('위대한 왕'이라는 뜻으로 지방 군주를 가리키는 말)가 살던 궁전으로 들어갔다. 아름다운 무늬와 기하학 문양의 모자이크로 화려하게 장식한 가네샤 문을 들어서면 아름답게 꾸민 방들과 정원이 나왔다. 왼쪽에 거울을 기하학 문양으로 잘라서 장식한, 눈부시게 화려한 '거울의 방'이 있었다. 정원도 정팔각형 별을 중심으로 기하학 형태로 꾸며 놓았다. 궁전에서 내려다보이는 연못의 사각형 정원 역시 팔각형 별과 여러 도형으로 꾸몄다. 암베르 성에서도 아그라 성에서와 마찬가지로 팔각형 모양을 많이 볼 수 있었으며 육각형 등 다른 모양의 도형도 궁전의 벽과 천장, 난간, 하수구 등 곳곳에서 찾을 수 있었다. 도형 찾는 재미에 더운 줄도 모르고 성 안을 이리저리 돌아다녔다.

자이푸르의 천문대 '잔타르 만타르'

암베르 성에서 내려와 10km 정도 서북쪽에 위치한 자이푸르로 향했다. 자이푸르는 1727년 사와이 자이 싱 마하라자에 의해 암베르 산성을 대신할 수도로 건설되었다. 라지푸트족의 왕 사와이 자이 싱은 뛰어난 지도자이자 현실주의적 전략가였다. 그는 18세기 전반까지 계속되던 무굴 제국과의 전쟁을 중단하고 협상으로 동맹을 맺었다. 이렇게 하여 정치적 안정을 이루자 자이 싱은 견고하지만 산 위에 있어 불편한 암베르 성에 더는 머무를 필요가 없다는 판단을 하게 되었고, 수도를 평지로 옮겨 자신의 이름을 딴 자이푸르를 세웠다. '푸르'란 '성벽에 둘러싸인 마을'이라는 뜻인데, 자이푸르는 실제로 성벽으로 둘러싸여 있으며 아직도 일곱 개 성문이 그대로 남아 있다.

자이푸르로 들어가는 길목에서 호수가 모습을 드러내더니 호수 한가운데에 3층까지 잠긴 낙타색 건물이 눈에 들어왔다. 왕비가 더위를 피해 머물렀다는 '물의 궁전'이었다. 물속에 잠긴 궁전의 모습이 마치 물 위에 떠 있는 유람선 같았다. 건기에는 호수의 물이 모두 빠져나가 궁전의 모습이 오롯이 드러난다.

자이푸르의 옛 성으로 들어갔다. 구시가지인 성벽 안의 도로는 바둑판처럼 나 있고 건물이 모두 질서정연하게 서 있었다. 자이푸르가 계획도시로 세워졌음을 알 수 있었다. 자이푸르는 상점과 주택 등의 건물이 모두 엷은 주황색과 분홍색으로 칠해져 일명 '핑크 시티'라고도 불린다. 여성들의 사리 복장도 다른 지역에 비해 색상이 훨씬 화려해 도시 전체

'핑크 시티'라 불리는 자이푸르의 중심가에 있는 '하와마할'은 창이 앞으로 튀어나와 있고 또 그 수도 매우 많아 바람의 궁전이라고도 불린다.

가 밝고 화사한 느낌이었다.

중심부의 큰길가에 있는 아름다운 붉은 건물 '하와마할'이 눈을 사로잡았다. 창문이 많고 또 앞으로 튀어나와 통풍이 잘되었기 때문에 '바람의 궁전'이라고도 불리는데, 시가지 행사를 할 때 궁전의 여인들이 창가로 와서 거리를 내다보면 자이푸르는 더욱 화사한 빛깔을 연출했다고 한다. 현재 마하라자의 자손들이 살고 있는 궁전 '시티 팰리스'가 그 옆에 있었고, 궁전 안에는 박물관이 있었다. 그 가운데 특별한 전시품으로는 기네스북에도 등재된, 세계에서 가장 거대한 은항아리를 들 수 있는

천문대 '잔타르 만타르'에서 가장 큰 관측기구인 높이 30m가량의 '삼랏 얀트라'는 직각삼각형 모양이고 경사 각도와 방향이 북극성을 가리키고 있다. 그 아래에 지름 4m의 반구형 '자이 프라카쉬 얀트라'가 있다. 오른쪽은 기울어진 원 모양의 '나리 바라야 얀트라'이다.

데 힌두교도 마하라자가 영국을 방문할 때 갠지스 강물을 담아 갔던 항아리라고 한다.

두 궁전, '하와마할'과 '시티 팰리스' 사이에 있는 천문대 '잔타르 만타르'는 대단한 볼거리다. 약 300년 전에 세워진 잔타르 만타르에서는 많은 관측기구를 기하학 형태로 야외에 전시했는데, 그 모습이 마치 현대 미술의 오브제 전시장 같았다. 이러한 잔타르 만타르는 인도에 모두 다섯 곳이 있는데 그중 자이푸르의 잔타르 만타르가 가장 거대하고 훌륭하다.

거대한 천문 관측기구들은 '얀트라'라고 불리는데 해시계 역할을 하면서 황도와 자오선과 위도 등을 측정한다. 태양, 달, 별의 움직임을 얀트라로 관측해 달력을 제작했으며 가뭄과 홍수도 이 기구로 예측해 농사에 이용했다. 또 얀트라로 얻은 천문 관측 정보를 점성술에도 이용했다고 한다. 점성가들이 직접 얀트라 관측기구 위로 올라가거나 안으로 들어가 태양과 달의 움직임과 별자리를 보고 점을 치곤 했다. 얀트라는 산스크리트어로 '도구'라는 뜻인데, 힌두교에서 의식을 거행하거나 명상을 할 때 그려 놓는 도형을 부르는 말이기도 하다.

자이푸르의 잔타르 만타르에서 가장 큰 관측기구는 높이가 약 30m인 직각삼각형 모양의 '삼랏 얀트라'로, 경사 각도와 방향이 북극성을 가리키고 있으며 해시계 역할도 한다. 그 아래에 있는 지름 4m의 반구형인 '자이 프라카쉬 얀트라'는 그 모양이 흡사 세종대왕 때 만든 해시계 '앙부일구'처럼 생겼는데, 신기하게도 반구 밑으로 들어가 천체를 관측한다. 반구 안으로 내려가는 계단이 보였다. 이 기하학 형태의 얀트라들은 모두 관측자가 오르내리도록 계단이 설치되어 있다.

싯단타 수학과 아리아바타의 삼각법

인도에서 최초로 천문학과 수학의 체계를 다룬 책이 씐 것은 400년경으로, 《수르야 싯단타》가 그것이다. 인도에서 천문학과 수학을 다룬 책들은 주로 '싯단타'(천문 지식 체계를 가리키는 말)라는 제목이 붙었고 문체는 서사시 형태였다. 4~7세기 굽타 왕조 시대는 산스크리트 문화의 황금시대로, 힌두 대서사시들을 남겼으며 학문과 예술, 의학, 야금술이 발달했다. 또한 산스크리트어로 십진법 체계를 정착시켰고 수학과 천문학이 발전해 삼각법도 더불어 발달했다. 이 시기 유럽은 이른바 '중세 암흑기'였기 때문에 수학적 발전은 주로 인도와 아라비아에서 이루어졌다. 당시 인도에는 뛰어난 수학자가 많았는데, 그중 아리아바타와 브라마굽타는 굽타 시대를 대표하는 수학자들이었다.

6세기의 수학자 아리아바타는 인도 최초의 무인 인공위성(1975년) 이름이 될 정도로 인도가 자랑하는 수학자이자 천문학자이다. 그가 쓴 수학책 《아리아바티야》는 33편의 시로 이루어졌으며 원주율, 삼각법, 방정식, 제곱근과 세제곱근 등 기하학과 대수학 내용이 대거 등장한다. 약어와 기호를 사용해 대수학을 발전시킨 아리아바타는 그리스 수학자 디오판토스와 함께 대수학을 개척한 수학자로 평가받는다. 그가 쓴 33편의 수학적 서사시 가운데 열 번째 시에서는 원주율의 값을 62832:20000이라는 비율로 나타냈는데 그 값이 3.1416으로, 이는 서양에선 1000년 후에야 계산하게 된 값이다.

《아리아바티야》에서 기하학을 다룬 내용은 17편으로 삼각법에 대한 설명이며, 사인 삼각비 개념도 여기서 최초로 등장한다. 아리아바타는 원의 중심각과 현이 만드는 삼각형에서 반현의 길이를 계산한 표를 만들었는데 이것이 바로 삼각비의 사인표와 같다. 반현은 직각삼각형에서 곧 높이가 된다. 그는 '반현'을 뜻하는 약어가 'jya'로 발음되는 기호로 썼는데, 이것이 아라비아에서 'jiba'로 쓰다가 나중에는 'jaib'로 바뀌었다. 이 단어가 아라비아어로 '작은 만灣'이라는 뜻을 가졌기 때문에 유럽에 전해질 때는 'sinus'로 표기하게 되었고 그것이 오늘날 수학에서 사용하는 'sin' 기호로 굳어진 것이다. 결국 '사인sin'의 기원은 인도에 있으며 아리아바타가 처음 사용했던 것이다.

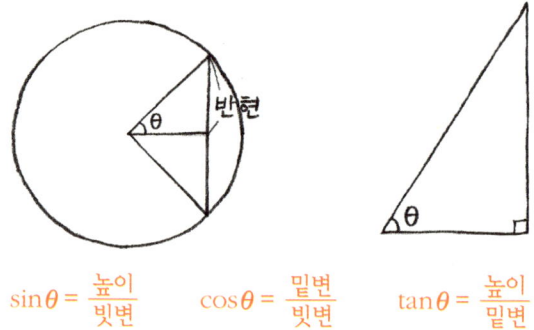

$\sin\theta = \dfrac{높이}{빗변}$ $\cos\theta = \dfrac{밑변}{빗변}$ $\tan\theta = \dfrac{높이}{밑변}$

삼각법은 삼각형의 변과 각 사이의 관계를 기초로 하여 도형의 각도, 길이, 넓이를 연구하는 학문이다. 그리스어 'trigon(삼각형)'과 'metro(측정)'의 합성어인 삼각법^{trigonometry}은 그 의미에 걸맞게 고대에 토지를 측량하고 태양과 별의 운동 등 천체를 관측하는 데 활용되면서 발전했다. 고대의 천문학자들은 행성들이 원 궤도를 따라 움직이는 것에서 착상을 얻어 원의 현에 대해 많은 연구를 하게 되었고 이것이 삼각법의 시초가 되었다. 기원전 140년경 고대 그리스 수학자 히파르코스는 지구와 달의 거리를 계산하는 과정에서 삼각법을 연구했는데, 그의 책에는 여러 개의 중심각에 대한 현의 길이를 계산하는 '현표'를 만드는 방법이 실려 있었다. 또 2세기 고대 천문학의 표준 교과서 《알마게스트》('Almagest'는 가장 위대한 것이라는 뜻이다)를 쓴 알렉산드리아의 프톨레마이오스도 현의 길이를 담은 표를 만들었다. 이것이 0도에서 90도까지의 사인표가 되었다. 이러한 삼각법 내용들은 아리아바타에 의해 처음으로 사인함수로 개념화되었고 그 후 사인^{sin}, 코사인^{cos}, 탄젠트^{tan} 등의 삼각함수가 연구될 수 있었다.

인도 사람들이 천문을 관측하는 모습. 싯단타 책을 참고하여 삼각법을 이용해 기구로 관측했다(왼쪽). 1975년 인도에서 무인 인공위성 '아리아바타'를 발사한 것을 기념하여 발행한 우표이다(오른쪽).

    이렇게 삼각함수는 삼각형의 변과 각 사이의 관계에서 얻어지는 함수를 연구하는 수학의 한 분야로 발전했고, 특히 15세기 항해술이 발달하면서 매우 중요하게 다루어졌다. 항해를 하는 데 1°의 오차는 수십 킬로미터의 차이를 가져오기 때문에 삼각함수표 작성은 매우 중요하다. 또 항공기 위치를 파악하거나 도로 건설 등 토목 공사에도 삼각함수가 응용되어 정확한 거리와 각도를 측정하게 된다. 근대에 접어들면서 삼각함수는 해석학과 미적분학 등 다른 분야의 발전과 더불어 중요하고 실용적인 함수로 연구되었다.

인도의 수학자들 : 브라마굽타, 바스카라, 라마누잔

라자스탄 출신의 수학자인 브라마굽타는 628년 25장으로 구성된 《브라마 스푸타 싯단타》를 저술했다. 당시 수학과 천문학 연구의 중심지는 인도 중부 지역 우자인 천문대였는데 브라마굽타는 우자인 학파에서 가장 뛰어난 학자였다. 그의 책에는 삼각법과 등차수열, 이차방정식 등 대수학과 기하학을 망라한 내용이 들어 있다. 특히 그는 해解가 여럿인 이차 부정방정식의 정수해들을 구하는 방법을 최초로 발견했다. 브라마굽타의 방정식은 1000년이 지난 17세기에 영국의 수학자 존 펠이 연구한 이차방정식 형태의 '펠 방정식'으로 알려졌으며 18세기 프랑스의 수학자 라그랑주에 의해 그 이론이 완성되었다. 또한 브라마굽타는 원에 내접한 사각형의 넓이와 대각선 길이를 구하는 '브라마굽타 공식'으로도 유명하다.

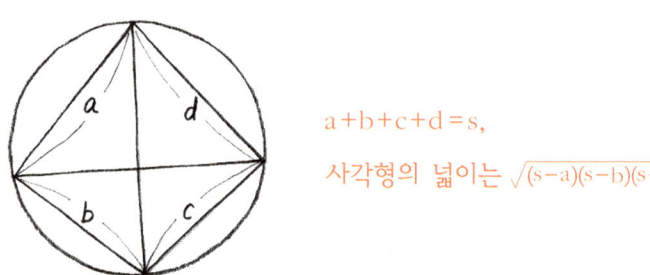

$a+b+c+d=s$,
사각형의 넓이는 $\sqrt{(s-a)(s-b)(s-c)(s-d)}$

12세기의 수학자 바스카라도 우자인 천문대 출신으로 《싯단타 시로마니》라는 천문학 책을 썼다. 이 책의 〈릴라바티〉라는 단원은 산술과 대수의 중요한 내용을 다루는데, '릴라바티'란 아름다운 것이라는 뜻으로 바스카라의 딸 이름이다. 바스카라는 외동딸 릴라바티가 결혼할 수 없는 운명을 타고났음을 점술적으로 알아내고 딸을 위로하기 위해 책에 딸의 이름을 딴 단원을 붙였다고 한다. 그는 이차방정식에서 음수의 해를 인정한 수학자였으며, 피타고라스의 정리에 대한 증명법에 해당하는 '바스카라의 분해 증명법'을 내놓은 업적으로도 널리 평가받는다.

다음과 같이 그림을 그려 '바스카라의 분해 증명법'을 풀 수 있다. 왼쪽 그림에서 전체 정사각형의 넓이는 c^2이 되고, 그것은 4개의 직각삼각형과 1개의 작은 정사각형으로 분해될 수 있다. 직각삼각형들의 넓이는 $\frac{ab}{2} \times 4$, 작은 정사각형의 한 변은 $(a-b)$가 되므로 넓이는 $(a-b)^2$이 된다. 정사각형의 넓이 c^2은 $(\frac{ab}{2} \times 4) + (a-b)^2$이고, 식을 전개하면 '$a^2 + b^2$'이 된다. 따라서 직각삼각형에서 피타고라스의 정리 '$a^2 + b^2 = c^2$'이 성립함을 증명한다.

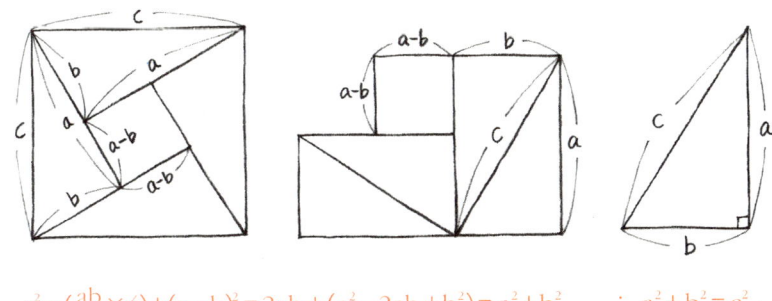

$$c^2 = (\frac{ab}{2} \times 4) + (a-b)^2 = 2ab + (a^2 - 2ab + b^2) = a^2 + b^2 \quad \therefore a^2 + b^2 = c^2$$

인도의 수학책들은 단지 수학책일 뿐만 아니라 시문으로 쓴 산스크리트 문학작품이었다. 특히 〈릴라바티〉는 문학적 가치가 매우 높은 작품으로 평가된다. 당시 인도에서는 시 형태로 쓴 수학책을 암송하며 수

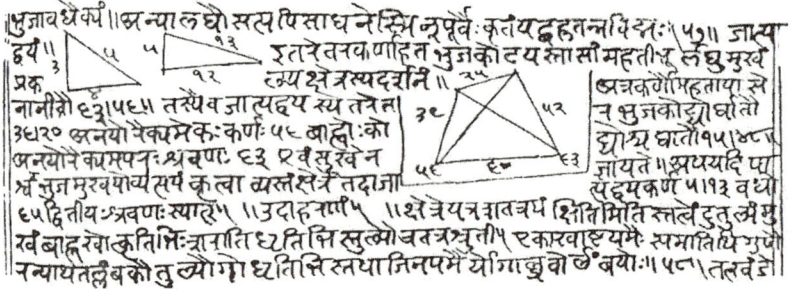

1150년경 바스카라가 쓴 《싯단타 시로마니》의 〈릴라바티〉 단원은 시문 형태로 씐 문학작품으로 대수학의 중요한 내용들을 다룬다.

학을 배웠고, 시로 수학 문제를 써 내는 놀이를 하기도 했다. 우리나라에서도 조선시대 지식인들이 수학 문제를 시로 만들고 푸는 것을 즐겼는데 《산법통종》과 같은 수학책에 시로 표현한 방정식 문제가 등장한다. 또한 우리 선조는 수학책을 '수학의 경전'이라는 뜻에서 '산경'이라 부르며 암송했다. 《주비산경》, 《구장산술》 등을 포함한 수학책 열 가지를 통틀어 '산서 10경'이라 일컫기도 했다. 인도의 수학책 《수트라》, 《수르야 싯단타》 등이 경전처럼 암송되던 것과 비슷했다.

바스카라에 이르러 인도의 십진법이 완전한 체계로 사용되었으며 계산법도 더욱 정교해졌다. 10~11세기 인도에서 사용하던 덧셈과 곱셈의 산술 방법은 현재 우리가 쓰는 연산법과 거의 같다. 인도의 흥미로운 계산법으로는 역산법이 있는데, 주어진 정보로부터 거꾸로 계산하는 것을 말한다. 복잡한 산술 문제를 풀 때 값을 쉽게 찾을 수 있는 계산법이다.

인도에서 계산법이 발달할 수 있었던 것은 일찍부터 상업이 발달한 덕분이며, 그들이 사용하던 계산 도구도 계산법 발달에 일조했다. 인도인들은 대나무 펜에 물감을 묻혀 조그만 판자 위에 숫자를 쓰거나 모래가 깔린 판자에 막대로 숫자를 쓰는 방식으로 셈을 했다. 자유자재로 쓰고 지울 수 있었지만 작은 판자에 많은 수를 써 넣을 수는 없었으므로 암산을 해 가며 표기해야 했다. 이런 방식의 계산법이 아라비아에 전해졌고 중세 이후에는 유럽으로 전해진 것이다.

현대의 뛰어난 수학자 중 한 사람으로 인도의 라마누잔$^{\text{Srinivasa Ramanujan}}$을 꼽는다. 라마누잔은 별다른 교육을 받지 않은 가난한 판매원이었지만 복잡한 수의 관계를 빠르고 깊게 통찰하는 놀라운 능력을 소유한 천재였다. 영국의 저명한 수론학자 하디^{Hardy}의 눈에 띈 라마누잔은 케임브리지 대학에서 학위를 받고 영국 학술원 회원으로 선출되기도 했다. 라마누잔과 하디에 얽힌 흥미로운 일화가 하나 있다. 병원에 입원한 라마누잔을 만나러 온 하디는 자신이 1729라는 하찮은 번호의 택시를 타고 왔다고 말했다. 그러자 라마누잔은 그 수는 결코 하찮은 수가 아니라고 말했는데, 두 쌍의 세제곱수의 합으로 나타낼 수 있는 수 중에 가장 작은 수, 즉 1^3+12^3, 9^3+10^3임을 그 자리에서 바로 지적했다고 한다. 수에 대한 라마누잔의 빠르고 놀라운 통찰력을 보여 주는 예화다.

라마누잔은 33세의 나이에 요절하고 말았는데, 그가 수학자로 활동한 것은 단지 5년에 불과하지만 수학의 여러 분야 중 수의 성질을 탐구하는 정수론 분야에서 탁월한 업적을 쌓아 전설의 수학자로 이름을 남겼다. 라마누잔은 종이 살 돈이 없어서 노트에 결과만 간략히 적었는데, 그가 메모로 남긴 수천 개의 공식을 아직도 수학자들이 다 증명해 내지 못하고 있다.

잔타르 만타르 천문대를 나오며 라마누잔을 빼닮은 안내자 청년에게

20세기의 뛰어난 수학자로 꼽히는 라마누잔. 인도에서는 나라를 대표하는 전설의 수학자인 그를 기념하여 우표를 발행했다.

19단을 언제 외웠는지 물어보았다. 인도는 '브릭스BRICs'라고 불리는 신흥 경제 강국의 하나이며, 특히 IT에서 독보적 실력을 드러내며 확실히 수학 강국임을 과시해 한때 우리나라에서도 인도의 19단 암송이 유행처럼 번졌다. 그 안내자 청년 역시 초등학교 4학년 때 19단을 암송했으며, 중·고등학교에 가면 이공계 분야 학생들은 모두 29단까지 암송한다고 말해 주었다. 인도의 곱셈표 암송은 힌두 경전을 암송하던 오랜 전통에서 영향을 받은 학습법일 것이다. 인도인들은 일찍이 십진법의 수 체계를 만들었고 지금 우리가 쓰는 숫자를 발명했다. 그들이 산술에 특별한 재능을 가졌다는 점은 분명해 보인다. 실제로 대수학을 발전시킨 인도 수학은 아라비아와 중세 유럽에 전해져 큰 영향을 주었으며, 지금까지 인류가 써 온 수학사에서 분명 독보적인 한자리를 차지한다.

자이푸르에서 며칠 묵은 뒤 뉴델리로 돌아왔다. 탁 트인 광활한 사막 지대에 있다가 혼잡한 카오스 지대로 들어온 느낌이었다. 시내 상점에서 다질링 차, 치약, 카레를 한 보따리 샀다. 원래는 여행할 때 책이나 몇 권 살 뿐 쇼핑이라고는 거의 하지 않는 편인데, 인도에서는 웬일인지 구매욕이 솟구쳤다. 갖은 색상의 스카프와 인도 의상까지 사서 걸치고는 늘어난 짐과 가방을 이고지고 공항으로 들어서니 딱 보부상 행색이다. 인도로 떠나올 때는 모든 욕심과 짐을 버리고 새털처럼 가볍게 돌아오자고 맹세했건만 구원의 땅에서 이상한 탐욕만 늘어서 왔나 보다. 그래도 순백의 타지마할과 갠지스 강의 아침 안개, 홀리 축제 때 내 이마에 붉은 물감을 찍어 주던 여학생을 떠올리면 마음은 어느새 새털처럼 가벼워진다.

찾아보기

ㄱ

갈릴레오 램프 246, 247
《구와 원기둥에 관하여》 176
《구장산술》 179, 266, 322
그레고리력 201, 210, 215, 217, 218
금강비 114~116, 180
기자 15~17, 26, 29, 43
기하학 35, 51~54, 83, 94, 95, 97, 101,
    120~123, 127~129, 133, 135, 139, 171,
    173, 176, 195~197, 209, 231, 251, 253, 307,
    308, 312, 315~317, 320

ㄷ

단위분수 64, 65
대수학 100, 195~197, 252, 294, 295, 317, 324
《대전》 209
데카르트 100, 196, 197
등가속도 운동 244, 245, 251

ㄹ

라마누잔 320, 323, 324
〈릴라바티〉 320~322

ㅁ

모스크바 파피루스 53, 54
무량대수 281
무한등비급수 144

ㅂ

바라나시 271~274, 278, 285, 289, 292
바스카라의 분해 증명법 321
벽 따르기 법 155, 156
불가사의 15, 17, 18, 21, 22, 29, 43, 81, 136,
    241, 260, 281, 283
브라마굽타 320
〈비트루비우스의 인체 비례〉 190, 235, 236

ㅅ

사각수 101, 102
사영기하학 230~232
《산반서》 238
삼각수 100~102
삼랏 얀트라 316
《수론》 205
《수르야 싯단타》 316

《수트라》 293, 294, 322
십진법 66, 69, 70, 207, 264, 316, 322, 324

ㅇ

《아리아바티야》 317
아르키메데스 18, 25, 41, 83, 161, 176~178, 282, 283
아리아바타 316~318
아메스의 파피루스 53, 54
〈아테네 학당〉 125, 211
악어의 역설 145
알렉산드리아 47, 75, 80, 81~83, 177, 202, 295, 318
오벨리스크 45, 47, 48, 57, 60, 98, 173, 181, 198, 214
오일러 회로 158, 160
《원본》 83, 127, 128
원주율 25, 28, 178, 179, 317
위상수학 157
유클리드 83, 87, 127~129, 160, 209, 216, 251

ㅈ

작도 불능 문제 134
제논의 역설 142, 143
조르당 곡선 156
《주비산경》 97, 98, 322

ㅋ

카오스 이론 276

콜로세움 185~188, 190, 191, 198, 199
쿠트브 미나르 259, 260, 266
큐빗 31, 32

ㅌ

타원 186, 188, 190~195, 214, 230
타지마할 266, 268, 297~299, 302, 303, 306, 307, 325
탈레스 30, 31, 89, 91~95, 121, 122, 126, 160, 249

ㅍ

파르테논 104~110, 114
파치올리 209
판테온 171, 173, 174, 176, 178~180
포세이돈 신전 147, 148, 150
플라톤의 입체도형 122
피라미드 14~31, 34~36, 41~44, 48, 81, 92, 110, 155, 187
피보나치수열 237, 239, 240
피타고라스 87, 89, 95~100, 102, 122, 126, 160, 205, 243, 294, 321

ㅎ

한붓그리기 157~159
해밀턴 회로 158~160
호루스의 눈 60~63
황금비 22, 78, 110, 111~116, 130, 180, 223, 227, 240

배낭에서 꺼낸 수학

지은이 | 안소정

1판 1쇄 발행일 2011년 12월 26일
1판 7쇄 발행일 2016년 3월 28일

발행인 | 김학원
경영인 | 이상용
편집주간 | 위원석 황서현
편집장 | 강창훈
기획 | 문성환 박상경 임은선 최윤영 조은화 전두현 최인영 이혜인 정다이 이보람
디자인 | 김태형 유주현 임동렬 최우영 구현석 박인규
마케팅 | 이한주 김창규 이선희 이정인 이정원
저자 · 독자 서비스 | 조다영 채한올(humanist@humanistbooks.com)
스캔 · 출력 | 이희수 com.
조판 | 홍영사
용지 | 화인페이퍼
인쇄 | 청아문화사
제본 | 정민문화사

발행처 | (주)휴머니스트 출판그룹
출판등록 | 제313-2007-000007호(2007년 1월 5일)
주소 | (03991)서울시 마포구 동교로23길 76(연남동)
전화 | 02-335-4422 팩스 | 02-334-3427
홈페이지 | www.humanistbooks.com

ⓒ 안소정, 2011

ISBN 978-89-5862-451-6 03410

이 도서의 국립중앙도서관 출판시도서목록(CIP)은 e-CIP 홈페이지(http://www.nl.go.kr/ecip)와 국가자료공동목록시스템(http://www.nl.go.kr/kolisnet)에서 이용하실 수 있습니다. (CIP제어번호: CIP2012002196)

만든 사람들

편집주간 | 황서현
기획 | 최윤영(cyy2001@humanistbooks.com) 박상경 이보람
편집 | 남미은
디자인 | 김태형
일러스트 | 김민호

● 이 책에 쓰인 이미지는 정해진 절차에 따라 저작권자의 허락을 받아 사용했습니다. 게재 허락을 받지 못한 이미지에 대해서는 저작권자가 확인되는 대로 게재 허락을 받고 통상적인 기준의 사용료를 지불하겠습니다.